高等学校美容化妆品类专业规划教材
美容化妆品行业职业培训教材

美容化妆品技术

MEIRONG HUAZHUANGPIN JISHU

高虹　　孙婧　　主编

U0248761

化学工业出版社

·北京·

本书是按照高职高专化妆品经营与管理专业人才培养岗位对美容化妆品教学的基本要求编写的。全书共分六章，以化妆品的起源与历史、基本知识和新技术为开端，重点介绍了化妆品油脂和蜡类、保湿剂、防晒剂、表面活性剂、香料和香精、防腐剂和抗氧剂、色素、功能性添加剂、化妆品用去离子水等主要原料与功能，解析了肤用类化妆品、发用类化妆品、美容类化妆品、特殊功能化妆品的配方与实施过程，并在每类化妆品中介绍了一个典型产品的配制与 DIY 的实例供参考。全书内容翔实，注重理论性与实践性相结合，具有较强实用性。

本书可作为高职高专化妆品经营与管理专业及相关专业学生教材，同时也适合有意从事美容化妆品研发、营销、服务的高校学生、社会培训机构以及对美容化妆品有浓厚兴趣的人群阅读。

图书在版编目（CIP）数据

美容化妆品技术 / 高虹，孙婧主编. — 北京：化学
工业出版社，2018.3
高等学校美容化妆品类专业规划教材　美容化妆品
行业职业培训教材
ISBN 978-7-122-31414-7

Ⅰ.①美… Ⅱ.①高… ②孙… Ⅲ.①美容用化妆品-
高等学校-教材　Ⅳ.①TQ658.5

中国版本图书馆 CIP 数据核字（2018）第 013970 号

责任编辑：窦　臻　　　　　　　　　　文字编辑：李　瑾
责任校对：王　静　　　　　　　　　　装帧设计：王晓宇

出版发行：化学工业出版社（北京市东城区青年湖南街 13 号　邮政编码 100011）
印　　刷：三河市延风印装有限公司
装　　订：三河市宇新装订厂
710mm×1000mm　1/16　印张 16¾　字数 316 千字　2018 年 3 月北京第 1 版第 1 次印刷

购书咨询：010-64518888（传真：010-64519686）　售后服务：010-64518899
网　　址：http://www.cip.com.cn
凡购买本书，如有缺损质量问题，本社销售中心负责调换。

定　　价：39.00 元

　　美容化妆品是可以对皮肤进行保养、美化等功效的产品，可以改善使用者的外在形象，提升大众生活质量，因而一直受到广大消费者的喜爱，使它成为日常不可或缺的生活必备品，也促进了美容化妆品行业的快速发展。近年，随着科技不断进步，具有多种功能的产品不断涌现，面对林林总总的美容化妆品，若购买者对产品知识比较陌生，只能听从销售人员被动推荐，购买的产品是否能达到自己的预期？部分不专业的服务人员对产品一知半解的解读，一些美容化妆品的质量问题引发的事故，增加了消费者的忧虑，带来不必要隐患，影响行业的正常发展。因此，无论是终端消费者，还是营销、服务人员都应该对美容化妆品的原料、构成、功能、产品的质量及如何选择产品等知识有所了解。

　　不同的美容化妆品有不同的原料构成和配制方法。本书比较完整地介绍了化妆品的原料类型、作用与功能、常用类型配制过程等。对一些重点产品专门增加了配方解析，在每章后面对在校学生和普通消费者设置了有趣、实用的制作实例，前者可采用专业配制工具实施，后者可用家用工具DIY（自己动手做）制作化妆品，希望使阅读者能循序渐进地通过学习，掌握美容化妆品的基本知识，了解其功能，增加学习乐趣。

　　全书由广东轻工职业技术学院高虹教授、广东食品药品学院孙婧老师担任主编。第一章由高虹完成，第二章、第四章由孙婧完成，第三章由澳思美日用化工（广州）有限公司黄伟雄完成，第五章、第六章由广东轻工职业技术学院曲志涛完成，全书统稿工作由高虹负责。广州容大生物科技有限公司为本教材提供了其产品配方等具体内容，在此表示衷心感谢。

　　目前市面上大多数此类教材主要强调生产过程与生产问题的处理。而化妆品经营与管理专业培养的学生应更多侧重于对化妆品原料、功能性等方面知识的了解。该专业学生的知识结构与企业营销人员的专业素质都要求教材不应过分深化理论知识，应强调基本概念与理论应用，且通俗易操作。本书即基于此目的编写而成，既可为"化妆品经营与管理"专业学生的课程提供教材，也是为有意从事美容化妆品研发、营销、服务的高校学生、社会培训机构以及对美容化妆品有浓厚兴趣的读者准备的读物。

　　本书大部分章节虽经编者学校多次使用并修订才出版，但疏漏之处仍在所难免，敬请广大读者给予批评指正。

编　者

2018 年 1 月

目 录 CONTENTS

第一章　化妆品概述

01

知识目标

1. 了解化妆品的起源与发展。
2. 掌握化妆品的定义与基本构成。
3. 掌握化妆品的质量特性。

能力目标

能结合本章所学知识归纳出化妆品的发展趋势和使用的新技术、新方法。

第一节　化妆品的起源与历史

　　化妆品是一种知识密集型的高科技产品，是清洁、消除不良气味，护理皮肤、美容和修饰人体的日常用品，也是所有爱美之人喜爱、追逐的产品之一。特别在科技进步、经济发达的今日，人们崇尚自我，推崇个人形象，各类化妆品不断推陈出新，因此，化妆品已经成为与男女老少各年龄层次人们生活息息相关的产品。但是面对快速发展的化妆品行业、市面上琳琅满目的化妆品产品、新技术和产品的"专业术语"，化妆品是否能安全使用、效果是否真实可靠一直是很多人希望了解的内容。

　　美容化妆品技术是以研究化妆品原料性能、配方组成与原理、基本制作技术、产品性能评价、安全使用的理论与实践相结合的一门应用技术，是跨越化学、物理学、生物学、药理学、皮肤学、心理学、色彩学等多门学科的交叉性应用技术。

一、美容化妆品的起源

人类最早使用美容化妆品的历史几乎与人类存在是同步的。原始社会在部落祭祀活动中，人们会把动物油脂涂抹在皮肤上，使自己的肤色健康而有光泽，这应该是最早的护肤行为。据出土文物及古籍记载，东、西方使用化妆品都已有几千年历史，但限于当时对物质的认识处于原始阶段，对美容化妆品的认知也只是知其然而不知其所以然，又局限于简陋的原始加工技术，古代化妆品主要来源于大自然或只经过简单地粗加工，是不能与现代化妆品相提并论的。

西方学者研究认为古代化妆品的出现源于宗教习俗，如古埃及人 4000 多年前就已在宗教仪式上点燃芳香植物熏香，供奉神灵；在皇族、贵族的护肤和美容物品中使用了动植物油脂、矿物油和植物花朵。公元前 1500 年，古埃及妇女用孔雀石、铜绿研磨成粉化妆眼部，用锑、煤灰粉加强眼圈的描画，用散沫花提取的红色装饰指甲、手心等部位，这些化妆品也就是今天眼影、眼线、指甲油等彩妆产品的前身。古代人也在澡盆中盛放香料、芳香油、动物油进行沐浴。到公元前 400 年，古希腊"医药之父"希伯克拉底发明了以碳酸钙粉末为原料制作的牙粉，伟大的哲学家和科学家亚里士多德将植物的气（香）味疗效应用于化妆和美容，阿拉伯科学家阿维森纳从玫瑰花中蒸馏提取出玫瑰精油，伊本·杰米从柑橘、柠檬中提取了柑橘油、柠檬油，科学的发展对化妆品工艺的进步给予了很深的影响。

我国使用美容化妆品的历史源远流长，人们早在三四千年前就开始使用化妆品了。如春秋战国时期《墨子》中就有"禹造粉"的纪录，粉就是铅白粉，即用铅制造的化妆傅粉（用铅白粉搽粉），殷商时期发明了"胭脂"，《中华古今注》里有"以红蓝花汁凝作之，调脂于女面，产于燕地，故古燕脂"。这些都表明当时的人们已经比较普遍地使用傅粉、胭脂、眉墨等化妆品了。

二、美容化妆品的发展阶段

"爱美之心人皆有之"，人类对美化自身的化妆品，从来都有着不断地追求，美容化妆品的发展也是一部自然科学发展史，大约可分为下列四个阶段。

第一阶段是天然油脂化妆品阶段，即直接使用未经过处理的各类天然动、植物油脂对皮肤进行简单的防护阶段。

第二阶段是油水乳化化妆品阶段，即表面活性剂的引入，攻克了油、水乳化关键技术的化妆品阶段。18 世纪、19 世纪欧洲工业革命后，化学、物理学、生物学和医药学的空前发展，使很多新原料、新设备和新技术被应用于化妆品生产，更有之后的表面化学、胶体化学、流变学和乳化理论等原理的发展，表面活性剂的引入与正确选择解决了化妆品生产的关键问题。在科学理论指导下的不断实践使得化妆品生产发生了巨大的变化。化妆品生产从原始、初级、小型家庭生产逐渐成为一门新的、专业性的科学技术，美容化妆品行业开始具有一定的生产规模。

第三阶段是添加了萃取的天然物质的功效化妆品阶段，即化妆品生产应用了现代分离技术的发展成果，在化妆品中添加了对皮肤有修复、护理作用的天然物质精华，提高了化妆品的功能性。特别是应用超临界流体萃取法（SFE）大大提高了一些有效物质的萃取率与纯度。如，从丹参、薰衣草等天然植物中提取的丹参酮、精油，从鲨鱼油脂、鸡冠等动物皮、器官中提取的角鲨烯、透明质酸，这些原料加入到化妆品中提高了其美白、祛痘、去斑、抗皱等效果，这类功能性化品（functional cosmetics）又称为疗效性化妆品，有专家认为其介于化妆品和药物之间。

第四阶段是仿生化妆品阶段。即伴随对人体皮肤的深入了解，利用生物技术研究、制造与人体自身结构相仿并具有高亲和力的生物精华物质，并复配到化妆品中，提升化妆品的安全与功效。有生物发酵技术、遗传变异技术和植物细胞培养技术等生物技术应用于化妆品原料的开发。如，借细胞融合技术优化脂肪酸组成，培育含有大量皂角苷的朝鲜人参；用发酵工程技术生产透明质酸替代从鸡冠中提取的传统方法，改变了提取受到自然条件限制的缺点；利用生物技术生产的表皮生长因子用于化妆品，提升了化妆品抗衰老、修复受损皮肤等功效，利用现代生物技术为化妆品开发提供高效、安全和质优的原材料或添加剂代表了21世纪化妆品的发展方向之一。

三、中国化妆品发展历程

我国化妆品的发展始于三四千年前的"禹造粉"、"古燕脂"等美容类彩妆，到《楚辞·大招》对当时美女的描写用了"易中立新，以动作只；粉白黛黑，施芳泽只"。随着配药技术的发展，秦汉时期化妆品的类型和制作技术得到了更大的进步，如《神农本草经》中记载白芷"可以润泽颜色，可作面脂"，可见当时人们就已经有了开发面霜的原料。唐、宋时期生产力的快速发展再次促进了化妆品的发展，在"药王"孙思邈《备急千金药方》中专门有"面药"章记载了113个化妆品的配方，包含唇脂、乌发、生发、熏衣方等多方面，公元82年的《太平圣惠方》则收录了300个配方，其中包含洁齿的配方。明、清时期化妆品配方更加充实与提高，如明代我国历史上最著名的医学家、药学家和博物学家之一李时珍的《本草纲目》对前人的经验进行了总结与提升，书中不仅记录了具有美容、化妆功效性的药物，而且收录了大量的化妆品配方，为今人研究中国古代传统化妆品配方提供了参考。

鸦片战争后期，我国美容化妆品受西方文化的影响，原料逐渐由化学制剂取代，出现手工作坊式的化妆品厂，1830年由谢宏远先生创办的扬州谢馥春日化厂，至今已有188年历史，1915年该厂生产的宫粉、香佩和香囊等曾在巴拿马展出，荣获了巴拿马万国博览会银质奖。1898年在上海创办的名为"广生行"的化妆品厂是现在上海家化联合股份有限公司的前身，"广生行"生产制作的"双妹牌雪花膏"是当时国内享有盛名的化妆品。与中国近代史民主资本主义发展历程一样，在半封建半殖民地时期，我国化妆品行业的发展非常缓慢，生产企业是手工作坊，没有专业生产设备，品种单调、产品数量有限，化妆品的生产和销售多集中在上海、青岛和天津等大城市，属于上等阶层的生活用品，是普通百姓不敢奢望的产品之一。

新中国成立后，在中国共产党的领导下，人民翻身当家作主人，20世纪50年代末至60年代中期，国内经济迅速恢复和发展，化妆品企业由1953年的240家分散的手工作坊和集体所有制企业调整为谢馥春化妆品厂、孔凤春化妆品厂、上海家用化妆品厂等26个化妆品企业。国内化妆品工业开始走上正轨，生产花露水、发蜡、香粉、蛤喇油、雪花膏等产品，才有了近代中国化妆品工业的起步。60年代中期化妆品成了传播封、资、修和资产阶级香风臭气的魔品，刚刚起步的化妆品行业受到摧残，没有赶上国际上化妆品发展的高峰。

1978年党的经济改革开放政策为我国化妆品工业带来了发展机遇，化妆品企业如雨后春笋般蓬勃发展，诞生了大批不同所有制的化妆品企业。国际著名外资化妆品公司的进入促使化妆品行业快速发展。1979年全国化妆品工业生产总值是2.18亿元，到1995年就达到190亿元，化妆品行业从百年低迷的发展状态中崛起，年增长速度在30%～50%，进入飞跃发展阶段。通过借鉴和学习国外的先进技术和经营理念，国内化妆品行业从原来的手工作坊变成具有现代化装备、生产技术和管理模式的现代化企业。据统计，2006年开始，我国化妆品销售额达到了每年1000亿元人民币以上，并且每年以两位数递增，即使在2008年和2009年全球经济危机的恶劣环境下，仍然保持持续平稳增长。2010年我国化妆品销售额达到1530亿元人民币，是1980年的400多倍。化妆品行业逐渐融入世界范围的大市场，"中国制造"的化妆品已经出口到150多个国家和地区。据相关报告指出，中国已成为全球最大化妆品市场之一，化妆品年销售额达2000多亿元，约占全球化妆品市场的8.8%，仅次于美国。在全球金融危机的大环境下，依然保持着持续平稳增长。

国内化妆品行业按市场销售方式可分为：日化专业线和美容专业线，简称日化线和专业线。日化线产品主要定位是流通领域，少部分进入美容院；专业线的销售定位主要为美容院配套，大多数产品在美容院直接为消费者使用，少部分由美容院销售给顾客和进入流通领域。美容院可根据产品特性和顾客的需求，采取一对一、针对性强、效果明显的服务，更能发挥功能性化妆品的作用。据不完全统计，目前全国约有近550万家各类美容美发机构，3500余家化妆品生产企业，6000多家美容美发培训机构，全国美容从业人员总数约4000万人，成为第三产业中就业人数最多的行业。近十几年来作为化妆品行业的新生力量，美容专业线产品已成为中国化妆品发展的重要部分。

第二节 美容化妆品基本知识

一、化妆品的定义与基本构成

1. 化妆品的定义

世界上很多发达国家和地区都将化妆品定义列入本国的化妆品法规或相应的药品法中。如美国的《食品、药品和化妆品法》、欧洲的《欧洲经济共同体化妆品规程》、日本的《药事法》等。我国是在1987年后相继出台并实施了《中国化妆品生产管理条例》、《中国化妆品卫生监督条例》、《中国化妆品卫生标准》和《消费品使用说明化妆品通用标签》等一系列标准，明确了化妆品的定义。其中1990年原国家卫生部颁发的《中国化妆品卫生监督条例》是作为生产、贮运、经销、监督管理和安全使用化妆品的根本法规，在该条例的第一章总则第二条给出了化妆品的定义，2002年9月19日中华人民共和国国家卫生和计划生育委员会重新修订的《化妆品卫生规范》（2002年版）依然沿用了这一定义，即化妆品是以涂抹、喷洒或其他类似方法，施于人体表面任何部位（皮肤、毛发、指甲、口唇、口腔黏膜等），以达到清洁、消除不良气味、护肤、美容和修饰目的的产品，其定义包括了化妆品的使用方法、对象、目的和产品性质。此后，为了满足我国化妆品监管实际的需要，结合行业发展和科学认识的提高，国家食品药品监督管理总局组织完成了对《化妆品卫生规范》的修订工作，编制了《化妆品安全技术规范》（2015年版）。2015年11月经化妆品标准专家委员会全体会议审议通过，由国家食品药品监督管理总局批准颁布，自2016年12月1日起施行。

2. 化妆品的分类及基本构成

化妆品种类繁多、性能各异，分类方法也是多种多样。通常可按照化妆品原料分类，如人参护肤霜、玫瑰水等化妆品；按产品生产工艺和配方特点分类，如乳化类、水剂类等化妆品；按产品剂型分类，如粉类、膏霜类、气溶胶等类化妆品；按使用者性别或年龄分类，如男士、女士、婴儿化妆品等；按使用目的和使用部位等进行分类，如清洁类、护肤类、发用类、美容类和辅助功效类化妆品。

我国 1990 年颁布的《中国化妆品卫生监督条例》为了便于监督、管理、调控化妆品行业，将化妆品法定分类成：普通化妆品和特殊用途化妆品两大类。其中普通化妆品包括除特殊用途化妆品以外的所有化妆品，如清洁类化妆品、护肤类化妆品、发用类化妆品、美容类化妆品等；特殊用途化妆品则包括用于育发、染发、烫发、脱毛、美乳、健美、除臭、祛斑和防晒等特定功能的化妆品，特殊用途化妆品具有：原料特殊、工艺特殊、功能特殊、检测特殊、使用特殊和管理特殊六大特点。

化妆品质量的优劣主要取决于所选用的原料、原料的质量、配方、生产工艺等因素。生产制造化妆品时，须对各种生产原料进行充分研究，弄清各原料成分及其特性，挑选后的原料用合理的方法有效组合，才能充分发挥各原料所具有的特性和功能，生产出优质、安全、具有特色的化妆品。化妆品的基本构成主要有：油脂与蜡、表面活性剂、去离子水、保湿剂、色素、香料与香精、防腐剂与抗氧化剂、功能性添加剂。

（1）油脂与蜡　化妆品基质是组成化妆品的基本原料，主要包括油脂类、蜡类、碳氢化合物以及组成这些成分的高级脂肪酸和高级脂肪醇类。涂用后，在皮肤表层形成脂膜，具有滋润皮肤和抑制表皮水分过度蒸发的作用，能增加皮肤的吸水能力，柔软皮肤，可以防止皮肤干燥皲裂。

（2）表面活性剂　表面活性剂分为离子型和非离子型表面活性剂，主要具有乳化、洗涤、增溶、湿润、分散、发泡、润滑、杀菌、柔软、抗静电等作用，因此，表面活性剂也可按作用分类。一般来说，使用和选择表面活性剂是现代化妆品制造技术的关键。

（3）去离子水　化妆品主要是由油性原料和水组成的，水是很多可溶物质的溶剂，也是皮脂膜主要构成的成分之一。化妆品中用水的质量直接影响到化妆品生产过程和最终产品的质量，因此对化妆品用水的电解质含量和微生物的存在都有一定的要求。

（4）保湿剂　保湿剂因其特定的结构而具有防止皮肤水分蒸发，保证表皮含水量的作用，同时保湿剂也能防止化妆品中水分挥发，避免化妆品干裂，是化妆品中最常用的原料之一，也是这些年消费者强调的化妆品的基本作用之一。

（5）色素　在美容类化妆品中，色素主要可以赋予化妆品各种颜色，用于修饰、塑造个人形象。在一些产品中其还可以掩盖产品原料本身不受欢迎的颜色，改善产品外观，增加消费者购买欲望。一些白色色素还可作为化妆品的填充剂和吸附剂，降低产品成本，增加吸附能力。

（6）香料与香精　香料是为产品增添香感或掩盖某些不良气味的原料。香精是由各种香料经调配混合而成的产品。以香精、香料为主也可调配成专门的化妆品——香水。有时化妆品的优劣，是否吸引消费者，往往取决于产品所加入的香精质量，因此，香精、香料也是化妆品的重要原料之一。

（7）防腐剂与抗氧化剂　防腐剂与抗氧化剂属于添加剂，即加入量少却可明显改善化妆品产品性能的化妆品原料。化妆品含有油脂、水和一些功能性原料，基本都由 C、H、O 等元素构成，因此当湿度和温度一定时，微生物非常适合在化妆品中繁殖，使产品在储存、使用过程中变质。防腐剂的作用就是抑制化妆品可能出现的微生物繁殖和消费者在使用时产生的第二次污染。

抗氧化剂是为了防止化妆品中油脂、蜡类等油性成分在空气中发生氧化反应，避免化妆品中的油脂产生酸败的原料。酸败生成的过氧化物、醛、酸等可以使化妆品变色、变质，从而引起质量下降。

除此之外，化妆品中还可能有金属离子螯合剂、增稠剂等辅助添加剂。少量的金属离子螯合剂可以将化妆品原料带入的金属离子变成稳定的螯合物，继而阻止金属离子使化妆品变质、变色，避免发生产品质量变化。化妆品中的增稠剂大多数属于水溶性高分子化合物，有天然、半合成、合成三大类。水溶性高分子化合物具有胶体保护、增稠、黏合、稳定等作用，在化妆品中少量加入可以增加产品的稳定性，改善产品感官效果。

（8）功能性原料　近年来，随着生活质量的不断改善，人们对化妆品的特殊功效或单一功能性要求不断提高，如对美乳、健美等特定功效和对美白、保湿等细化功能的要求，促使化妆品研发人员跨界使用更多的、具有各种特殊功能、特定效果的原料，即功能性原料，是能够赋予化妆品特殊功能的原料，主要包括中药、生物制品、天然功能性成分，根据作用可分为：防晒类、除皱类、美白祛斑类、祛痘类、美乳类、瘦身健美类等，如丹参中的丹参酮具有抗菌、消炎、活血化瘀等作用，可用于祛痘类化妆品。详细的化妆品功能性原料参见本教材内容。

二、化妆品的质量特性

质量特性（quality charact eristic）是指产品、过程或体系与要求有关的固有属性。化妆品的指标特性主要有安全性、稳定性、功效性、使用性与感观效果、经济性等几个方面，这些同样也是评价化妆品质量和考量化妆品性能的主要依据。

1. 安全性

化妆品是人们日常生活中长期使用并长时间停留在皮肤、毛发等部位的产品，它不应对人体健康产生不良反应或有害于人体，因此，化妆品的安全性被视为化妆品最首要的质量特性。化妆品的安全性一般所指的是产品无皮肤刺激性、无过敏性、无经口毒性、无异物混入和无破损等。化妆品原料是构成化妆品的基础，对产品的安全性及品质有着重要的影响。保证化妆品产品的安全性必须首先从其使用的基本原料着手。我国化妆品生产原料选择必须遵循国家的化妆品卫生法规，国标《化妆品安全技术规范》（2015 年版）详细列举了化妆品组分中的禁/限用组分和准用的防腐剂、防晒剂、着色剂、染发剂的清单和具体内容，对最大允许使用范围和其他限制要求做出了规定，具体包括：1388 项化妆品禁用组分、47 项限用组分、57 项准用防腐剂、27 项准用防晒剂、157 项准用着色剂、75 项准用染发剂。因此在化妆品生产中必须严格控制限用原料的用量，不允许采用禁用的原料。

国标《化妆品安全性评价程序和方法》则给出了适用于一切化妆品的产品及原料的安全性评价方法与程序，该标准明确申明，在化妆品新原料使用时一般需进行以下毒理学试验：① 急性经口和急性经皮毒性试验；② 皮肤和眼刺激性试验；③ 皮肤变态反应试验；④ 皮肤光毒性试验（必要时）；⑤ 致突变试验，至少应包括一项基因突变试验和一项染色体畸变试验；⑥ 亚慢性经口和经皮毒性试验；⑦ 致畸试验；⑧ 慢性毒性试验和致癌试验；⑨ 人体斑贴试验和人体试用试验（必要时）；⑩ 毒化动力学试验（必要时）；⑪ 根据该原料的特性和用途，其他必要的试验。

2. 稳定性

目前化妆品应用的原料近万种，配方多样而繁杂，产品是油脂与蜡、水、各种功能性添加剂等经过一定工艺复配的复杂混合物。理论上，各组分复配后属多相分散体系，是一个热力学不稳定体系，但它又呈现动力稳定性、电力稳定性和其他稳定因素，因此，如何使其在保质期内、在环境变化下维持化妆品产品的相对稳定或亚稳定状态是仅次于化妆品安全性的又一特性。目前，我国化妆品产品在保质期内出现的稳定性质量问题主要表现为：产品出现析水、析油、分层、沉淀、变色、变味和膨胀等现象。为了保证化妆品产品的稳定性，国家颁布的化妆品标准中均列有各种产品的稳定性检测方法和指标。化妆品的稳定性受产品的配方设计、原料配伍、生产设备和工艺规程等多方面因素决定，因此，必须从以上各个环节进行全面监控才能保证化妆品的稳定性。

3. 功效性

化妆品的使用对象是人，在使用过程中每一种化妆品都有着特定的功效和有用性。如表现在物理化学方面的有用性：遮盖、清洁和保湿等；生物学方面的功效：抗皱、美白等；此外还有由于色彩、香气等心理学方面的功效。我国将化妆品法定分类为：普通化妆品和特殊用途化妆品两大类。普通化妆品的功效性主要表现在：清洁、滋润、保湿、掩盖、赋香皮肤和身体等方面，能有助于保持皮肤正常的生理功能和使人容光焕发的效果。特殊用途化妆品则在毛发的培育或脱除，发型的染、烫整理，身体的健美、除味，皮肤的祛斑、防晒等方面表现出特定的功效作用。因此，化妆品应充分体现出与其产品标明的功效性相符的特征。目前，在众多的功效性化妆品中，只有防晒化妆品具有唯一的国际统一的功效性评价体系，该评价体系包含 SPF 值的人体测定方法和标准。健美、美乳类化妆品的功效评价则是以人体试用试验为主要手段，育发类化妆品的功效性则可通过人体直接试用试验和间接试验的结果进行评价。

4. 使用性与感观效果

心理学研究证明：化妆品不仅对人体生理有效，通过正确使用化妆品，调整五官感觉也可改变人的心理状态，进而影响人的神经、内分泌与免疫功能，最终达到人身心健康的目标，更高层次地实现了消费者对于美丽与健康的理想，彰显了个性和品位，愉悦了精神。化妆品的定义也说明了这一点。因此，应充分重视消费者对化妆品使用性与感观效果的要求，化妆品应具有良好的外观感观效果和舒适的使用性，而且不同的产品应有不同的针对性。如膏霜型护肤类化妆品应外观细腻、光滑柔软、香气怡人，且适合涂抹、易铺展、好吸收、使用后能使皮肤滋润；而同型的美容类化妆品除却以上感官效果外，应强调对皮肤外在的美的润色。

化妆品的使用性与感官效果的评价是人们对化妆品使用中及使用后的评价，带有一定的主观性，但也与化妆品流变学等科学测试结果有较好的相关性。化妆品的使用性与感官效果评价的结果也是决定化妆品价值和产品受欢迎程度的重要因素之一。这种评价方式是以人为工具，利用科学客观的方法，借助人的眼睛、鼻子、嘴巴、手及耳朵，结合心理、生理、物理、化学及统计学等学科，通过对样品进行定性、定量的测量与分析，了解人们对这些产品的感受或喜欢程度。

5. 经济性

消费者在挑选化妆品时不要仅迷信高档或名牌产品，应以适合自己皮肤、年龄、肤色、性别和消费水平的产品为宜，若能兼顾低成本价格和高性能产品是最佳选择。因此，化妆品研发、生产者应以产品的成本价格与性能之比值大小作为评估化妆品产品配方水平的指标，当成本与性能之比值越小，即该产品的成本越低，而产品的性能越优时，表明该产品的配方设计水平越高，经济性越强，越受消费者欢迎。

第三节　美容化妆品新技术

近年来，新技术和新方法被不断地应用于美容化妆品的研发、销售和使用中，从新的活性成分的筛选、新配方的调配、新的传输系统的构建、安全性评估的新技术、新的动物试验替代试验，到用于功效验证的体外实验方法、活体实验方法的建立与应用等，这些新技术和新方法的应用，赋予了化妆品更多的高科技内涵，也使产品更加安全和有效。

一、精细化工技术和分子生物学技术在活性成分筛选方面的应用

1. 精细化工提取技术在美容化妆品行业中的应用

近些年，大力开发性能优异、使用安全的天然原料并积极开展相关的基础理论研究，一直是美容化妆品行业的主要研究热点。应用精细化工的提取新技术和新工艺从天然原料中筛选化妆品活性成分，可将中国人几千年积累的丰富的中草药知识运用于美容化妆品行业，提高美容化妆品的功效性，形成有中国特色的优质化妆品。如逆流萃取技术（CCE），它是针对单级萃取和错流萃取过程存在的溶剂消耗大、传质推动力小、萃取液中有效成分浓度低、生产效率低等问题研发的新技术。逆流萃取工艺使萃取剂与提取物在设备内接触并呈逆向流动，任意一个截面上的传质推动力都是最大的。CCE 在 20 世纪 90 年代开始应用于植物提取后，全程实现连续化、自动化，可用于水、乙醇、醋酸乙酯、三氯甲烷、石油醚等有机溶剂的提取，扩大了美容化妆品可筛选的原料范围。微波萃取技术（MAE）利用微波（波长在 $0.001 \sim 1m$，频率在 $300MHz \sim 300GHz$）在传播过程中遇到物体会发生反射、透射和吸收，物体内的极性分子吸收微波辐射能量后，通过分子偶极以每秒数十亿次的调整旋转而产生热效应；物体内的弱极性或非极性分子对微波的吸收能力则很小，微波对物质的加热是内加热，其传热及传质机制不同于外加热。微波提取的特点是萃取时间短、提取率高、萃取溶剂用量少、能耗低等。目前，微波提取的植物有效成分包括黄酮类、挥发油、生物碱、苷类等均可应用于美容化妆品。

2. 基因芯片技术在美容化妆品行业中的应用

基因芯片（又称为微阵列）是基于碱基互补原理，在固体载体表面按一定的阵列集成大量的基因探针，通过与待测基因进行杂交反应后检测杂交信号的强弱，判断样品中靶基因的性质，进而对大量基因进行平行瞬时分析检验的技术。基因芯片在化妆品行业的应用主要集中在新产品的开发、化妆品功效评价以及化妆品分析检测等方面。

在新产品开发中的应用主要包括功效成分作用靶点研究、功效成分筛选和作为高通量筛选平台以及开发"量身定做"化妆品。利用基因芯片来进行化妆品功效成分作用靶点的研究有两种模式。一种是直接检测功效成分对生物大分子（如受体、酶、离子通道和抗体等）的结合及作用；另一种是检测功效成分作用于皮肤细胞后基因表达的变化，尤其是 mRNA 的变化。有研究通过基因芯片杂交技术，研究积雪草苷（Ad）作用于体外培养成纤维细胞（HSFb）后对 HSFb 基因表达谱的影响，并进一步通过 Northern 杂交和放射免疫技术研究 Ad 与胶原代谢相关的可疑靶基因。目前，将基因芯片应用于化妆品功效成分的筛选还较为少见，但在合成药和中药的筛选中已得到广泛使用。该技术用于化妆品功效成分

时，只需将化学药物改为化妆品功效成分即可，而筛选系统和检测方法并不需要做大的改变，可以有效地改变传统化妆品功效成分筛选时样品消耗量大、实验周期长和成本高的缺点。开发"量身定做"化妆品，将基因芯片运用到化妆品的开发方面，根据基因型将人群分类，实现化妆品的个性化，是未来化妆品的发展趋势之一。

二、新乳化技术和计算机模拟技术在配方及产品营销中的应用

1. 新型乳化技术在美容化妆品中的应用

新型乳化技术是化妆品行业新技术发展的主要方向之一。大多数化妆品均属于乳状液体系，相对于普通乳状液，新型乳状液乳化粒子具有独特的结构，具有促进美容化妆品有效成分在皮肤上的渗透、提高产品的稳定性、改善化妆品的肤感等优异的性能。

应用于美容化妆品体系中的特殊结构乳状液有：液晶结构乳状液、多重结构乳状液、纳米乳液、微乳液、固体颗粒乳化等。如液晶结构乳状液是乳化剂分子在油水界面形成液晶结构的有序分子排列，这种排列使得液晶乳状液具有比普通乳状液更好的稳定性、缓释性与保湿性等优良的使用性能。而多重结构乳状液是某种类型的乳状液再分散到以原分散相为介质的液体中形成的液液分散体系，多重结构乳状液同时具备了 W/O 型与 O/W 型乳状液的优点。多重结构可延缓有效成分的释放速度，延长有效成分的作用时间，达到控制和延长释放的作用。固体颗粒乳化体系是指固体颗粒代替传统的化学乳化剂，固体颗粒在分散相液滴表面形成一层薄膜，阻止了液滴之间的聚集，形成稳定的油/水分散相。以固体颗粒为乳化剂的乳化体系性质不同于传统乳化剂的护肤品配方，主要适用于防晒配方、低刺激性配方以及液态粉底配方中。该类型的配方的优势是：由于用固体颗粒乳化剂替代了传统的表面活性剂乳化剂而使配方的刺激性大大降低；固体颗粒乳化剂本身可作为防晒剂使用，并与其他防晒剂有协同增效作用，降低了产品的刺激性并使产品更加清爽；固体颗粒乳化剂的使用可改善产品的肤感和涂抹性，开发出消费者更满意的产品，提高产品市场占有率；由于固体乳化剂和许多活性组分的相容性更好，所以在选择活性组分时的范围会更广，配方的功能性会体现得更明显；另外，固体颗粒乳化体系的稳定性不受油脂性质的影响，针对不同的护肤产品，可以在更宽范围内选择油脂，以制备出性能更佳、更稳定的产品。

2. 新化学或跨界配方在美容化妆品营销中的应用

美国 20 世纪 70 年代开始出现天然有机化妆品，并在 20 世纪 90 年代随着有机食品的普及得到迅猛发展，"有机化妆品"可以看成是有机食品和化妆品的混血产品，这种"混血化妆品"是现在化妆品的重要发展趋势之一。"混血化妆品"

一方面包括化妆品与相关领域的产品相结合的新一类配方产品，如化妆品与药品的混血产品——药妆品等；另一方面也包括化妆品中不同类别之间的混血品，如护肤品与彩妆的混血产品，即具有护肤功效的彩妆品，或者具有上妆作用的护肤品等。

3. 计算机数据挖掘技术在美容化妆品营销中的应用

计算机数据挖掘（data mining）是指基于一定业务目标下，从海量数据中挖取潜在的、合理的并能被人理解的模式的高级处理过程。与传统的数据分析最大的本质区别是数据挖掘所得到的信息具有先前未知、有效和实用三个特征，即数据挖掘是发现那些不能靠直觉发现的信息或知识，甚至违背直觉的信息或知识，挖掘出来的信息越出乎意料越有价值。计算机数据挖掘技术在美容化妆品营销中可为企业带来有效的商业建议和实际的效益。应用数据挖掘技术-关联规则营销化妆品的案例：美容化妆品企业中有很多交易，怎么发现其中规律进行关联营销以提高销售机会呢？为了计算机识别方便，实验者将化妆品企业需要分析的1000 种化妆品进行排序，分别用 1～1000 代替，建立顾客的交易数据库，找出客户交易数据矩阵，通过 Matlab 关联规则运算箱运行结果，分析结果，可以看到客户买 110 号产品（玫瑰全日保湿乳）后再买 94 号（玫瑰保湿柔肤水）产品的概率为 94.4%，可以将两者进行组合销售；同样买 122 号产品（银杏果匀肤隔离霜）后再买 94 号产品的概率为 47.6%，也就是说顾客买 122 号产品时可以推荐 94 号产品来提高销售概率；同样也发现 94 号产品出现概率特别高，可以认定这是顾客非常喜欢的产品，因此得到商业建议：①玫瑰全日保湿乳和玫瑰保湿柔肤水两个产品组合销售；②银杏果匀肤隔离霜和玫瑰保湿柔肤水两个产品系列存在交叉购买情况；③玫瑰保湿柔肤水为明星产品。该企业在采纳上述商业建议后，到目前为止连续几个月实现销售额增长 10% 以上，给企业带来较大的收益，再次验证计算机数据挖掘技术可以为美容化妆品的营销带来较高的商业价值。

三、脂质技术、纳米技术等在美容化妆品传输系统的应用

脂质技术、纳米技术等的先进技术的应用使美容化妆品产品在新的传输系统的构建方面，活性成分得到最好的保护并有效地传送到皮肤里面，因而发挥更好的作用。

1. 纳米透皮技术在美容化妆品中的应用

纳米技术是用以分子为单位的物质微粒制造和开发新产品的技术，纳米级物质微粒往往表现出与常态下不同的物理化学性质。当前，纳米技术在化妆品透皮中的应用主要有三个方向：一是直接使用纳米材料，如直接使用纳米级二氧化钛作为防晒剂；二是纳米载体，如脂质体等；三是本身为纳米产品，如纳米乳。纳米透皮技术种类繁多，优缺点各异。纳米乳是由两种不混溶液体相互分散而成的

非均相热力学不稳定系统，与微乳相比，纳米乳减少了透皮过程中的局部和系统性副作用，并增加了活性物的透皮能力，但是不稳定性的弱点影响了它在化妆品中的应用。护肤应用领域，纳米胶囊的主要应用趋势从自我修复向预防损伤发展。以 Hu 及其团队开发的水凝胶为例，该凝胶用于面膜，特点是能对温度变化做出响应，并根据温度的变化对活性物进行控释。另外，英国的 Vlvamer 公司开发出一系列的"响应高分子材料"用于纳米胶囊技术。这些高分子水相稳定，无毒而且可降解，能够根据阳光和温度的变化来控制香精纳米胶囊的释放。

2. 包覆技术在化妆品中的应用

随着科学技术的发展及消费者生活水平的提高，消费者对化妆品功能性如营养、保湿、防晒、美白及抗衰老等的要求越来越高。功能性化妆品起作用的活性组分在皮肤上的渗透性、作用时间、稳定性以及在一定浓度下对皮肤的刺激性都是影响功效的关键问题。近 20 年来，欧美及日本对化妆品中功效性活性组分的超微载体系统进行了大量研究，主要包括微胶囊、多空聚合物微球、脂质体以及由脂质体结构衍生的固体脂质微粒等，它们被越来越广泛地应用于化妆品配方中。包覆技术主要是将活性组分包覆于微结构中，大大提高了活性组分的稳定性；鉴于微结构与皮肤之间的亲和性，促进了活性组分在皮肤上的渗透；活性组分在微结构中的缓慢释放，实现了活性组分的缓释效应，达到长期有效；同时对于一些对皮肤有刺激性的活性组分，微结构阻隔了活性成分（如防晒剂）与皮肤的直接接触，大大降低了活性组分对皮肤的刺激性。

四、皮肤组织工程、微流控芯片技术等在安全性评估方面的应用

在安全性评估方面，许多新微生物学、毒理学、生化检验技术、细胞培养技术等技术和方法都被广泛应用到美容化妆品中，使原料和产品安全性的评估更加高效、全面、合理。由于新法规的实施，动物已经不能用于化妆品产品的试验，故各种新的动物替代试验方法应运而生。其中进展最快的是用皮肤组织工程技术构建出各种人工皮肤，如 EPiskin 等，使体外试验能很好地模拟活体动物试验。此外，随着现代生物学研究模式的转化，以细胞为对象的微流控芯片研究已经引起诸多研究者的关注，微流控技术已经被成功地用于多种动物细胞系培养，微流控芯片具有在数平方厘米的面积上集成成千上万个体积仅为纳升或皮升量级的细胞培养微单元的潜力，可用于美容化妆品的体外功效评价试验。

1. 重组人组织模型在美容化妆品功效评价中的应用

皮肤组织工程是利用生物学和工程学的原理，构建出用于修复、维持和改善损伤组织功能的组织替代物。人造皮肤是利用工程学和细胞生物学的原理和方法，在体外人工研制的皮肤代用品，用来修复、替代缺损的皮肤组织。按成分不同，人造皮肤可分为单纯人工真皮和具有表皮细胞层的活性复合皮。人造皮肤分

为两层——表层和里层，表层由一种硅橡胶薄膜制成，能阻挡细菌的进攻；里层是一种特殊的培养基，能帮助受损的皮肤生长。

检测化妆品的皮肤腐蚀性/刺激性是皮肤毒性安全性评价中的重要部分。欧盟自 2009 年 3 月起禁止动物试验用于化妆品安全性评价，因此建立替代方法成为必需。欧盟已批准采用的用于皮肤毒性检测的模型有 Epi Derm、Epi Skin、Skin Ethic 等。Epi Derm 重建皮肤模型是由位于美国马里兰州阿什兰德的 Mat Tek 公司研发并生产的。Epi Derm 皮肤模型由来源于人皮肤的角质细胞生长于特殊制备的 Millicell 细胞嵌入培养板中，形成多层分化的人类表皮模型，模型由基底层、棘层、颗粒层和角化层组成，与体内皮肤结构类似。张天宝等人通过构建重组人 Epi Derm 皮肤模型，建立了检测化妆品皮肤腐蚀性/刺激性的替代试验方法。

2. 微流控芯片技术在美容化妆品功效评价中的应用

微流控技术（microfluidics）是一种在微米尺度的流道内对纳升或皮升量级的液体进行操纵或控制的技术，该技术着重于构建微流控通道系统来实现各种复杂的微流控操纵功能，是目前迅速发展的多学科高度交叉的科技领域之一。随着现代生物学研究模式的转化，以细胞为对象的微流控芯片研究已经引起诸多研究者的关注。微流道尺寸（通常 $10\sim100\mu m$）与典型的哺乳类动物细胞尺寸（$10\sim20\mu m$）处于相同量级，并且微尺度下传热、传质较快，所以在微流控系统内容易形成与生理状态相似的细胞培养微环境。该技术已经被成功地用于多种动物细胞系培养。微流控芯片是一种高度平行化、自动化的集成微型芯片，具有在数平方厘米的面积上集成成千上万个体积仅为纳升或皮升量级的细胞培养微单元的潜力。如利用微流控芯片培养成纤维细胞能快速筛选评价抗衰老原料。成纤维细胞是皮肤真皮中的主体细胞成分，它与自身分泌的胶原纤维、弹性纤维及基质成分一同构成了真皮的主体。成纤维细胞的主要功能是：合成和分泌胶原纤维、弹性纤维、基质大分子物质和某些生长因子，还具有黏附特性和趋化性，对维持皮肤的弹性和韧性具有重要作用，它的减少也是引起皱纹产生的重要原因。已有大量的研究证明成纤维细胞因其特有的生物学特性改变，在皮肤老化过程中扮演着重要角色。将成纤维细胞在微流控芯片实验室内进行培养，可以直观地观察功效添加剂对细胞生长形态的影响，快速测定与抗衰老功效检测相关的靶位点羟脯氨酸的含量、I 型胶原纤维的含量，达到对化妆品原料快速、高效、高通量的筛选评价。

总之，在美容化妆品研发、使用的各个环节，还有许多新技术和新方法。它们的运用使得美容化妆品行业更加蓬勃发展，创造出更加安全、有效的产品造福于民。了解这些能帮助我们更好地认识和评价化妆品，对从事化妆品相关工作的研究人员也有很大的帮助。

化妆品知识

1. 化妆品市场发展趋势

（1）**产品要环保、绿色、可生物降解** 随着全球环保呼声的日益高涨，消费者对化妆品安全性要求越来越高，产品发展趋势必须是绿色环保可生物降解的产品。源自天然成分和原料的化妆品产品将会越来越多地在市场上出现。如在大豆油和山茶科植物种子中提取到的卵磷脂和茶皂素用作乳化剂制作化妆品取得一定的效果，其被称为天然表面活性剂，从动物组织中也可提取到更为有效的天然表面活性剂。几年前美国采用了以色列特拉维夫大学某教授创导发明的由海洋生物中提取的全新乳化剂制成了世界首例不用化学乳化剂制成的商业化妆品，其膏体细腻、滑爽，很受欢迎。经显微摄影的相片观察，其颗粒大小分布（particle size distribution）细密均匀，通过调整不同的配方和采用不同的操作工艺，可以制得不同黏度的、稳定的膏霜和乳液，效果十分理想。

（2）**产品要对人体绝对安全** 化妆品的安全性不仅关系到消费者的身心健康，也关系到企业和行业的生死存亡。就安全的具体措施而言，首先应加强行业的自律，要"遵纪守法"，企业要有"全程"管理化妆品的意识，较之以往要更加重视产品上市后的安全，建立相应的预防和危机处理机制。从行政管理的角度而言，政府部门加强市场监管，改革重审批、轻监管的管理模式。加强对消费者的消费行为的引导，研究、开发和生产适合不同地区消费者不同需求的产品；加强整个行业从业人员的培训和素质教育；进一步强化对化妆品不良反应的研究。

（3）**天然植物尤其是中草药成分的功效性产品很有发展潜力** 这一点对中国市场而言最有优势，我国在应用中草药方面具有得天独厚的条件。此外，我国素有天然药物王国的盛誉，开发的新产品很容易被消费者接受，在市场推广方面非常容易切入。

（4）**延缓皮肤衰老、防晒和生发将是一个趋势** 目前人们生活比较安定和谐，对皮肤抗衰老和美容方面的要求越来越高。这类产品在不久的将来将会突破传统的抗皱和保湿的范畴，结合护肤、抗皱、润肤、表皮更新，使用产品后将会使皮肤看起来更具活力。此外，防晒产品的市场前景也非常被看好，是化妆品发展的一个永恒主题，必将贯穿到一年四季；防晒概念将逐步深入人心。而皮肤保湿也仍将是护理用品的一个基本性质，对其概念的深入挖掘将继续主导护肤品的重要特性。

（5）**功效化妆品将被看好** 防晒、祛斑、瘦身、美白、抗粉刺、染发以及防脱发等功效性化妆品的发展也是不可或缺的。

2. 近代营销学对化妆品发展的影响

（1）化妆品商品竞争的三个方位　产品整体新概念国际著名市场营销学家菲利普·特勒认为，产品由实质层、形式层和延伸层所组成。实质层反映产品的实质功效，造型、品牌、商标和包装是产品的形式层，售前、售后和售中的服务及对产品的特殊服务为产品的延伸层，三者共同组成产品的完整形象，所以 21 世纪化妆品的商品竞争将从以上三个方位进行。化妆品作为硬件将与化妆品的销售服务等软件组成完整的产品质量概念，信息表明，日本几大化妆品公司对此做了大量的研究与周密的部署。

（2）营销观点：以客为中心　化妆品企业要从开发什么产品就销售什么产品，变为消费者需要什么产品就开发什么产品。从这个观点出发，企业要找准自己的顾客群。为适应不同人群的需求，化妆品产品的细分化、多功能化，将成为 21 世纪化妆品发展趋势之一，大有文章可做。另外个性化的化妆品，针对个人的化妆品营销方式，会逐步地流行与迅速地得到发展。

（3）化妆品的生理学功效将得到强化与高度发展。

 本章小结

本章详细介绍了化妆品的起源与发展，阐述了化妆品的定义与质量特性，最后简要介绍了应用于美容化妆品行业的新技术和新方法。

思考题

1. 什么是化妆品？
2. 影响化妆品质量的因素是什么？
3. 化妆品的质量特性是什么？
4. 应用在美容化妆品行业的纳米透皮技术和基因芯片技术有哪些？

第二章 化妆品原料与功能

02

1. 掌握化妆品常用油脂原料的类型和作用。
2. 掌握化妆品常用保湿剂的类型和作用。
3. 掌握防晒剂的分类及常用的防晒剂。
4. 掌握乳化理论及常用的乳化剂。
5. 了解化妆品的防腐体系及常用的防腐剂。
6. 了解化妆品中常用的色素。
7. 掌握表面活性剂的分类及常用的各类表面活性剂的作用。
8. 了解化妆品的加香。
9. 掌握化妆品中添加剂的种类和作用，了解美白、抗衰老的机理。

能力目标

1. 能熟练辨识化妆品配方中各成分的作用。
2. 能解读化妆品标签中的各成分。

　　化妆品是由各种原料经过配方加工而制成的一种复杂的混合物，其质量优劣除取决于配方、工艺技术及制造加工设备外，基质原料的质量和添加剂的功能在很大程度上起着主要的作用，近几十年来，精细化学品工业的发展，为化妆品工业提供了大量优质的自然与合成的原料及功能添加剂。

　　化妆品是直接作用于人体各部位的物质，因此，其质量非常重要，对各种原料必须进行慎重的选择，对某些原料用量要加以严格的控制。而实际上，在制造化妆品时，常常使用化妆品原料基准或有关规定以外的原料，因此，对其安全性方面的要求也应十分严格。使用前，必须提供一次皮肤刺激、光毒性、黏膜刺激、连续涂敷刺激、经皮肤吸收的毒性、损伤部位的一次皮肤刺激和突变性等方面的安全数据。综上所述，选择化妆品原料，除了必须符合有关法律法规外，还应注意以下各项要求：

① 不对皮肤产生刺激和毒性；

② 不妨碍皮肤生理作用；

③ 不会使皮肤产生异常的生理变化；

④ 不促进微生物的生长和繁殖；

⑤ 稳定、不变色、不会产生不愉快气味和发臭。

化妆品原料种类繁多，涉及范围广且复杂。

第一节　油脂和蜡类

油脂、蜡类及其衍生物是化妆品主要的基质原料，包括油脂、蜡类、高级脂肪酸和脂肪醇、酯类、烃类、金属皂和硅氧烷等。它们是组成膏霜、乳液等乳化型及油蜡型化妆品的基质性原料，主要起到滋润、柔滑、护肤、护发等作用，也称为润滑剂。

油脂和蜡类原料根据其来源和化学成分不同，可分为植物性、动物性和矿物性油脂、蜡以及合成油脂、蜡等。油脂、蜡是一种习俗上的名称，不能完全以化学成分分类。油脂是不溶于水的疏水性物质，有形成润滑薄膜的能力（俗称"油性"），来源于植物、陆地动物和水生动物，主要由脂肪酸甘油酯即甘油三酯所组成。一般来说，在常温下呈液态者为油，呈半固态或软性固体者为脂，呈固态的，称为蜡。油脂的固态和液态会随温度不同而发生可逆变化，因此，人们对"油"和"脂"概念的区分和使用并不是十分严格的，某些液态和固态的碳氢化合物也被称为油脂和蜡。

油脂和蜡类具有各种性质、结构和组分，应用于化妆品中的目的各有不同，分述如下。

1. 油脂类

① 在皮肤表面形成疏水性薄膜，赋予皮肤柔软、润滑和光泽性，同时防止外部有害物质的侵入和防御来自自然界因素的侵袭。

② 通过其油溶性溶剂作用而使皮肤表面清洁。

③ 寒冷时，抑制皮肤表面水分的蒸发，防止皮肤干裂。

④ 作为特殊成分的溶剂，促进皮肤吸收药物或有效活性成分。

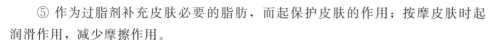
⑤ 作为过脂剂补充皮肤必要的脂肪，而起保护皮肤的作用；按摩皮肤时起润滑作用，减少摩擦作用。

⑥ 赋予毛发以柔软和光泽感。

2. 蜡类

① 作为固化剂提高制品的性能和稳定性等。

② 赋予产品摇变性，改善使用感觉。

③ 提高液态油的熔点，赋予产品触变性，改善对皮肤的柔软效果。

④ 由于分子中具有疏水性较强的长链烃，而增强在皮肤表面形成的疏水性薄膜。

⑤ 赋予产品光泽，提高其商品价值。

⑥ 改善成型机能，便于加工操作。

3. 油脂或蜡类衍生物

① 脂肪酸：具有乳化作用（与碱或有机胺反应生成表面活性剂）和溶剂作用。

② 高级脂肪醇：乳化助剂、油腻感抑制剂和润滑剂。

③ 酯类：是铺展性改良剂、混合剂、溶剂、增塑剂、定香剂、润滑剂和通气性赋予剂。

④ 磷脂：具有表面活性作用（乳化、润湿和分散），传输药物和有效成分，促进皮肤对营养成分的吸收。

油脂、蜡类原料品种繁多，日新月异，在进行化妆品配方时有很大的选择余地，也为制备特殊要求和性能的化妆品提供了广阔的原料来源。

一、动植物油脂和蜡

1. 动植物油脂

各种不同脂肪酸和甘油相结合，就成为各种不同性质的油脂。从动植物中取得的天然油脂，实质上并没有根本的区别，通常在常温下为液体者称为油，为固体者称为脂。

而它们的主要化学成分都是上面所述的甘油酯，只是其所含脂肪酸成分及含量有所不同，实际上，大多数天然油脂都是混合的甘油酯。

天然油脂中存在的脂肪酸，除了极个别的以外，几乎全部是含有偶数碳原子的直链单羧基脂肪酸，如果碳氢链上没有双键，就称为饱和脂肪酸，如硬脂酸、棕榈酸等，此类油脂常呈固态状；如果碳氢链上含有双键，就称为不饱和脂肪酸，如油酸等，此类油脂常为液态状。

所有的油脂均含有少量的非甘油酯成分，其质量分数为植物毛油的 5% 以下，在精制植物油中为 2% 以下，多数情况下不大于 0.2%。油脂的非甘油酯成分和作用如下。

① 磷脂　它是一种多元醇与脂肪酸和磷酸酯化而成的化合物，包括卵磷脂、脑磷脂、神经鞘磷脂和肌醇磷脂等。植物毛油的磷脂含量根据不同油种在$0.1\%\sim0.3\%$，精炼优良植物油约为$0.002\%\sim0.004\%$，磷脂是护肤化妆品中对提高渗透性和传送有效成分起着重要作用的组分。

② 甾醇　油脂中甾醇的质量分数为$0.4\%\sim4.7\%$，其中以小麦胚芽油含量最高，玉米油次之。甾醇作为营养成分，可治疗受刺激的干裂皮肤及干燥受损的头发。

③ 烃类　其中最重要和分布最广的一种是角鲨烯，它是高度不饱和烃。角鲨烯全氢化制得的角鲨烷是高级化妆品原料。

④ 维生素 A 和维生素 D　鱼类油脂含维生素 D 较高。

⑤ 生育酚（油溶维生素 E）和阿魏酸　作为油脂抗氧化剂，其有助于改善许多植物油氧化稳定性，对天然油脂在化妆品中的应用也是很重要的。

⑥ β-胡萝卜素　其是影响油脂外观的成分。未经脱色的棕榈毛油的类胡萝卜素含量最高。

动物性油脂常温下为白色固体，饱和脂肪酸含量较高，即碘值较高。一般动物油脂、蜡都不同程度地带有各种特殊气味，很少直接使用于化妆品中，如牛脂和猪脂主要用作制皂原料。但由于人体皮肤对油脂类的吸收次序由大到小为动物油脂、植物油、矿物油，所以精炼过的动物油脂却是化妆品的优质原料。

动物性蜡有蜂蜡、鲸蜡、液体石蜡、羊毛脂及其衍生物（羊毛脂乙酰化、氧化、皂化等处理而得）等。下面主要介绍一些在化妆品中常用的动植物油脂和蜡。

（1）水貂油（mink oil）　水貂是一种珍贵的毛皮动物，从水貂背部的皮下脂肪中提取的脂肪粗油，经过加工精制后得到水貂油，是一种理想的化妆品油质原料。水貂油为无色或淡黄色透明油状液体，无腥臭及其他异味，无毒，对人体肌肤及眼无刺激作用。

水貂油含有多种营养成分。从其甘油酯的脂肪酸组成来看，与其他作为化妆品的天然油脂原料相比，最大特点是含有 20% 左右的棕榈油酸（十六碳单烯酸），总不饱和脂肪酸超过 75%。水貂油对人体皮肤有很好的亲和性、渗透性，易于被皮肤吸收，其扩展性比白油高 3 倍以上，表面张力小，易于在皮肤、毛发上扩展，使用感好，滑爽不黏腻，在毛发上有良好的附着性，并能形成具有光泽的薄膜，改善毛发的梳理性。近年来的研究表明，水貂油有显著的吸收紫外线作用，还有优良的抗氧化性能。

在化妆品中，水貂油应用甚广，可用于膏霜、乳液、发油、发水、唇膏等化妆品中，还可应用在防晒化妆品中。

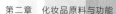
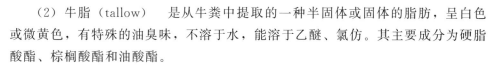

（2）牛脂（tallow）　是从牛粪中提取的一种半固体或固体的脂肪，呈白色或微黄色，有特殊的油臭味，不溶于水，能溶于乙醚、氯仿。其主要成分为硬脂酸酯、棕榈酸酯和油酸酯。

牛脂因有油臭味而无法直接应用于化妆品中，但与椰子油同是制造皂类的重要原料。牛脂精制脱臭后，可用于香油类化妆品。

（3）猪脂（lard）　又名豚脂、猪油。它是自猪的腹背部提取的白色油状软固体，味微臭，不溶于水，可溶于乙醚、氯仿、石油醚和二硫化碳，遇光变质，主要成分为硬脂酸酯、棕榈酸酯和油酸酯。

用于面膜，易于皮肤吸收。还可用于化妆皂、油膏和香膏。

（4）橄榄油（olive oil）　很早以前，地中海沿岸各国，如法国、意大利、西班牙等，就已将橄榄油作为食用或化妆品用油。其制取方法一般是将果实经机械冷榨或用溶剂抽提制得。产品为淡黄色或黄绿色透明油状液体，不溶于水，微溶于乙醇，可溶于乙醚、氯仿等。橄榄油的甘油酯中，不饱和脂肪酸成分类似人乳，其中多键的亚油酸和亚麻酸含量几乎与人乳相同，因而易被肌肤吸收。

橄榄油中还富含维生素 A、维生素 D、维生素 B、维生素 E 和维生素 K，故有促进皮肤细胞及毛囊新陈代谢作用。

橄榄油用于化妆品中，对皮肤无害，具有优良的润肤养肤作用；此外，橄榄油还有一定的防晒作用。橄榄油对皮肤的渗透能力较羊毛脂、油醇差，但比矿物油佳。在化妆品中，橄榄油是制造按摩油、发油、防晒油及口红等和 W/O 型香脂的重要原料，但橄榄油可能会促使粉刺生长。

（5）杏仁油（almond oil）　是从甜杏仁中提取的，具有特殊的芳香气味，为无色或淡黄色透明油状液体水，微溶于乙醇，能溶于乙醚、氯仿。

杏仁油的性能与橄榄油极其相似，但聚饱和度稍高，凝固点稍低，常为橄榄油代用品，对皮肤无害，有润肤作用。主要成分为油酸酯，不易变质，可用于润肤油及膏霜类、乳剂类化妆品。

（6）蓖麻油（castor oil）　是蓖麻种子经冷法压榨制得的，为无色或淡黄色透明油状液体，是典型的不干性液体油，具有特殊气味，不溶于水，可溶于乙醇、苯、乙醚、氯仿和二硫化碳。其主要成分为蓖麻酸酯。

蓖麻油对肌肤的渗透性较羊毛脂差，但优于矿物油，因为蓖麻油相对密度大、黏度高、凝固点低，它的黏度及软硬度受温度影响很小，很适宜作为化妆品原料，可作为口红的主要基质，可使其外观更为鲜艳，黏性好、润滑性好。也可应用到膏霜、乳液等中，还可作为指甲油的增塑剂。

（7）椰子油（coconut oil）　得自干椰子肉（copra），新鲜椰肉亦可使用。这是一种淡黄色或无色非干式油，于 20℃ 以下会呈现固状。椰子油用于制造润滑油脂、洗涤剂、化妆品，以及制造脂肪酸、脂肪醇、甲基酯类等，可说是制作手工皂不可缺少的油脂之一，富含饱和脂肪酸，可做出洗净力强、质地硬、颜色雪白且泡沫多的香皂。

椰子油对皮肤和头发有刺激性，所以无法直接用于油膏或面霜等化妆品，但却是化妆品工业中不可缺少的间接原料。

（8）霍霍巴油（jojoba oil）　是由沙漠灌木西蒙得木果核提取的长直链的液状蜡酯混合物，冷或热的稳定性好，抗氧化性强，温度变化时黏度改变小，是渗透性最强的基础油，它所形成的油膜与矿物油不同，可透过蒸发的水分，也能控制水分的损失，清爽滋润，与人体的皮脂组织分子相似，含高滋养度的胶原蛋白，能有效改善油性皮肤分泌机能，收缩毛孔；同时也是最佳的皮肤保湿油，适用于晦暗、油性、缺水、青春痘肌肤；也可用作护肤油膏、发油，能治疗刀伤、止氧、消肿和促进头发生长。

霍霍巴油用于化妆品非常安全，不会产生粉刺和抗原，并能减轻牛皮癣的症状。

（9）鳄梨油（avocado oil）　是从鳄梨树（主要产地是以色列、南美、美国、英国等）的鳄梨果肉脱水后用压榨法或溶剂萃取法而制得，其外观有荧光，光反射呈深红色，光透射呈强绿色，有轻微的榛子味，不易酸败。

由于鳄梨油对皮肤无毒、无刺激，对眼睛也无害，因此被很多国家广泛应用于化妆品中。据分析测定，鳄梨油含有各种维生素、甾醇、卵磷脂等有效成分，具有较好的润滑性、温和性、乳化性，稳定性也好，对皮肤的渗透力要比羊毛脂强，最适宜于干燥缺水、日照受损或成熟肌肤，对湿疹、牛皮癣有很好的效果。营养度极高，亦可用于清洁使用，其深层清洁效果佳，能促进新陈代谢、淡化黑斑、预防皱纹产生，故可作为乳液、膏霜、香波及香皂等的原料。本品对皮肤渗透性较强，有助于使活性物质传输入皮肤内；此外，本品还有防晒作用，也被用于处理皮肤创伤和治疗皮肤病的制品中，对炎症、粉刺有一定的疗效。鳄梨油是制作手工皂的高级素材，做出来的皂滋润、温和，有软化及治愈皮肤的功能，很适合婴儿及过敏性肤质的人群使用。

（10）葡萄籽油（grape seed oil）　是葡萄种子经由最高级的冷压方式精制而成，呈漂亮而自然的淡黄色或淡绿色，是基础油中相当受欢迎且效果显著的品种之一。葡萄籽油具有天然无毒的特性，因此儿童、孕妇、老人及运动员皆适用。

葡萄籽含有两种重要的元素：亚麻油酸（linoleic acid）及原花色素（oligo proanthocyanidin，简称OPC）。亚麻油酸是人体必需而又为人体所不能合成的脂肪酸，可以抵抗自由基、抗老化、帮助吸收维生素C和维生素E、强化循环系统的弹性、降低紫外线的伤害、保护肌肤中的胶原蛋白、改善静脉肿胀和水肿以及预防黑色素沉淀。OPC具有保护血管弹性、阻止胆固醇囤积在血管壁上及减少血小板凝固等作用。对于皮肤，原花色素保护肌肤免于紫外线的荼毒、预防胶原纤维及弹性纤维的破坏，使肌肤保持应有的弹性及张力，避免皮肤下垂及皱纹产生。葡萄籽中还含有许多强力的抗氧化物质，如肉桂酸与香草酸等各种天然有机酸，这些都是抗氧化的元素。

葡萄籽油具有良好的渗透力，不含胆固醇，能抵抗自由基、防衰老，提高毛细血管的弹性，有很好的保湿性；其中含丰富的维生素F、矿物质、蛋白质、叶绿素，能增强肌肤的保湿效果，同时可润泽柔软肌肤，质地清爽不油腻，易为皮肤所吸收。适用于所有肌肤，尤其适合油性、暗疮、粉刺皮肤。

(11) 乳木果油（shea butter）　乳木果油在非洲大陆的使用史可以追溯至古埃及克里奥佩特拉（埃及艳后）时代，非洲土著居民经常将其作为药物的主要成分，保护皮肤免受阳光和恶劣气候的侵蚀，加快伤口的愈合，治疗轻度的刺激，也常被用于干性肌肤、皮炎和光敏性皮炎、阳光灼伤的护理。早在20世纪40年代，许多科学家惊奇地发现在非洲使用乳木果油的人群中皮肤病的发生率极低，而且皮肤特别光滑柔软。鉴于此，乳木果油被化学家和药物学家称为"植物油中的翡翠"。

乳木果油的主要成分为甘油三酯（含一定数量的亚油酸）和不可皂化物，其中甘油三酯含量为80%左右。不可皂化物成分复杂，其中菠菜甾醇和豆甾醇的肉桂酸酯影响着皮肤组织的生长，萜烯醇、羽扇醇和树脂醇的肉桂酸酯有伤口愈合和消炎的作用，以及一些胶乳物质具有抗紫外线的功能。

功能及应用：抗衰老作用、护理及再生作用、保湿性能、消炎作用。

配方应用：乳木果油适用于各种化妆品配方，护理产品中用量为3%～15%，洗涤产品中用量为1%～2%。

(12) 月见草油（evening primrose oil）　为天然植物油经过提纯精制而成，属亚麻油种，为淡黄色无味透明油状液体。相对密度0.921～0.928，皂化值190～200，碘值147～154。月见草油富含 γ-亚麻酸，对人体有重要生理活性。在人体内可转化为前列腺素E，能抑制血小板的聚集和血栓素A2的形成，有明显的抗血栓及抗动脉粥样斑块形成的作用，能有效地降低低密度脂蛋白，达到明显的减肥效果。可作为减肥膏添加剂，还可作为高级化妆品原料。

月见草也称作晚缨草，价格非常昂贵，它所含有的成分使其具有宝贵的护肤功能，可改善很多的皮肤问题如湿疹、干癣，又具有消炎及软化皮肤等功能，尤其适合老化及干燥肌肤，只需要使用一点就有相当明显的效果。

(13) 角鲨烯（squalene）　是一种直链三萜多烯，主要存在于鲨鱼肝油的不皂化部分，一些植物油脂如橄榄油、茶籽油、丝瓜籽油等中也有存在。角鲨烯为无色或淡黄色油状液体，熔点为 $-75℃$，沸点为240～242℃（266.6Pa），折射率为1.494～1.499，吸收氧变成黏性如亚麻油状，几乎不溶于水，易溶于乙醚、丙酮、石油醚，微溶于醇和冰醋酸。角鲨烯容易聚合，受酸的影响则环合生成四环鲨烯。四环鲨烯的结构式尚未最后确定，但可能如图 2-1 所示。角鲨烯这种易于环合的性质，说明它与甾类成分有密切的关系。

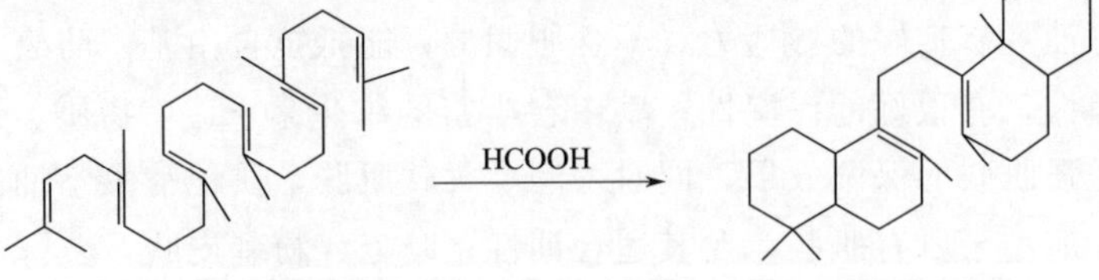

角鲨烯　　四环鲨烯

图 2-1　角鲨烯、四环鲨烯的结构式

角鲨烯属动物性油，在皮肤上渗透性好，可加速其新陈代谢并软化皮肤，常用作营养性助剂。本品可与任何活性物配伍，如与磷脂类组成脂质体，则护肤性能更好；在化妆品中常与维生素类成分配伍。也可用于发用洗涤剂或染发剂，角鲨烯易被头发毛孔吸收，使头发经处理后不致太过干枯。

从橄榄油中提取角鲨烯是近来发展的工业方法。橄榄油经醚化处理后，加入 0.01%氯化亚锡防氧化，控制压力于 53.32Pa，收集 250℃时的馏分，1kg 橄榄油可得 163g 的角鲨烯。与鱼油角鲨烯相比，没有腥臭味，也易于在化妆品中使用。

(14) 角鲨烷（squalane）　化学式为 2,6,10,15,19,23-六甲基二十四烷，结构式见图 2-2。

$$CH_3-\underset{\displaystyle CH_3}{\underset{|}{CH}}-(CH_2)_3-\underset{\displaystyle CH_3}{\underset{|}{CH}}-(CH_2)_3-\underset{\displaystyle CH_3}{\underset{|}{\overset{\displaystyle H}{C}}}-(CH_2)_4-\underset{\displaystyle CH_3}{\underset{|}{CH}}-(CH_2)_3-\underset{\displaystyle CH_3}{\underset{|}{CH}}-(CH_2)_3-\underset{\displaystyle CH_3}{\underset{|}{CH}}-CH_3$$

图 2-2　角鲨烷的结构式

角鲨烷在人体的皮脂中约含 5%。在动物界中主要与角鲨烯伴生在鲨鱼肝油中，在一些植物的种子内，如丝瓜籽、橄榄油内也有多量的角鲨烷，原料来自动物的称为动物角鲨烷，来自植物的称为植物角鲨烷。角鲨烷的产品中，植物角鲨烷的比例越来越多。动物角鲨烷是将鱼肝油加氢后蒸馏制得。

精制角鲨烷是无色、无味、无臭、惰性的油状液体，稍溶于乙醇、丙酮，溶于苯、氯仿、乙醚、矿物油和其他动植物油，不溶于水，化学性质稳定。相对密度（15℃/4℃）0.812，折射率（15℃）1.4530，碘值 0～5，皂化值 0～5，酸值 0～0.2，凝固点－38℃，沸点 350℃。本品在空气中稳定，阳光作用下会缓慢氧化。皮脂腺可合成角鲨烯，皮脂含有角鲨烯，儿童皮脂所含为 1%（质量分数），成人皮脂可达 10%（质量分数）；皮脂含角鲨烷质量分数约为 2%。其渗透性、润滑性和透气性较其他油脂好，可与大多数化妆品原料匹配。

作为天然产物，本品惰性、无毒，不会引起刺激和过敏，能加速其他活性物质向皮肤中渗透；可用作高级化妆品的油性原料，如各类膏霜和乳液、眼线膏、眼影膏和护发素等。

（15）茶籽油（tea seed oil）　又名山茶油、茶树籽油。茶籽油是由山茶的种子经压榨制备的脂肪油。脂肪酸构成中以油酸为最多（82%～88%），其他为棕榈酸等饱和酸（8%～10%）、亚油酸（1%～4%）。茶籽油的性状和橄榄油相似，在膏霜和乳液制品中使用。

本品为无色或淡黄色液体，味微苦，不溶于水，可溶于乙醇、氯仿，不会氧化变质，热稳定性好。相对密度 0.910～0.918，酸值＜2.0，皂化值 188～198，碘值 84～93，不皂化物 0.5%～0.8%。茶籽油的性能优于白油，因其中含有一定的氨基酸、维生素和杀菌（解毒）成分，有利于皮肤吸收，可用作香脂、中性膏霜、乳液等中的油基原料，有滋润、护发功能，还具有营养、杀菌、止痒的作用。

2. 动植物蜡

蜡是一类具有不同程度光泽、滑润和塑性的疏水性物质的总称，也可以被认为是属于有机热塑性的特定基团的物质，其熔点在 35～95℃之间。它包括：以高级脂肪酸与高级脂肪醇生成酯类为主要成分的来源于植物和动物的天然蜡；以碳氢化合物为主要成分的矿物性的天然蜡；经过化学方法改性的天然蜡；用化学方法合成的蜡；各类蜡混合物和蜡与胶或树脂混合物等。

（1）羊毛脂（lanolin）　是羊的皮脂腺分泌物，一般是从洗涤羊毛的废水中用高速离心机分离提取出来的一种带有强烈臭味的黑色膏状黏稠物，经脱色、脱臭后，为一种色嫩黄的半固体，略有特殊臭味。可分为无水和有水两种，其主要成分为胆甾醇、虫蜡醇及多种脂肪酸的酯。

羊毛脂是哺乳类动物的皮脂，其组成与人的皮脂十分接近，对人的皮肤有很好的柔软、渗透性和润滑作用，具有防止脱脂的功效。很早以前，就一直被用作化妆品原料，是制造膏霜、乳液类化妆品及口红等的重要原科。

（2）蜂蜡（bees wax）　也称"蜜蜡"，是蜜蜂腹部蜡腺分泌出来的蜡质，是构成蜂巢的主要成分，故蜂蜡是从蜜蜂的蜂房中取得的蜡。由于蜜蜂的种类以及采蜜的花卉种类不同，蜂蜡的品种与质量亦常有差别，一般为淡黄色至黄褐色的黏稠性蜡，薄层时呈透明状，略有蜜蜂的气味，溶于乙醚、氯仿、苯和热乙醇，不溶于水，可与各种脂肪酸甘油酯互溶。

蜂蜡的主要成分是多量的棕榈酸蜂蜡酯和固体的虫蜡酸与碳氢化合物，约占蜂蜡组成的 80%，其余 20%～25% 由占 1% 或更低含量的辅助成分构成，可能有 300 多种化合物，这就使得蜂蜡具有特异的性能。

　　蜂蜡广泛应用于化妆品中，是制造乳液类化妆品的良好助乳化原料，由于蜂蜡熔点高，在化妆品中，可用于制造唇膏、发蜡等锭状化妆品，也可用于油性膏霜产品中。

　　(3) 鲸蜡 (spermaceti)　是从抹香鲸的头盖骨腔内提取的一种具有珍珠光泽的结晶蜡状固体，呈白色透明状，其精制品几乎无色、无味，长期暴露于空气中，易腐败。本品可溶于乙醚、氯仿、油类，不溶于水。

　　鲸蜡的主要成分是鲸蜡酸、月桂酸、豆蔻酸、棕榈酸、硬脂酸等。在化妆品中，可作为膏霜类的油质原料，也可用在口红等锭状产品及需赋予光泽的乳液制品中。

　　(4) 棕榈蜡 (palmitic wax)　精致产品为白色或淡黄色脆硬固体，具有愉悦的气味。主要成分为蜡酸蜂花醇酯和蜡酸蜡酯。

　　在化妆品中主要用于提高蜡酯的熔点，增加硬度、韧性和光泽，也有降低黏性、塑性和结晶的倾向，主要用于唇膏、睫毛膏、脱毛蜡等制品。

　　(5) 小烛树蜡 (candelilla wax)　是一种淡黄色半透明或者不透明的固体。精制产品有光泽和芳香气味，略带黏性。主要成分为碳水化合物、蜡酯、高级脂肪酸、高级醇等。

　　应用于唇膏、脱毛蜡、除臭锭等需要成型的化妆品中。

　　(6) 霍霍巴蜡 (jojoba wax)　是一种透明无臭的浅黄色液体。主要为十二碳以上脂肪酸和脂肪醇构成的蜡酯。其特点是不易氧化和酸败，无毒、无刺激，易于被皮肤吸收以及具有良好的保湿等作用。

　　广泛应用于润肤膏、面霜、香波、头发调理剂、唇膏、指甲油、婴儿护肤用品以及清洁剂等用品。

　　(7) 木蜡 (Japan wax)　又叫日本蜡，为淡奶色蜡状物，具有酸涩气味，不硬，具有韧性、可延展和黏性。

　　其主要成分为棕榈酸的甘油三酯，为植物性脂肪或高熔性脂肪。易于与蜂蜡、可可脂和其他甘油三酯配伍，易被碱皂化形成乳液。

　　用于乳液和膏霜类化妆品中。

二、矿物油脂和蜡

　　矿物油脂、蜡指天然矿物（主要是石油）经加工精制得到的高分子碳氢化合物，它们的沸点高，多在300℃以上，无动植物油脂、蜡的皂化价与酸价，化妆品中使用的是碳数一般在15以上的直链饱和烃类。本类物质来源丰富，不易腐败，性质稳定，故为价廉物美的原料，但很少单独应用，多与其他油质原料同时合并使用。

　　(1) 液体石蜡 (paraffin oil)　或称石蜡油，又称为白油、矿油等。来源于

分馏石油的高沸点（330～390℃）部分。它是一种无色、无臭、透明的黏稠状液体，具有润滑性，可在皮肤上形成保护性薄膜，对皮肤、毛发柔软效果好。液体石蜡是一类液态烃类的混合物，其主要成分为 $C_{16}H_{34}$～$C_{24}H_{44}$ 正异构烷烃的混合物，由于工厂生产的液体石蜡质量不同，因此有各种编号的液体石蜡，如液体石蜡 7♯、液体石蜡 18♯ 等。液体石蜡不溶于水、甘油和冷乙醇，可溶于乙醚、氯仿、苯、石油醚等，并能与多数脂肪油互溶；其化学稳定性及对微生物的稳定性均好，对皮肤无不良作用。

市场上的液体石蜡分为重质和轻质两种，前者黏度大，对皮肤、毛发柔软效果好，但洗净湿润效果差；后者则相反，其黏度低，而洗净及湿润效果好，柔软性差。

液体石蜡在化妆品中应用广泛，需用量也很大，是发油、发蜡、发乳及膏霜和乳液制品的重要原料。

（2）凡士林（vaseline）　亦称矿物脂，是石油真空蒸馏后的残油部分，再经溶剂脱蜡精制而成。凡士林为白色或微黄色半固体，无气味，半透明，结晶细，拉丝质地挺拔者为佳品，溶于氯仿、苯、乙醚、石油醚，不溶于酒精、甘油和水，化学性质稳定，相对密度为 0.815～0.880，熔点为 38～54℃，主要成分是 C_{16}～C_{32} 的高碳烷烃（异构）和高碳烯烃的混合物。

凡士林在化妆品中为乳液制品、膏霜及唇膏、发蜡等制品中的油质原料，也是含药物化妆品中各种软膏制品的重要基剂。

（3）石蜡（paraffin wax）　又称固体石蜡，是石油加工过程中的液状石蜡经压滤，除去其所含的油分，余下者为石蜡。为白色半透明蜡状固体，无臭无味，能溶于橄榄油、苯、氯仿、石油醚等，不溶于酸类。其主要成分为固体烃类 C_{18}～C_{30} 的混合物。其化学稳定性好，价格低廉，对皮肤无不良作用，主要用于膏霜类及香油类化妆品中，可作为制造发蜡、香脂、唇膏等的油质原料。

（4）地蜡（ozocerite）　是一种天然矿蜡经精制处理后得到的，为白色蜡状固体，无臭无味，能溶于醇、苯、氯仿、石油醚，不溶于水。其主要成分为高碳（C_{25} 以上）的直链、支链和环状高分子量的烃类混合物。它的相对密度为 0.90～0.95，无酸值、皂化值，碘值约为 7，化妆品用的地蜡可分为两个等级，一级品的熔点为 74～78℃，二级品的熔点为 66～68℃。应用到化妆品，一级品地蜡可用作乳液制品原料，二级品地蜡可作为唇膏、发蜡等的重要固化剂。

（5）微晶蜡（microcrystalline wax）　又称无定形蜡，无臭、无味，为白色无定形非晶性固体蜡。这种蜡的黏性较大，且具有延展性，在低温下不脆弱，在与液体油混合时，具有防止油分分离析出的特性，较广泛应用于化妆品中，可作为香脂、唇膏、发蜡等的油质原料。

（6）褐煤蜡（montan wax）　白色或淡褐色的蜡状固体，可溶于氯仿、四氯化碳、松节油等，对皮肤无不良作用。它主要应用于唇膏、发蜡条。

三、合成油脂和蜡

合成的油脂、蜡及其衍生物开发的目的是为了更好地发挥天然油脂所具有的优良特性，改善其缺点。合成的油脂、蜡，在纯度、物理性能、化学稳定性、微生物稳定性以及对皮肤的刺激性和皮肤的吸收性等方面，都较优越。如聚醚化物可具有较低的熔点、较高的黏度和优良的亲水性。常用的有鲸蜡醇类、固醇、硅油、金属皂、角鲨烷等。

合成油质原料可分为两类：一类是将天然油脂和蜡类物质经化学反应，再经分离、提纯或精制等一系列处理后，得到的各种油脂和蜡类物质的衍生物；另一类是以合成化工原料模拟天然油脂和蜡的结构，进行化学合成而制得的油脂和蜡类化合物。

油脂或蜡类衍生物的作用有：油脂及蜡类衍生物中脂肪酸具有乳化作用；高级脂肪醇可作为乳化助剂、油腻感抑制剂和润滑剂；酯类是铺展性改良剂、混合剂、溶剂、增塑剂、定香剂、润滑剂和通气性赋予剂；能传输药物和有效成分，促进皮肤对营养成分的吸收。

1. 羊毛脂衍生物

来源于精制羊毛脂，经分馏、氢化、乙氧基化、烷氧基化和分子蒸馏等加工方法，可产生一系列羊毛脂的衍生物。

（1）羊毛醇（lanolin alcohol）　黄色或浅棕色油膏，略有气味，由羊毛脂经水解反应生成。对皮肤的渗透性好，吸水性强，无刺激性和过敏性，其作为基质，容易被皮肤吸收，比凡士林好，用于乳剂类化妆品增稠和调湿、婴儿制品、干性皮肤护肤品和膏霜类、乳液、唇膏类化妆品。

（2）氢化羊毛醇（acetylated lanolin alcohol）　白色或微黄色软蜡状，略有特殊的油脂气味，吸水性强，不黏稠，有保湿性或可塑性，用于唇膏、面霜等乳剂类产品的增稠和调湿。

（3）羊毛酸异丙酯（isopropyl lanolate）　浅黄色油状膏体，略有气味，溶于液体石蜡，由羊毛脂和异丙醇置换反应而得。本品无黏滞性，可减少产品的油腻感，有调理和润肤作用，渗入皮脂和头发，并使之光滑和柔软；亲水性和润滑性强，易被皮肤吸收，可作为药物的载体，促进皮肤对有效成分的吸收；用于唇膏、膏霜和乳液中，以减少矿物油的油腻感。

（4）乙酰化羊毛脂（acetylated lanolin）　黄色半固态油膏，溶于液体石蜡，不溶于水和乙醇，由羊毛脂和醋酐反应而得。本品具有较好的抗水性能，能形成抗水薄膜，减少皮肤水分蒸发，避免外界环境因素导致的脱脂并使皮肤柔软，用于乳剂及儿童产品。

此外，还有聚氧乙烯氢化羊毛脂、聚氧乙烯羊毛醇醚等。

2. 合成角鲨烷

合成角鲨烷是无色、无味、无毒的高纯度的液体异构直链烷烃，可用于化妆品和药品的油相成分而无特殊的限制；与液体石蜡、凡士林相比，合成角鲨烷能给产品以极好的手感，滋润不油腻，保湿润滑，渗透力强；和天然角鲨烷的性质非常接近，但价格便宜许多；热稳定性和存储稳定性良好，使用时易于乳化；无刺激性和过敏性。

主要应用于口红、膏霜中。

3. 异构烷烃

为澄清透明无色无味的液体，具有高挥发性，对皮肤无刺激，适用于需要快速干燥且无残留感的产品，如指甲油等，作为产品的快干剂和润肤剂。无黏腻感，具丝般滑爽感；无色无味，与其他原料可良好兼容；具有高安全性和稳定性。

可根据碳链结构的不同而具有不同的挥发性和肤感，作为肉豆蔻酸异丙酯、棕榈酸异丙酯、硅油以及角鲨烷等油剂的替代品，应用于各类护肤、彩妆以及洗护发产品中作为基础油剂。

4. 棕榈酸异丙酯（isopropyl palmitate，IPP）

结构式：$C_{15}H_{31}COOCH(CH_3)_2$。

本品为无色透明油状液体，无臭无味。分子量 298.19，密度 $0.85g/cm^3$，凝固点 11℃，折射率 1.4380～1.4390；溶于乙醇、乙醚、氯仿，能与水以任何比例混合；具有良好的润滑性，对皮肤有渗透性。

广泛应用于化妆品中，可以起到保湿和滋润皮肤的作用，皮肤对本品的吸收性较好，能在皮层内与毛囊有效接触，渗入皮层深处，并将化妆品中的活性组分带入，充分发挥有效成分的作用。棕榈酸异丙酯作为化妆品的润滑剂、溶剂、皮肤保湿剂及渗透剂，可应用于溶胶产品、浴油、毛发调理剂、护肤霜、防晒霜、剃须膏等产品中。

5. 肉豆蔻酸异丙酯（isopropyl palmitate，IPM）

本品为无色透明油状液体，不溶于水，能与醇、醚、亚甲基氯、油脂等有机溶剂混溶；具有良好的延展性，与皮肤相容性好，能赋予皮肤适当油性，不易水解与酸败，对皮肤无刺激，对皮肤有极好的渗透、滋润和软化作用，在护肤中作为润肤剂，可作护发、护肤及美容化妆品的油性原料。

6. 棕榈酸异辛酯（2-ethylhexyl palmitate）

本品为无色至微黄色液体，化学稳定性和热稳定性好，不氧化、不变色；具有良好的润肤性、延展性和渗透性，对皮肤无刺激性和致敏性。棕榈酸异辛酯是优良润肤剂，是 IPP 及 IPM 的升级换代品，其皮肤亲和性要好于以上两者，刺激性远小于以上两者。但同时又具有较好的铺展性，可应用于各类膏霜及彩妆配方。

7. 辛酸/癸酸甘油三酯（caprylic/cappric triglyceride）

本品为几乎无色、无臭，低黏度的透明油状液体，相对密度 0.945～0.949，中等铺展性，易与多种溶剂混合，如乙醇、异丙酯、三氯甲烷、甘油等，还可溶解于许多类脂物质中。在低温状态下稳定，低于 0℃时仍呈透明状态（凝固点低于−10℃）。其结构式见图 2-3。

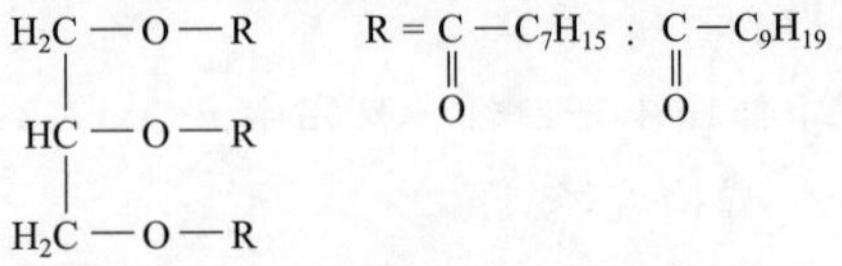

可用于 O/W 型和 W/O 型膏霜、O/W 型乳液、皮肤油和浴用油、香波、唇膏和其他棒状产品及含醇量高的化妆水、气溶胶产品。

$$H_2C-O-R$$
$$HC-O-R \qquad R=C-C_7H_{15} : C-C_9H_{19}$$
$$H_2C-O-R$$

图 2-3　辛酸/癸酸甘油三酯的结构式

8. 聚硅氧烷（polysilicone）

是指聚二甲基硅氧烷和它的一系列衍生物。自从 1950 年第一个含有机硅的化妆品"Silicare"（美国 Revlon 公司）在市场出售以后，经过 40 多年的开发研究，目前，已推广到各类化妆品中，市售聚硅氧烷产品的牌号也有数百种。近年，我国市售化妆品用的聚硅氧烷产品也有近十种牌号。聚硅氧烷又称硅油或硅酮。它与其衍生物是化妆品的一种优质原料，具有生理惰性和良好的化学稳定性，无臭、无毒，对皮肤无刺激性，有良好的护肤功能。

含聚硅氧烷的化妆品的特性：

① 润滑性能好，涂敷皮肤后能形成一层均匀的具有防水性的保护膜，但又没有任何黏性和油腻的感觉，光泽性好。硅油的去黏性能与凡士林、石蜡、蜂蜡、羊毛脂等配合可得到不黏腻的产品。

② 抗紫外线辐射性能好。其在紫外线下不会氧化变质从而避免了对皮肤的刺激作用。加了硅油的防晒霜不会因海水浴或出汗而流失，可有效防止紫外线的危害。

③ 抗静电性能好。试验表明，擦过含聚硅氧烷护肤霜的皮肤静电全部消除，并有明显的防尘效果。

④ 透气性好，即使在皮肤上形成硅氧烷膜也不影响汗液排出。其对香精香料具有缓释定香作用，因而保香期较长。

⑤ 稳定性高，化学上惰性，对化妆品其他组成，特别是活性成分没有任何不良影响，匹配性好。加了硅油的粉底霜，可保护皮肤不受颜料、溶剂的伤害。

⑥ 无毒、无臭、无味，对皮肤不会引起刺激和过敏，安全性高，对某些皮肤病具有一定疗效，如发汗困难型湿疹、神经性皮炎和职业性皮炎。

⑦ 挥发性硅油可赋予化妆品快干、光滑和防污等性能。

常用的有聚二甲基硅氧烷、聚甲基苯基硅氧烷、环状聚硅氧烷等。

（1）聚二甲基硅氧烷（dimethicone） 见图2-4。

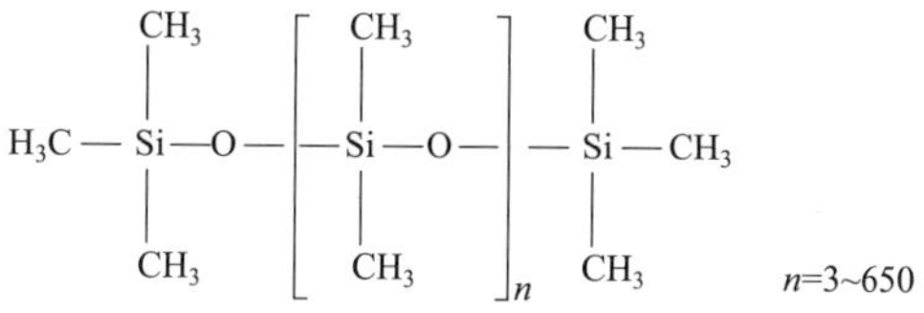

市场上可供应的透明硅酮产品黏度为 $0.65 \sim 60000$ cSt（1cSt = $1mm^2/s$），一般较常使用的有黏度 $100 \sim 350mm^2/s$ 的聚二甲基硅氧烷。其毒性低，基本无味，可溶于多种溶剂，不油腻，无气味；使用

图2-4 聚二甲基硅氧烷

温度为 $-40 \sim 200$ ℃，物理性质随温度的变化很小，黏度-温度曲线很平坦，具有良好的抗水性，又可保持皮肤的正常透气，增强皮肤柔软度，赋予皮肤柔软感觉；可增加化妆品的耐水性，还有消泡作用，可避免铺展时 O/W 型膏霜常见的"白化"情况。

用于护肤、护发和各类美容化妆品，特别是要求耐水性高的护肤品，如防晒油、唇膏等。

（2）聚甲基苯基硅氧烷（phenyldimethicone） 见图2-5。

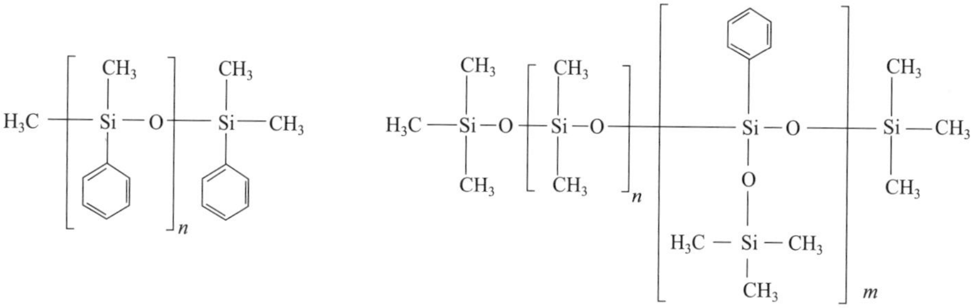

DowCorning 556 Fluid

Belsil PDM

图2-5 聚甲基苯基硅氧烷

本类产品为无色透明液体，根据分子量的不同，可得不同黏度的产物。分子量低的聚甲基苯基硅氧烷（如 PDM20）溶于油酸油醇酯、油酸癸酯和辛基十二烷醇。聚甲基苯基硅氧烷对皮肤渗透性好，用后肤感良好，赋予皮肤柔软度，加深头发颜色，保持自然光泽，可用于各种高级护肤和护发制品及美容化妆品。

（3）环状甲基硅氧烷（cyclomethicone） 见图2-6。

本类产品为无色透明低黏度液体，其特点是兼容性好，有较高的挥发性，在挥发时不会给皮肤造成凉湿的感觉，给予皮肤干爽、柔软的用后感。润滑性很好，容易分散，透气性好，富有光泽，对光和热稳定性高。

主要用于护肤膏霜和乳液、防晒用品、剃须前后制剂和棒状化妆品，可增加润滑性，减少黏度，也用于喷发胶、护发素增加头发的光泽和干爽性。

（4）聚醚聚硅氧烷共聚物（dimethicone copolyol） 见图2-7。

图 2-6　环状甲基硅氧烷

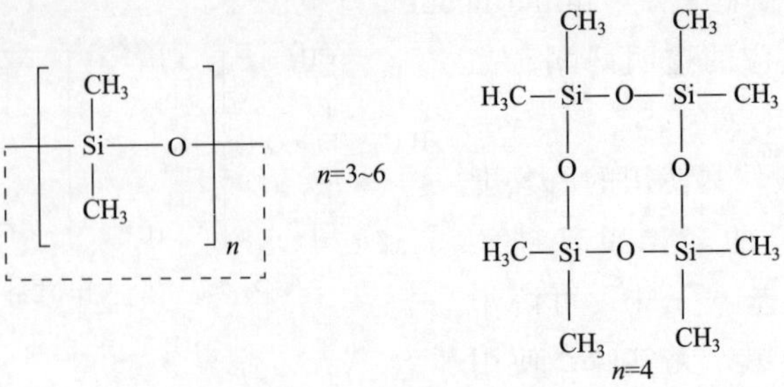

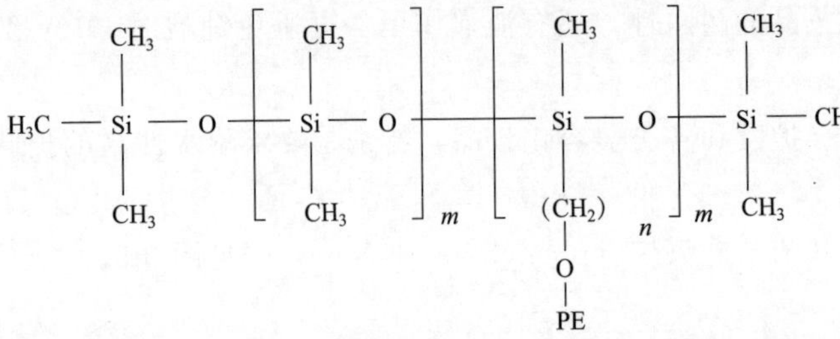

图 2-7　聚醚聚硅氧烷共聚物

　　聚醚聚硅氧烷共聚物是非离子表面活性剂，俗称水溶性硅油。它可用作润湿剂、乳化剂、泡沫调节剂、润滑剂、过脂剂和发胶树脂的增塑剂。在 pH 1～12 之间性能稳定。

　　TH Goldschmidt AG 公司的 ABILB 8842～ABILB 88183、DowCorning 190 和 193 是常用的两种聚醚聚硅氧烷共聚物。

　　该产品是含有多种活性基因改性的硅油，能完全溶于水，用于化妆品可提高其柔顺滑爽及保湿的作用。

　　(5) 聚二甲基硅氧烷 PEG/PPG-22/23　本品为浅黄色至无色透明液体，黏度为 1000～3000mPa·s (25℃)，是一种在正常使用条件下安全性高的水溶性表面活性剂产品，具有调理性，用于护发产品中，令头发丝滑；在较低的用量下即可发挥作用；与多种化妆品成分相容；对皮肤无刺激；具有泡沫稳定及润滑的作用。

第二节　保湿剂

　　若想使皮肤光滑、柔软和富有弹性，让皮肤处于良好状态，必须使皮肤角质层的含水量处于最佳值范围。一般认为，其含水量应在 10%～20%，含水量低于 10% 的皮肤会干燥、粗糙，甚至皲裂。

实践证明，皮肤的干裂不仅是由于皮肤表面缺乏类脂性物质，更重要的原因是皮肤角质层中水分不足。实验证明，仅在干燥皮肤表面上涂抹含有油脂的化妆品，并不能使其变得柔软。要保持皮肤处于良好状态，除了需要有滋润作用的油脂性物质外，还要保持、补充水分，使皮肤角质层中含有一定量的水分。要做到这些，必须在化妆品中添加保湿剂。

一、保湿剂的定义

保湿剂又称湿润剂。一般认为，能够起到保持、补充皮肤角质层中水分，防止皮肤干燥，或能使已干燥、失去弹性并干裂的皮肤变得光滑、柔软和富有弹性的物质称为保湿剂。

保湿剂是化妆品中的一个重要原料，一方面可延缓化妆品中水分蒸发以防止制品出现干裂现象；另一方面还可以阻止皮肤在低湿度下因风吹而产生干燥、龟裂以达到柔软、光润皮肤的目的。这里要指出的是，保湿剂不仅对皮肤有这些作用，对毛发、唇部等部位也有相同的作用。

二、天然保湿因子

皮肤角质层中水分保持在 $10\%\sim20\%$ 时，皮肤显得紧张、富有弹性，处于最佳状态；水分低于 10% 时，皮肤变得干燥，呈粗糙状态；水分再少，则可能发生干裂现象。正常情况下，皮肤角质层的水分之所以能够被保持，有两方面因素：一方面，是由于皮肤表面上具有的皮脂膜能够防止水分过快蒸发；另一方面，是由于皮肤角质层中存在有天然保湿因子。

天然保湿因子不仅有使皮肤角质层中水分稳定的能力，而且还有使皮肤具有从空气中吸收水分的能力。根据 Strian 等的研究，天然保温因子的组成如表 2-1 所示。

表 2-1　天然保湿因子的组成

成分	含量/%
氨基酸类	40
吡咯烷酮羧酸（PCA）	12
乳酸钠	12
尿素	7
NH_3，尿酸，葡糖胺，肌酸内酰胺	1.5
柠檬酸	0.5
Na^+	5
K^+	4
Ca^{2+}	1.5

续表

成分	含量/%
Mg^{2+}	1.5
PO_4^{3-}	0.5
Cl^-	6
糖、有机酸、肽等未确定物质	8.5

由表 2-1 可见，天然保湿因子的组成（如氨基酸、吡咯烷酮羧酸、乳酸钠、尿酸及其盐类等）都是亲水性物质。从化学结构看，亲水性物质都具有极性基团，这些基团易与水分子以不同形式形成化学键而发生作用，降低水分挥发度，其结果是其起到保湿作用。另外，天然保湿因子的亲水性物质能与细胞脂质和皮脂等成分结合或包围着天然保湿因子，防止这些亲水性物质流失，也起着适当控制水分挥发的作用。

由此可知，如果皮肤角质层缺少了天然保湿因子，使角质层丧失吸收水分的能力，皮肤就会出现干燥甚至开裂的现象。这时，就需要补充保湿性好的亲水性物质，以维持皮肤角质层具有一定量的保湿性物质，起到天然保湿因子的作用。这就是为什么在各种化妆品中添加保湿剂的原因。

此外，存在于真皮内起保持水分作用的黏多糖类也是重要的保湿成分，所以，最好以这些天然皮肤保护剂为模型来制造化妆品。如近年来化妆品配方中采用的天然保湿因子的主要成分多为吡咯烷酮羧酸盐、透明质酸等。

三、保湿剂的要求

① 对皮肤和化妆品应具有适度的吸湿、保湿能力，吸湿、保湿能力应持久。
② 吸湿、保湿能力应不易受环境条件（如湿度、温度等因素）的影响。
③ 挥发性、凝固点应尽量低。
④ 黏度适宜，使用感好，对皮肤的亲和性好。
⑤ 无色、无臭、无味，与其他成分相溶性好。

四、保湿剂的分类

人体表皮角质层中存在天然保湿因子，以保持皮肤处于润泽、柔软和富于弹性的健康状态。化妆品作为要保持皮肤健康状态的辅助性物质，应具备两个作用：一是在皮肤表层形成一层油膜，阻止或减少皮肤内的水分蒸发；二是模拟皮肤天然保湿因子，能从潮湿空气中吸收水分，以补充皮肤的水分。具有前者作用的物质称为吸留性皮肤柔软剂，如凡士林、矿物油等；而具有后者作用的物质称为增湿性皮肤柔润剂（保湿剂），如甘油、山梨醇等。

保湿剂是一类具有吸湿性质的化合物。纯的保湿剂的特点是可以从环境中吸收水分，直到吸收达到饱和为止，此时所吸收的水量称为平衡吸湿量。保湿剂的溶液在其稀释度未达平衡吸湿量时，还可从环境中继续吸收水分，降低水的蒸发速度。保湿剂添加入化妆品中（特别是 O/W 型乳化制品），可延缓乳化产品因水分蒸发而引起的干裂现象，延长货架寿命。

保湿剂一般可分为无机保湿剂、金属-有机保湿剂和有机保湿剂。化妆品中应用的保湿剂主要是后两种保湿剂。

1. 多元醇类保湿剂

（1）甘油（glycerol）　又称为丙三醇（见图 2-8），为无色、透明状液体或微黄的稠厚液体，无臭，味甜而温，置于潮湿空气中，能吸收水分。其溶液对石蕊试纸呈中性，能溶于水、乙醇，不溶于醚。熔点为 17℃，沸点为 290℃。

通常由油脂经水解或皂化而提取，或以化学合成的方法制备。甘油是极优良的保湿剂、防冻剂、润滑剂，广泛用于牙膏、雪花膏等化妆品中。由于甘油的吸水性极强，因而纯甘油需加 20% 水分后再使用，否则既吸收空气中的水分，也吸收皮肤中的水分，起不到润肤作用，反而会灼伤皮肤。

（2）丙二醇（propylene glycol）　本品为透明、无色的稠厚液体，有微臭，味略有刺激，能溶于水、醇及许多有机溶剂，但与石油醚、石蜡和油脂不能混溶。对光、热稳定，低温时更稳定。相对密度为 1.0364，沸点为 188.2℃。其结构式见图 2-9。

图 2-8　丙三醇的结构式　　　图 2-9　丙二醇的结构式

本品作为甘油的代用品，主要用于乳化产品和各种液体产品本身的保湿，与甘油和山梨醇复配，用作牙膏的柔软剂和保湿剂，在染发剂中用作调湿、均染和防冻剂。丙二醇在化妆品中的应用很广泛，是较安全的。在化妆品中，丙二醇用量一般小于质量分数 15% 时，不会引起一次性的刺激和过敏。也有报道称，丙二醇会引起口腔刺激、皮肤湿疹和瘙痒，但这种情况较少见。

（3）山梨醇（sorbitolum）　又称山梨糖醇、清凉茶醇、己六醇，为白色、无臭结晶粉末，尝之微甜，有凉的感觉，溶于水，微溶于甲醇、乙醇、乙酸、苯酚和乙酰胺，几乎不溶于其他有机溶剂。用作甘油的代用品，保湿性较甘油缓和，品味亦较好。可以和其他保湿剂并用，以求得协同效果。其结构式见图2-10。

山梨醇在化妆品中，除可以增加护肤化妆品及发用化妆品对皮肤的舒适感

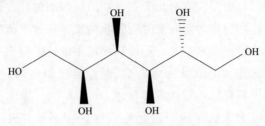

图 2-10　山梨醇的结构式

觉，而且有较好的软化作用外，还可促进膏体在使用时涂敷均匀，从而更好地发挥功能化妆品的作用，但使用中，应需注意其含量比例，当使用浓度低于质量分数 50%时，则易发霉。

（4）甘露醇（mannitol）　又称甘露糖醇，为白色针状结晶，无臭，味甜。熔点 166~170℃，沸点 290~295℃（467kPa）。在水中易溶，在乙醇、乙醚中几乎不溶。水溶液呈碱性。甘露醇是一种己六醇，是山梨糖醇的异构体，在糖及糖醇中的吸水性最小，并具有爽口的甜味。甘露醇在化妆品中可作保湿剂，也因溶解时吸热、有甜味，对口腔有舒适感，被广泛用于醒酒药、口中清凉剂等咀嚼片的制造。其结构式见图 2-11。

（5）1,3-丁二醇（1,3-butylene glycol）　无味无色透明黏稠液体，略有苦甜味，熔点<－50℃，沸点 207.5℃。易溶于水、乙醇、丙酮，微溶于乙醚，几乎不溶于苯、四氯化碳和脂肪烃。由乙醛在碱溶液中自身缩合生成 3-羟基丁醛，而后加氢制得。有吸湿性，但是与甘油不同，具有滑爽感觉，并有良好的抗菌作用。其结构式见图 2-12。

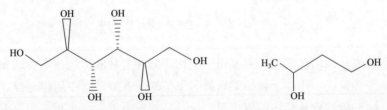

图 2-11　甘露醇的结构式　　　图 2-12　1,3-丁二醇的结构式

本品用于化妆品中，具有甘油和丙二醇的优点，且易与其他化妆品原料配合使用，但成本较高。主要用于制备聚酯树脂、聚氨基甲酸酯树脂、增塑剂等，也用作增湿剂、柔软剂等。

2. 多功能保湿剂

多功能保湿剂主要有存在于表皮中的保湿成分，如透明质酸、神经酰胺、吡咯烷酮羧酸钠等，以及存在于植物中起到保湿作用的成分，如芦荟等。

（1）透明质酸（hyaluronic acid）　又称玻尿酸、玻璃酸、雄鸡冠萃取液，简称 HA。HA 普遍存在于人和动物的皮肤、血清、组织细胞间液中，具有独特的皮肤保湿、营养、抗衰老、稳定乳化、抗菌消炎、促进伤口愈合及药物载体等特殊功能，是一种在日化、医药、生化与保健食品等领域内用途极为广泛、性能优良的功能性生化物质。目前化妆品使用的 HA 是由 N-乙酰葡萄糖胺和葡萄糖醛酸通过 β-1，4-糖苷键和 β-1，3-糖苷键反复交替连接而成的一种高分子聚合物，分子中两种单糖即 β-D-葡萄糖醛酸和 N-乙酰氨基-D-葡萄糖胺按等摩尔比组成，其结构式见图 2-13。

本品为白色粉末，无特殊异味，旋光度为−74°（25℃，0.025%水中）。有很强的吸湿性，溶于水，不溶于醇、酮、乙醚等有机溶剂。其水溶液带负电，高浓度时有很高的黏弹性和渗透压。

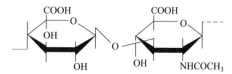

β-D-葡萄糖醛酸　　N-乙酰氨基-D-葡萄糖胺
透明质酸（β-1,3健型）的双糖重复单元

图 2-13　透明质酸的结构式

由于直链链轴上单糖之间氢键的作用，透明质酸分子在空间上呈刚性的螺旋柱形，柱的内侧由于存在大量的羟基而产生强亲水性。透明质酸亲和吸附的水分约为其本身重量的 1000 倍，而且这些水在柱内固定不动，不易流失，因而透明质酸是一种理想的保湿剂。它是目前自然界中发现的保湿性最好的物质，被称为理想的天然保湿因子。

在化妆品的应用方面，透明质酸是一种多功能基质。HA 在化妆品中的作用如下。

① 保湿作用　HA 的保湿性与其分子量有关，通常分子量越高，保湿性能越好。

② 营养作用　HA 是皮肤固有的生物物质，外源性的 HA 是对皮肤内源性 HA 的补充。分子量较小的 HA 可渗入皮肤表皮层，促进皮肤营养的供给和废物的排泄，从而防止皮肤老化，起到美容和养颜作用。

③ 皮肤损伤的修复和预防作用　HA 通过促进表皮细胞的增殖和分化，以及清除氧自由基的作用，可促进受伤部位皮肤的再生，事先使用也有一定的预防作用。

④ 润滑感和成膜性　含 HA 的化妆品涂抹时润滑感明显，手感良好，在皮肤表面形成薄膜，使皮肤产生良好的光滑性和湿润感，对皮肤起保护作用。

⑤ 增稠性　HA 在水溶液中具有很高的黏度，其 1% 的水溶液呈凝胶状，添加在化妆品中可起增稠和稳定作用。

透明质酸已广泛应用于膏霜、乳液、化妆水、精华素、洗面奶、浴液、洗发护发剂、摩丝、唇膏等化妆品中，一般添加量为 0.05%～0.5%。

（2）吡咯烷酮羧酸钠（sodium pyrrolidonecarboxylate，PCA-Na）　又称 L-

吡咯烷酮羧酸钠、L-焦谷氨酸钠、焦麸酸钠、L-2-吡咯烷酮-5-羧酸钠。PCA-Na 为无色或微黄色透明无臭液体，极易溶于水、乙醇、丙醇、冰醋酸等；相对密度（25℃）为 1.26～1.30，pH 值为 6.8～7.4。其结构式见图 2-14。

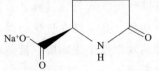

图 2-14　PCA-Na 的结构式

PCA-Na 是皮肤天然保湿因子（NMF）的重要成分之一，它具有较强的保湿性，与透明质酸吸湿性相当，远比甘油、丙二醇、山梨醇等保湿性强，并且在相同温度及浓度下，PCA-Na 的黏度远比其他保湿剂低，没有甘油那种黏腻厚重的感觉，而且安全性高，对皮肤、眼黏膜几乎没有刺激性，能赋予皮肤和毛发良好的湿润性、柔软性、弹性、光泽性及抗静电性。同时与其他保湿剂还有很好的协同性，长期保湿性较强，是真正的角质层柔润剂。

PCA-Na 是近代护肤、护发理想的高档化妆品保湿剂，主要用于膏霜类化妆品、浴液、洗发香波等产品中。

此外，PCA-Na 还是优异的皮肤增白剂，对酪氨酸氧化酶的活性有抑制作用，可阻止"类黑素"在皮肤中沉积，从而使皮肤洁白。PCA-Na 也能用作角质软化剂，对皮肤"银屑病"有良好的治疗作用。

（3）乳酸（lactic acid）　又称 2-羟基丙酸、α-羟基丙酸、丙醇酸，为无色液体，工业品为无色到浅黄色液体。无气味，具有吸湿性。相对密度 1.2060（25℃/4℃），熔点 18℃，沸点 122℃（2kPa），折射率（20℃）1.4392。能与水、乙醇、甘油混溶，不溶于氯仿、二硫化碳和石油醚。在常压下加热分解，浓缩至 50% 时，部分变成乳酸酐，因此产品中常含有 10%～15% 的乳酸酐。其结构式见图 2-15。

其在化妆品中的应用如下。

① 由于 L-乳酸是皮肤固有的天然保湿因子的一部分，因此被广泛用作许多护肤品的滋润剂。L-乳酸是最有效的一种果酸（AHA）且刺激性甚微。

② 由于 L-乳酸天然存在于头发中，作用是使头发表面光泽亮丽，因此乳酸常作为各种护发产品的 pH 调节剂。

③ 乳酸可作为保湿剂用于各种浴洗用品中，如沐浴液、条状肥皂和润肤蜜。在液体肥皂、香皂和香波中可作为 pH 调节剂。此外，乳酸添加在条状肥皂中可减少储藏过程中水分的流失，因而可防止肥皂的干裂。

（4）乳酸钠（sodium lactate）　又称 2-羟基丙酸钠，是无色或微黄色透明糖浆状液体，无臭或略有特殊气味，略有咸苦味。混溶于水、乙醇和甘油，具有较强的吸湿性，可使 O/W 型膏霜细腻。乳酸钠的结构式见图 2-16。

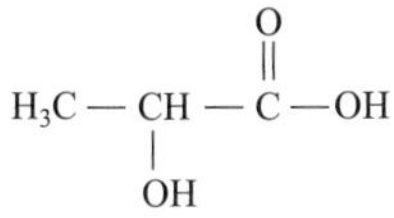

H₃C — CH — C — OH
　　　　|　||
　　　OH　O

图 2-15　乳酸的结构式

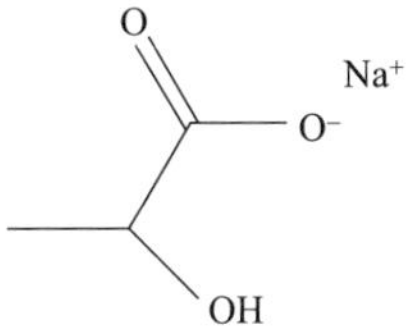

图 2-16　乳酸钠的结构式

　　乳酸钠本身是皮肤中存在的 NMF 之一，具有极好的保湿性，用于化妆品中能与别的化学成分形成水化膜而防止皮肤水分挥发，使皮肤保持湿润状态，防止皱纹产生，被广泛用作护肤品的滋润剂。L-乳酸钠也可作为新一代皮肤增白剂，当与其他皮肤增白剂配合使用时可产生协同效果。乳酸钠还能非常有效地治疗皮肤功能紊乱，如皮肤干燥病等引起的极度干燥症状。此外，L-乳酸和 L-乳酸钠具有抗微生物作用，被应用于抗粉刺产品中。它们通常在和许多其他有效成分结（配）合使用时产生协同效果，使用时无毒、无刺激性、无过敏性。

　　（5）神经酰胺（ceramide）　是一种无色透明的液体，它是由长链鞘氨醇通过酰胺键与脂肪酸共价结合而成，其中鞘氨醇和脂肪酸碳链长度、饱和度和羟基数目都可变化。神经酰胺的分子量均小于 1000，其基本结构中具有两条长链烷基、一个酰胺基团和两个羟基基团，这些基团使神经酰胺分子具有亲水性和疏水性，这种性质对其在表皮角质层中保湿等作用具有重要意义。神经酰胺的结构式见图 2-17。

图 2-17　神经酰胺的结构式

　　神经酰胺是人体皮肤中固有的自然物质，它天然存在于角质层细胞间质中，占角质层脂质的 50%，在角质层生理功能中起关键作用。能很快渗透进皮肤，与角质层中的水结合形成网状结构，锁住水分，防止皮肤因水分流失而干燥，并具有抗氧化功能；同时神经酰胺也参与细胞分化等多种生理及病理过程。

　　神经酰胺与胶原蛋白一样会随着年龄的增长而逐渐流失，造成肌肤出现干糙、缺水、老化等现象。人为通过化妆品补给为肌肤提供神经酰胺，能帮助修复肌肤的保湿屏障。

　　神经酰胺能增强表皮细胞的内聚力，修复皮肤屏障功能，缓解角质层的脱屑症状，并有助于祛除皮肤上的皱纹，改善皮肤外观，令皮肤光滑有弹性，也可避免或减少因紫外线照射而引起的表皮剥落，从而有助于皮肤抗衰老。因此，本品主要被用于抗衰老或功效型保湿护肤品中。

从保湿的观点出发，任何年龄组均适合应用神经酰胺产品；从延缓衰老的角度来说则以 20～25 岁即开始应用为宜。

（6）芦荟提取物　芦荟（Aloe）是铁树的一种，品种繁多，其最具应用价值的品种主要有库拉索芦荟、中华芦荟、木芦荟、非洲芦荟等。芦荟汁液中含有多种对人体有益的保湿成分和营养成分，具有使皮肤收敛、柔软、保湿、消炎、漂白的性能，以及解除硬化和角化、改善伤痕的作用，不仅能防止小皱纹、眼袋、皮肤松弛，还能保持皮肤湿润、娇嫩，同时，还可以治疗皮肤炎症，对粉刺、雀斑、痤疮以及烫伤、刀伤、虫咬等亦有很好的疗效。芦荟对头发也同样有效，能使头发保持湿润光滑，预防脱发。芦荟有很好的配伍性，能很好地与各种化妆品原料配合，并能消除多种表面活性剂对皮肤的伤害。用芦荟提取物制成的化妆品有保健牙膏、洁肤护肤产品、护发产品等，据报道，添加芦荟提取物的化妆品是欧美最流行最畅销的化妆品。

芦荟提取物为无色透明至褐色的略带黏性的液体，干燥后为黄色精细粉末，没有气味或稍有特异气味。

化妆品中添加芦荟提取物的主要作用如下。

① 保湿美容美发作用。芦荟富含的多糖和天然维生素、氨基酸等都对人体皮肤有良好的营养、保湿、增白作用。芦荟大黄素和芦荟苷等物质能使头发柔软而有光泽、轻松舒爽，且具有去头屑的作用。

② 免疫和再生作用。芦荟中含有的芦荟素 A、创伤激素和聚糖肽甘露（Ke-2）等物质具有抗病毒感染、促进伤口愈合复原的作用，有消炎杀菌、吸热消肿、软化皮肤、保持细胞活力等功能，其凝胶多糖与愈伤酸联合还具有愈合创伤的功效，对消除粉刺也有很好的效果。

③ 抗衰老和防晒作用。芦荟中的黏液（mucin），是以聚甘露糖、芦荟多糖等多糖类为核心成分，黏液类物质是防止细胞老化和治疗慢性过敏的重要成分。芦荟中的天然蒽醌苷或蒽的衍生物，能吸收紫外线，防止皮肤产生红、褐斑。

（7）壳聚糖（chitosan）　又名甲壳胺、脱乙酰甲壳质、可溶性甲壳质、几丁聚糖、脱乙酰几丁质、聚氨基葡萄糖，化学名称为聚葡萄糖胺（1→4）-2-氨基-β-D-葡萄糖，外观是一种白色或灰白色半透明的片状或粉状固体，无味、无臭、无毒性，纯品略带珍珠光泽。可溶于酸性溶液中，不溶于水和碱，也不溶于一般有机溶剂。其结构式见图 2-18。

壳聚糖大分子中有活泼的羟基和氨基，它们具有较强的化学反应能力。在特定的条件下，壳聚糖能发生水解、烷基化、酰基化、羧甲基化、磺化、硝化、卤

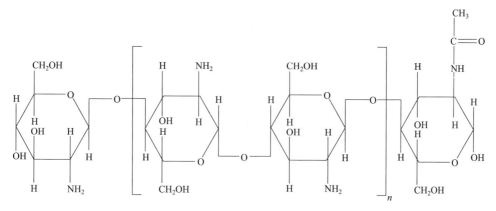

图 2-18　壳聚糖的结构式

化、氧化、还原、缩合和络合等化学反应，可在其大分子链上引入不同的亲水性基团，得到一系列水溶性的壳聚糖衍生物，从而扩大了壳聚糖的应用范围。常见的几类壳聚糖衍生物包括：羧甲基壳聚糖、羧基壳聚糖、壳聚糖羟烷基衍生物、壳聚糖酰基化衍生物、壳聚糖磺化衍生物、壳聚糖季铵盐等。

壳聚糖被欧美学术界誉为继蛋白质、脂肪、糖类、维生素和无机盐之后的第六生命要素。由于壳聚糖具有优良的生物相容性和成膜性、抑菌功能和显著的美白、保湿效果，以及刺激细胞再生和修饰皮肤的功能，因此壳聚糖在化妆品领域中将发挥重要作用。

壳聚糖用于化妆品时具有以下功效。

① 具有优良的生物相容性和成膜性，可充分保持营养成分。由于壳聚糖的组成单元成分氨基葡萄糖与人体表皮脂膜层重要成分神经酰胺的结构非常相似，因此它可与表皮脂膜层相互作用，产生一层壳聚糖脂膜层。添加了壳聚糖的化妆品，可在人体表皮上形成一层天然仿生皮肤，具有良好的通透性，可以充分保持化妆品中的有效成分；另外，壳聚糖膜在人体表皮上会形成一道天然屏障，可以阻断或减弱紫外线和病菌等对皮肤的侵害。

② 具有抑菌功能和显著的美白效果。壳聚糖具有明显的抑制霉菌、细菌和酵母菌的效果，将其用于化妆品中，可渗透进入皮肤毛囊孔，抑制并杀死毛囊孔中藏匿的有害微生物，从而消除由于微生物侵害而引起的粉刺、皮炎，同时可消除由于微生物积累而引起的黑色素、色斑等。壳聚糖本身还可以抑制黑色素形成酶的活性，从而消除由于代谢失调而引起的黑色素，起到美白祛斑的作用。科学研究还发现，水溶性低分子量的壳聚糖可作为天然防腐剂和抗氧化剂使用。

③ 具有保湿、刺激细胞再生及修饰皮肤的功能。壳聚糖大分子上有许多结合水分子的氨基，具有优良的吸水性和保水性，经化学改性的壳聚糖（如引入羧甲基后）衍生物能进一步改善其保水性。人体皮肤由于日晒、干燥和衰老等原

因，会产生干裂；随着年龄的增加，人体细胞的再生速度减慢，表皮细胞聚集会产生空隙即皱纹，采用含壳聚糖的化妆品不但可以给皮肤提供营养成分，而且壳聚糖可填充在表皮产生的干裂缝中，和表皮脂膜层中神经酰胺作用，最终和表皮长成一体，以达到修饰美容的效果。另外，壳聚糖还是一种优良的细胞生长诱导因子，它可以刺激加快表皮细胞的再生速度，从而达到减缓衰老、修饰美容的效果。

壳聚糖不但在高档膏霜、乳液等护肤品中有着重要应用，而且在护发素和沐浴露等产品中也有着重要用途。

（8）尿囊素（allantoin）　又名 5-尿基乙内酰胺、脲基醋酸内酰胺、脲基海因、脲咪唑二酮、2,5-二氧代-4-咪唑烷基脲、1-脲基间二氮杂茂烷二酮。纯品是一种无毒、无味、无刺激性、无过敏性的白色结晶粉末。能溶于热水、热醇和稀氢氧化钠溶液，微溶于常温的水和醇，难溶于乙醚和氯仿等有机溶剂。其饱和水溶液（浓度为 0.6%）呈微酸性，pH 值为 5.5。在 pH 值为 4～9 的水溶液中稳定，在非水溶剂和干燥空气中亦稳定；在强碱性溶液中煮沸及日光曝晒下可分解。其结构式见图 2-19。

尿囊素是一种两性化合物，能结合多种物质形成复盐，能使皮肤保持水分、滋润和柔软，通常在化妆品膏霜或乳液配方中作保湿剂。被美国食品药品管理局（US FDA）归类为"安全和有效的"（分类 I）。

尿囊素也能促进组织生长和细胞的新陈代谢，软化角质层蛋白，还具有避光、杀菌防腐、止痛、抗氧化作用。用于发类产品可使头发不分叉、不断发；用于唇膏、面霜能使皮肤、嘴唇柔软且富有弹性，并有美丽的光泽。

（9）海藻糖（D-trehalose anhydrous）　是由两个葡萄糖分子以 1,1-糖苷键构成的非还原性糖，有 3 种异构体即海藻糖（α，α）、异海藻糖（β，β）和新海藻糖（α，β）。海藻糖对多种生物活性物质具有非特异性保护作用。许多对外界恶劣环境表现出非凡抗逆耐受力的物种，都与它们体内存在大量的海藻糖有直接的关系，海藻糖因此在科学界有"生命之糖"的美誉。其结构式见图 2-20。

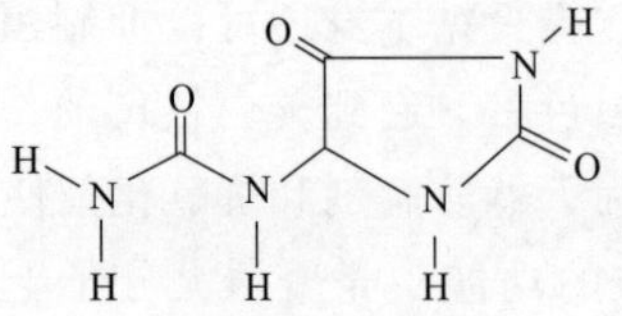

图 2-19　尿囊素的结构式 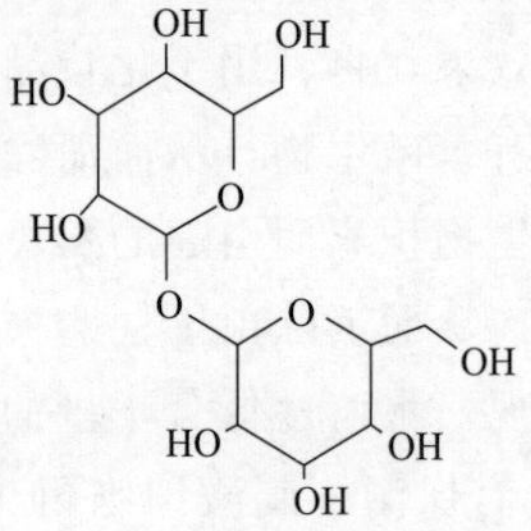　　　　　图 2-20　海藻糖的结构式

　　海藻糖对生物体具有的神奇保护作用，使得它除了可以作为蛋白质药物、酶、疫苗和其他生物制品的优良活性保护剂以外，还是保持细胞活性、保湿类化妆品的重要成分，更可作为防止食品劣化、保持食品新鲜风味、提升食品品质的独特食品配料。

　　海藻糖在化妆品上的应用是基于其具有优异的保持细胞活力和生物大分子活性的特性。皮肤细胞，尤其是表皮细胞在高温、高寒、干燥、强紫外线辐射等环境下，极易失去水分发生角质化，甚至死亡脱落使皮肤受损。海藻糖在这种情况下能够在细胞表层形成一层特殊的保护膜，从膜上析出的黏液不仅滋润着皮肤细胞，还具有将外来的热量辐射出去的功能，从而保护皮肤不致受损。随着人们对海藻糖功能和作用的认识，海藻糖作为新一代的超级保湿防护因子将成为化妆品市场消费的一个热点。

　　海藻糖添加到化妆品中具有的功效及特点如下。

　　① 无毒副作用，稳定，保存生物活力和特色功能，稳定保护细胞膜和蛋白质结构，提高其应用价值。

　　② 海藻糖为全天然、多功能生物活性添加剂，具有良好配伍性、相容性、稳定性。

　　③ 海藻糖分子量小，易于被皮肤吸收，进入细胞内发挥其独特的水替代应激因子作用和保护细胞膜的功能，提高细胞的抗干燥、抗冷冻能力，从而提高皮肤适应环境的能力。

　　④ 降低冰点，提高产品的低温稳定性。

　　⑤ 抑制含脂肪酸及酯类产品氧化酸败，有效抑制脂肪酸的分解达到除体臭。

　　⑥ 高保水性、吸湿性，严重脱水时代替细胞中水分，保持皮肤及护肤品的"新鲜"。

　　⑦ 清除自由基，使细胞 DNA 不易突变，有效保护 DNA 免受由放射线引起的损伤。

　　⑧ 对"多酚"抗氧化物有稳定功效。

　　（10）丝肽（silk peptide）　丝肽是丝蛋白的降解产物，是蚕丝经适当条件下水解而获得的。控制条件不同，可得到不同分子量的丝肽产品，外观为淡黄色粉末（即丝肽粉）或黄色透明液体（即丝肽液），分子量约在 300～5000 之间。

　　丝肽内含人体必需的十多种氨基酸，极易被人体吸收，能促进新细胞的合成，参与人体新陈代谢，达到对全身肌肤的调理和保养；具有抑制活性氧气生成的强抗氧化作用；还有特殊的成膜性，可在附着物上生成丝绸般柔滑、光鲜、富有弹性的薄膜。丝肽分子结构上有许多亲水性基团（如—OH、—COOH、—NH$_2$、＞NH 等）处于分子立体结构的表面，这一结构表明丝肽为天然调湿因子，具有很好的保湿作用。

丝肽是最理想的食品、保健品、化妆品营养添加剂。用作化妆品添加剂时，丝肽能为皮肤和毛发的正常代谢提供必需的养分，增加皮肤和毛发的自然光泽和弹性，它对皮肤的保湿作用和增白效果也十分显著，且具有吸收快、成膜性好的特点；丝肽还可用于保健型牙膏和肥皂等。

丝肽的美容功效可归纳如下。

① 强效持久的保湿能力。丝蛋白可以吸收为自身重量 50 倍的水分，且保湿持久性好。

② 自然抗皱，促进胶原蛋白的分泌。丝蛋白是纤维状蛋白质，其分子结构与构成皮肤的胶原纤维相似，可自然地增强皮肤的弹性，被称为纤维皇后，所含的氨基酸为大量细胞裂变增殖所必需，可加快皮肤代谢，防止皱纹形成，紧致肌肤，使其平滑细腻。

③ 强效增白。丝蛋白可强效抑制酪氨酸酶的形成，保持肌肤白皙、细腻。

④ 抗 UV 作用。丝蛋白有吸收紫外线的能力，平均抗 UVB 能力达 90%，而抗 UVA 的能力则有 50% 以上。

⑤ 抗发炎、抗痘疱能力。

⑥ 改善发炎性伤口，促进愈合。

(11) 尿素（urea）　是一种无色或白色针状或棒状结晶体，工业或农业品为白色略带微红色固体颗粒，无臭无味。含氮量约为 46.67%，密度 1.335g/cm³，熔点 132.7℃。吸湿性强，易溶于水、醇，难溶于乙醚、氯仿，其水溶液呈中性至弱碱性。尿素在酸、碱、酶作用下（酸、碱需加热）能水解生成氨和二氧化碳。对热不稳定，加热至 150～160℃将分解产生氨气。其结构式见图 2-21。

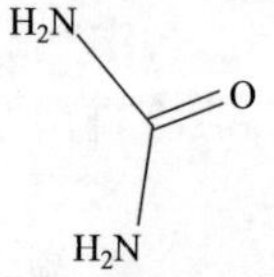

尿素是一种很好用的保湿成分，它存在于肌肤的角质层中，属于皮肤天然保湿因子（NMF）的主要成分。尿素具有保湿以及柔软角质的功效，所以也能够防止角质层阻塞毛细孔，借此改善粉刺的问题。尿素可用于香波、护发素、面膜、护肤水、膏霜、洗面奶、沐浴露等产品中。用作保湿成分添加时，建议用量为 3%～5%。

图 2-21　尿素的结构式

(12) β-葡聚糖（glucan）　是一种天然提取的多糖，分子量大约在 6500 以上，大多数为无色或略黄色黏稠溶液，或为胶质的颗粒，易溶于水，溶解度大于70%。10% 水溶液的 pH 值为 2.5～7.0，无特殊气味。在自然环境中可以找到相当多种类的 β-葡聚糖，通常存在于特殊种类的细菌、酵母菌、真菌（灵芝）的细胞壁中，也可存在于高等植物种子中。

β-葡聚糖不同于一般常见糖类（如淀粉、肝糖、糊精等），最主要的差别在于键连接方式不同，一般糖类以 α-1,4-糖苷键结合而成为线形分子，而 β-葡聚糖

以 β-1,3-糖苷键为主体，且含有一些 β-1,6-糖苷键的支链。β-葡聚糖因其特殊的键连接方式和分子内氢键的存在，造成螺旋形的分子结构，这种独特的构形很容易被免疫系统接受。

早在 20 世纪 80 年代末，β-葡聚糖的调节血糖、提高免疫力、抗肿瘤作用就陆续被发现，目前 β-葡聚糖已被世界各国广泛应用于生物医学、食品保健、美容护肤等行业。在化妆品的应用中，β-葡聚糖起到一种深层修复保湿剂的作用，且其除了具有卓越的保湿性能外，还可以渗透入皮肤作为自由基清除剂，显著减少皮肤皱纹，抗衰老；增强皮肤保护屏障，保护皮肤免受紫外线伤害，并具有良好的晒后修复功能；促进伤口愈合，提高肌肤免疫力，淡化疤痕。

（13）D-泛醇（dexpanthenol）　又名右旋泛醇、维生素原 B_5、右旋泛酰醇、$(R)-(+)-2$，4-二羟基-N-(3-羟基丙基)-3,3-二甲基丁酰胺，D-泛醇是一种白色结晶粉末或黄色至无色透明黏稠液体，具吸湿性，易溶于水、乙醇、甲醇和丙二醇，可溶于氯仿和醚，在甘油中有微溶性，不溶于植物油、矿物油和脂肪。其结构式见图 2-22。

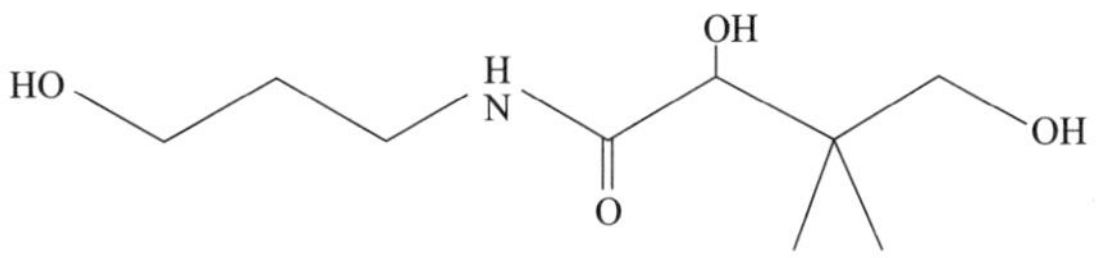

图 2-22　D-泛醇的结构式

D-泛醇广泛应用于医药、食品、化妆品行业中。在化妆品行业中，D-泛醇是渗透性保湿剂，具有深层保湿作用，能透过皮肤，保持毛发和皮肤中的水分；能营养毛发及皮肤，使皮肤润滑、抗干燥、抗开裂，使头发光亮、不易缠结；是优异的皮肤及毛发保护剂，能刺激细胞的分裂增殖，促进纤维芽细胞的增生，有协助修复皮肤组织的功能，并具有消炎及愈合表皮创伤之作用；能减轻配方中其他成分（如表面活性剂等）对皮肤的刺激与对毛发的损伤；具有抗紫外线的防晒作用，广泛用于脸部及身体上使用的精华液、面霜及乳液，以及口红及头发制品。

（14）羟基乙酸（hydroxyacetic acid；glycolic acid）　又名乙醇酸、甘醇酸、羟基醋酸，羟基乙酸是最简单的 α-羟基酸，外观为无色易潮解的晶体，熔点80℃，无沸点，在100℃时受热分解为甲醛、一氧化碳和水。易溶于水、甲醇、乙醇、乙酸乙酯，微溶于乙醚，不溶于烃类。其水溶液是一种淡黄色液体，具有类似烧焦糖的气味。由于分子中既有羟基又有羧基，因此兼有醇与酸的双重性。羟基乙酸毒性低，腐蚀性小，气味低，不易燃，可生物分解，具有高水溶性、金属螯合性以及有效的中和性能。其结构式见图 2-23。

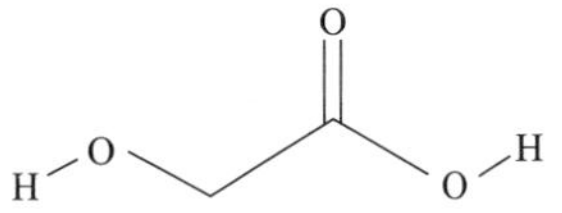

羟基乙酸可用作有机合成的原料、制革助

图 2-23　羟基乙酸的结构式

剂、消毒杀菌剂、锅炉除垢剂等。在美容、化妆品领域，羟基乙酸是疗效较好的去除死皮和汗毛的药剂，可作为美白、嫩肤的化妆品原料，达到保湿、滋润肌肤、促进表皮更新的功效。羟基乙酸的分子量非常小，可以有效地渗透入皮肤毛孔，在短时间内解决皮肤老化、皱纹、黑斑、暗疮等问题，被医学美容界一致推崇。

(15) 聚谷氨酸（gamma-polyglutamic acid） 又名多聚谷氨酸、纳豆菌胶、聚谷氨酸（γ-PGA），是以左、右旋光性的谷氨酸为单元体，以 α-氨基和 γ-羧基之间经酰胺键聚合而成的同型聚酰胺。γ-PGA 的分子量从 5 万～200 万道尔顿不等，它是一种使用微生物发酵法制得的生物高分子，也是一种特殊的阴离子自然聚合物，可生物降解，不含毒性。γ-PGA 是在"纳豆"——发酵豆中被首次发现，它是组成纳豆黏性胶体的主要成分。聚谷氨酸的结构式见图 2-24。

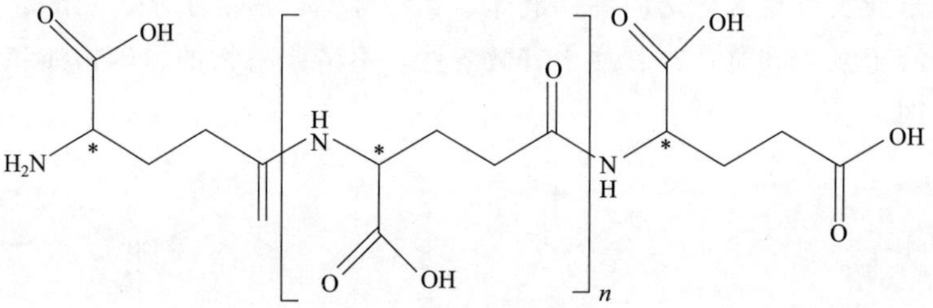

图 2-24　聚谷氨酸的结构式

聚谷氨酸具有优良的水溶性、超强的吸附性和生物可降解性，降解产物为无公害的谷氨酸，是一种优良的环保型高分子材料，可作为保水剂、重金属离子吸附剂、絮凝剂、缓释剂以及药物载体等，广泛应用于食品工业、化妆品、保健品、水处理、卫生用品、医疗以及水凝胶等领域。

γ-PGA 特殊的分子结构，使其具有极强的保湿能力，添加 γ-PGA 于化妆品或保养品中，能有效地增加皮肤的保湿能力，促进皮肤健康。其超强的保湿能力更优于玻尿酸以及胶原蛋白，为新一代的生物科技保湿成分，同时具有美白皮肤、祛皱抗老化的功效。聚谷氨酸完全适用于所有的皮肤状况，可用于护肤产品、发用制品、剃须霜和口红中，发挥如下多种功能：

① 长效保湿，帮助皮肤抵抗干燥环境；

② 增加皮肤的弹性，保持皮肤滑嫩触感；

③ 抑制皮肤黑色素生成；

④ 维持皮肤健康的 pH 值；

⑤ 形成缓释输送系统，使皮肤更有效地吸收化妆品中各种营养成分；

⑥ 增加染发后的色牢度；

⑦ 增加头发的强韧度，减少头发分叉断裂；

⑧ 改善头发的梳理性。

（16）氨基酸保湿剂（methylglycine）　外观为白色晶体粉末，是两性离子型的高效天然植物保湿剂，其主要成分是天然甲基甘氨酸脯氨酸，它天然存在于枸杞、海带中。氨基酸保湿剂是天然固有的保湿成分，保持水分的能力比任何天然或合成的聚合物都强，保湿性能是甘油的 12 倍；具有高度生物兼容性，极易溶于水，pH 值 6.0～7.0；非常耐热、耐酸和耐碱，具有纯度高、易使用及良好的稳定性等特点。

氨基酸保湿剂的功效与透明质酸相同，应用于个人护理产品中，能迅速渗透进入皮肤与毛发组织，改善皮肤和头发的水分保持力，激发细胞活力，修复老化和损伤细胞，赋予皮肤和头发滋润、滑爽的感觉。此外还有防晒、消炎、美白、抗皱的作用以及对环境良好的生物降解性。

第三节　防晒剂

日光是地球表面生物赖以生存的基本元素，然而，辐射到地球表面的日光除了可见光外，还有红外线和紫外线，其中紫外线辐射对皮肤产生一系列生物损伤，直接影响人们的皮肤美白，甚至威胁人体皮肤健康。尤其近年来，紫外线辐射引起的皮肤健康问题越来越突出。一方面，随着现代社会的发展，人们外出旅游休闲度假的兴起导致户外活动增加，皮肤暴露于紫外线的时间延长；另一方面，环境污染导致大气臭氧层被破坏，辐射到地球表面的紫外线越来越多，所以关注皮肤健康，保护皮肤免受紫外线损伤在现代生活中越来越受到重视，不仅出现了大量专业的防晒化妆品，而且许多普通化妆品中也添加了防晒成分。因此，加强紫外线的防护研究，对防晒剂进行防晒功效评价已经成为美容化妆品行业的热门研究领域。

一、紫外线

紫外线可分为如下三个区域。

（1）UVA 区段紫外线　320～400nm，晒黑段，透射能力达真皮层，透射力强，作用缓慢持久，产生的后果：肌肤提前衰老，肌肉松弛，有皱纹和色斑出现，增加 UVB 对皮肤的伤害。

（2）UVB 区段　280～320nm，晒红段，透射力可达人体表皮层，是防止紫外线晒伤的主要波段，是导致皮肤晒伤的根源。UVA 和 UVB 射线照射过量，可能会引起细胞 DNA 突变，是导致皮肤癌的致病因素之一。

（3）UVC 区段　波长 200～280nm，杀菌段，透射力只到皮肤的角质层，绝大部分被大气层（臭氧层）吸收，不会对人体皮肤产生危害。

由上可见，防止紫外线照射对人体所引起的伤害，主要是防止紫外线 UVB 的照射，而防止 UVA 区射线，是为了避免皮肤晒黑。在欧美，人们认为皮肤黝黑是健美的表征，所以反而在化妆品中添加晒黑剂，而不考虑对紫外线 UVA 区的防护，但近来这种观点已有改变，人们认识到 UVA 区紫外线对人体可能的严重损害，也需加强对 UVA 区紫外线的防护。

二、皮肤的光损伤

适度的日光照射可以促进肌体新陈代谢，增强人的体质，可以使皮肤中的脱氧甾醇转化成维生素 D，从而有利于人体对钙和其他矿物质的吸收，预防小儿佝偻病和成人软骨病，但是如果长时间将皮肤暴露于阳光下，带有巨大能量的紫外线将对皮肤产生一系列的生理损伤。

1. 晒红

又称皮肤日光灼伤，是由紫外线照射引起的一种急性光毒性反应，表现为皮肤出现红色斑疹，甚至出现水肿、水疱和脱皮反应，同时伴有灼热、灼痛等不适症状。根据紫外线照射后出现反应的时间分为即时性红斑和延迟性红斑，即时性红斑是由于大量紫外线照射引起的，一般在照射几分钟内出现微弱的红斑反应，数小时内很快消退。延迟性红斑是紫外线照射引起的主要生物学损伤，通常在照射 4~6h 后，皮肤出现红斑反应，并逐渐增强，通常红斑可持续数日，然后逐渐消退，继而引发脱屑和色素沉着。

2. 晒黑

曾经一段时间，人们对日光对皮肤的影响有一种错误的认识，认为日光灼伤即晒红对皮肤有伤害作用，而晒黑是对皮肤有好处的，甚至认为皮肤越黑越健康。然而，随着皮肤科学和分子生物学的发展，人们认识到晒黑不仅使皮肤失去了白皙靓丽，而且给皮肤细胞带来一系列生理损伤，甚至诱发皮肤癌，因而，防止晒黑也成为防晒化妆品的重要功效指标。

皮肤晒黑是指紫外线照射后引起的黑化现象，通常于照射后几分钟、几小时或数天后在照射部位出现弥漫性灰黑色色素沉着，色素可持续数小时、数天甚至数月。研究结果表明，紫外线辐射对黑素和黑素细胞有多方面的影响，既可以刺激黑素细胞增殖，使合成黑素和转运黑素体的功能增强，也可以促进酪氨酸酶的合成，还可以引起颜色较浅的黑素前体氧化为颜色较深的成熟黑素。总之，紫外线辐射诱导和刺激黑素细胞变化而导致色素沉着，引起皮肤黑化，在此过程中，UVA 是主要诱发因素。

3. 光敏感性皮肤病

许多皮肤病可造成皮肤对紫外线照射的敏感性增强，临床表现以光损害为主，或者光照后可使病情加重，如多形性日光疹、慢性光化性皮炎、卟啉病、烟

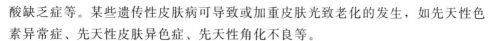

酸缺乏症等。某些遗传性皮肤病可导致或加重皮肤光致老化的发生，如先天性色素异常症、先天性皮肤异色症、先天性角化不良等。

紫外线对皮肤的伤害除了以上几方面外，对人体的其他器官和系统也有较深的影响，如对眼睛有直接的损伤作用，对免疫系统的生物学功能也有一系列的影响。此外，紫外辐射还影响细胞分裂，破坏 DNA、RNA 和蛋白质结构，从而诱发皮肤癌。

三、防晒剂的分类

防止紫外线照射的物质叫做防晒剂，防晒剂的种类很多，大体可分为两类：物理性的紫外线屏蔽剂和化学性的紫外线吸收剂。

紫外线屏蔽剂的作用是当日光照射到含有这类物质时，可使紫外线散射，从而阻止紫外线的射入，折射率越高，紫外线散射效果越大，常用的有氧化锌、二氧化钛等。

在防晒化妆品中所使用的防晒剂主要是化学性的紫外线吸收剂。为了表明防晒制品的防晒效果，现通常用 SPF 值和 PFA 值进行评价。

四、防晒剂的要求

① 对有害的波长（280～400nm）具有较强的吸收能力，以防止或减弱紫外线的伤害。

② 防晒剂自身要对紫外线稳定，在日光作用下不分解，且吸收能量后，能迅速转变为无害的能量。

③ 尽量无色、无味，不影响化妆品质量。

④ 安全性高，对皮肤无毒性、无刺激性、无过敏性和无光敏性。

⑤ 与化妆品中其他组分相溶性好，相互间不发生化学反应。

⑥ 价格适中。

五、常用的防晒剂

1. 紫外线屏蔽剂（物理阻挡剂）

这类防晒剂虽然容易在皮肤表面沉积成厚的白色层，影响皮脂腺和汗腺的分泌，但安全性、稳定性较好，近年来，这类防晒剂与紫外线吸收剂结合使用，可提高产品的日光保护系数。另外一些新型的金属氧化物也开始应用于化妆品，专利文献已报道，使用微米级（0.2～20μm）和纳米级（10～250nm）TiO_2 粉制造防晒化妆品，产品透明度好，不会产生粉体不透明而发白的外观，对 UVB 和 UVA 防护作用都很好，具化学惰性，使用安全。最高配方用量可高达 25％。

（1）钛白粉（titanium dioxide，TiO_2）　本品无臭、无味、白色无定形微细粉末，不溶于水及稀酸，溶于热的浓硫酸和碱中，化学性质稳定。钛白粉是一种重要的白色颜料，其折射率为 2.3～2.6，是颜料中最白的物质，其遮盖力是粉末中最强者，为锌白粉的 2～3 倍，且着色力也是白色颜料中最大的，是锌白粉的 4 倍，当其粒度极微时（粒径为 30μm），对紫外线透过率最小，是最常用的物理防晒剂，由于其吸油性及附着性较佳，但延展性差，不易与其他粉料混合，故与氧化锌配合使用，可克服此不足。另外钛白粉在化妆品粉类制品中也应用最广。

（2）氧化锌（zine oxid，ZnO） 又称锌白粉，无臭、无味、白色粉末，外观略似钛白粉，不溶于水，能溶于酸、碱溶液，氧化锌也具有较强的遮盖力、附着力，且对皮肤具有收敛性和杀菌作用，除了作为防晒剂使用外，还可用于制造香粉类、增白粉蜜及理疗性化妆品。

（3）NT-200 纳米无机防晒剂（nanometer-titanuim dioxide） 本防晒剂外观为白色粉末，主要成分为纳米二氧化钛（nm-TiO₂），粒径小，比表面积大，分别经无机、有机包膜形成亲水、疏水性两大系列产品。若将本品按一定比例添加到化妆品中，不仅可全面阻挡紫外线对人的伤害，而且由于粒径超细均匀，分散稳定优良，添加后手感润滑细腻、无毒、无致敏性、无刺激性，具有可靠的安全性，广泛适用于各类防晒霜、防晒水、护肤露、洗面奶、乳液、粉底霜、粉饼、唇膏等。

（4）预分散的二氧化钛等 二氧化钛、氧化锌及纳米二氧化钛容易结块，不易分散。预分散二氧化钛或氧化锌做成液状或膏状很容易分散，有利于制备或生产。这类原料主要有 TEGO Sun TAQ 40、预分散的疏水型二氧化钛水溶液、UV 防晒浆、微粒子氧化锌分散膏体等。

2. 紫外线吸收剂（UV absorber）

又称化学吸收剂，是指能吸收有伤害作用的紫外辐射的有机化合物，按照防护辐射的波段不同，UV 吸收剂可分为 UVA 和 UVB 吸收剂两种。

UVA 吸收剂是倾向于吸收 320～360nm 波长范围的紫外光谱辐射的有机化合物，如二苯酮、邻氨基苯甲酸酯和二苯甲酰甲烷类化合物；UVB 吸收剂是倾向于吸收 290～320nm 波长范围的紫外光谱辐射的有机化合物，如对氨基苯甲酸酯、水杨酸酯、肉桂酸酯和樟脑的衍生物。

（1）对氨基苯甲酸酯（PABA）及其衍生物 这类化合物都是 UVB 紫外线吸收剂，其结构通式见图 2-25。

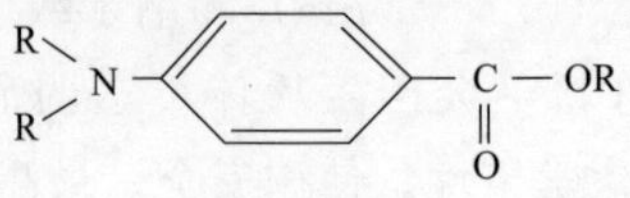

$$\begin{array}{c} R \\ R \end{array} N - \!\!\!\!\bigcirc\!\!\!\!- C - OR \!\!\!\!\!\!\!\!\! \\ \overset{\|}{O}$$

图 2-25　对氨基苯甲酸酯及其衍生物的结构通式

常用的对氨基苯甲酸酯类有六种：① 对氨基苯甲酸（PABA）；②对氨基苯甲酸甘油酯（glyceryl PABA）；③ N,N-二甲基对氨基苯甲酸戊酯（N,N-dimethyl PABA amyl ester）；④ 乙基-4-双（羟丙基）氨基苯甲酸酯［ethyl-4-bis（hydroxy propyl）aminobenzoate］；⑤ 聚氧乙烯-4-氨基苯甲酸（ethoxylated-4-amino benzoic acid）；⑥ N,N-二甲基对氨基苯甲酸辛酯（N,N-dimethyl PABA octyl ester）。

作为最早使用的一类紫外线吸收剂，由于它们含有两个极性较高的基团，所以能形成分子间氢键，使分子的缔合增加，倾向于形成晶态的化合物，在最终的产品中会形成粗粒，影响产品的使用和外观。这类分子与水或极性溶剂分子的缔合，能增加它们在水中的溶解度，而易溶于水，使产品的耐水性降低。氢键的作用，增强了溶剂对吸收波长的影响，使最大吸收波长向短波方向移动，从而影响防晒剂的效率。此外，羧基和氨基对 pH 值变化敏感，游离胺也倾向于在空气中氧化，引起颜色变化。近年来，这类紫外线吸收剂已较少使用，甚至有些防晒制品还声明不含 PABA。

（2）水杨酸酯及其衍生物　这类化合物都是 UVB 紫外线吸收剂，其结构通式见图 2-26。

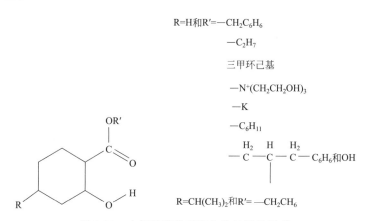

R=H和R′=—CH₂C₆H₆

—C₂H₇

三甲环己基

—N⁺(CH₂CH₂OH)₃

—K

—C₆H₁₁

—C—C—C—C₆H₆和OH

R=CH(CH₃)₂和R′=—CH₂CH₆

图 2-26　水杨酸酯及其衍生物的结构通式

常用的水杨酸酯及其衍生物有七种：① 水杨酸苄酯；② 水杨酸辛酯；③ 水杨酸三甲环己酯；④ 水杨酸三乙醇胺；⑤ 水杨酸钾；⑥ 对异丙基苯基水杨酸酯；⑦ 4-异丙基苯基水杨酸酯。

水杨酸酯的 UV 吸收较弱，但有较好的安全使用记录，且价格较低，它可与其他紫外线吸收剂复配使用，较易添加于化妆品配方中，产品外观好，具有稳定、润滑、水不溶等性能，是国内常使用的一类防晒剂。此外，水杨酸酯类也是一些不溶性化妆品组分的增溶剂，例如水杨酸辛酯常用于羟甲氧苯酮（benzophenone-3）的增溶。水溶性的水杨酸盐类与皮肤亲和性较好，对防晒制

品的 SPF 有增强作用，并可用于发制品。

（3）肉桂酸酯类（cinnamates）　这类化合物都是 UVB 区良好的吸收剂，其效果良好，且稍有防晒黑作用。本品在欧洲很盛行，其结构通式见图 2-27。

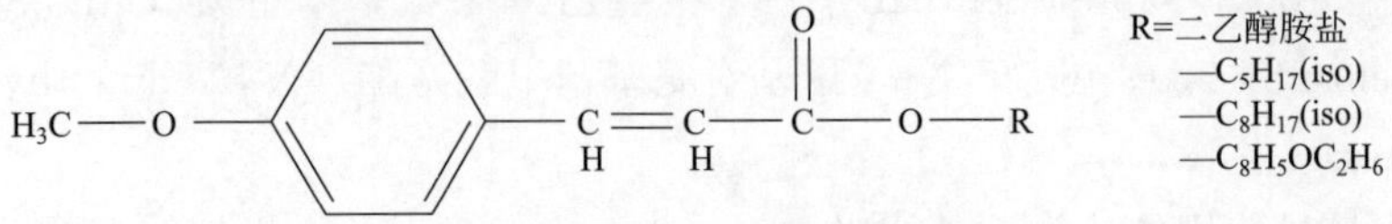

$$H_3C-O-\langle\bigcirc\rangle-\overset{H}{\underset{}{C}}=\overset{H}{\underset{}{C}}-\overset{O}{\underset{}{C}}-O-R \quad \begin{array}{l} R=二乙醇胺盐 \\ -C_5H_{17}(iso) \\ -C_8H_{17}(iso) \\ -C_8H_5OC_2H_6 \end{array}$$

图 2-27　肉桂酸酯类的结构通式

现今，美国和欧洲允许使用的肉桂酸酯有如下四种：① 4-甲氧基肉桂酸异戊酯；② 2-乙基己基-4-甲氧基肉桂酸酯；③ 2-乙氧基己基-4-甲氧基肉桂酸酯；④ 对甲氧基肉桂酸乙醇胺盐。

（4）二苯（甲）酮类化合物（benzophenones）　这类紫外线吸收剂对 UVA 和 UVB 区都能吸收，其结构通式见图 2-28。

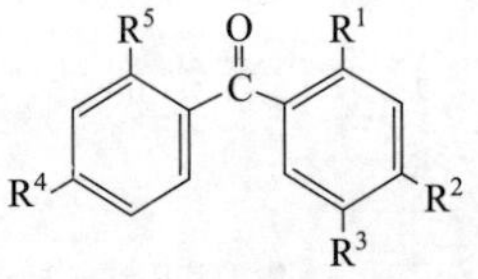

$$\underset{R^4}{\overset{R^5}{\langle\bigcirc\rangle}}\overset{O}{\underset{}{C}}\underset{R^3}{\overset{R^1}{\langle\bigcirc\rangle}}R^2$$

图 2-28　二苯（甲）酮类的结构通式

结构式中：R= H，OH，OCH_3，SO_3H，OC_8H_{17}(iSO) 等。

这类化合物都含有邻位和对位的取代基，有些还含有双邻位取代基，会生成分子内氢键，电子离域作用较容易发生，与此相应的能量需要也降低，最大吸收波长向长波方向移动，处于 UVA 范围。邻位和对位取代基的存在，使这类化合物具有两个吸收峰，对位取代引起 UVB 吸收，邻位取代引起 UVA 吸收。

这类化合物对光、热稳定，耐氧化稍差，需加抗氧化剂，渗透性强，无光敏性且毒性低，是广为使用的一类紫外线吸收剂。主要产品有：二苯酮-3、二苯酮-4、二苯酮-5，其中应用最广的是二苯酮-3（benzophenone-3）。

（5）邻氨基苯甲酸酯（anthranilate）　这类化合物是 UVA 紫外线吸收剂，其结构式见图 2-29。

这类化合物价格低廉，但吸收率低，存在与 PABA 类似的对皮肤有刺激性等不足。近年来，消费者对 UVA 区段辐射的危险性更加关心，皮肤学家的研究结果已证实，320~400nm 范围的辐射必需防护，以防止产生红斑，且长期作用会使皮肤老化和皱裂，甚至引起皮肤癌。自 20 世纪 90 年代开始，很多化妆品厂家致力于这方面的开发研究，寻找高 SPF 值、防护 UVA 和对皮肤作用温和的紫外线吸收剂，邻氨基苯甲酸薄荷酯成为较佳的选择。邻氨基苯甲酸薄荷酯是液

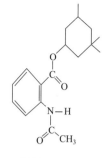

图 2-29 邻氨基苯甲酸酯的结构式

邻氨基苯甲酸薄荷酯   N-乙酰基邻氨基苯甲酸三甲基环己酯

态,易溶于化妆品中的油类,也容易被乳化,稳定性高,最大吸收峰在 336nm,不易受溶剂的影响,低气味。它与对甲氧基肉桂酸异辛酯配伍使用可提高 SPF 值,并具有防 UVA 的作用,效果较理想。与 2-羟基-4-甲氧基二苯酮配伍,有增溶作用,防止结晶从制品析出。

(6) 樟脑类衍生物 (camphor derivatives)

这类化合物是 UVB 紫外线吸收剂,常用于防晒黑制品中,不刺激皮肤,无光致敏性,毒性小,其稳定性和化学惰性也较好,但皮肤吸收能力弱,多以复配形式加入到防晒化妆品中。这类化合物在美国还未批准使用,欧盟和我国批准使用,其结构通式见图 2-30。

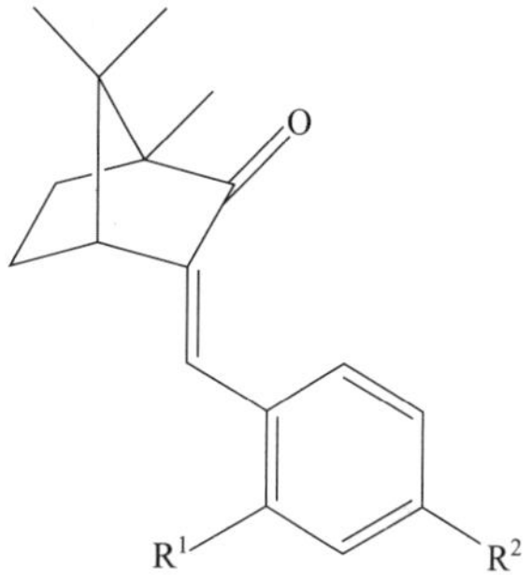

这类化合物吸收 290~300nm 的辐射,摩尔消光系数较高,一般在 20000 以上,光稳定性好。

图 2-30 樟脑类衍生物的结构通式

第四节 表面活性剂

表面活性剂是一种功能性精细化工产品,近年来,已发展成为精细化学工业的一个重要门类。追溯表面活性剂的发展历史还需从肥皂开始。16 世纪,法国马赛成为当时的肥皂制造中心。18 世纪中叶,出现了三个关键性业绩,促使肥皂生产进入科学化技术时代,那就是路布兰制碱法、油脂精炼脱色和进口廉价油脂运输系统的开发成功。中国在 20 世纪初,上海正式生产肥皂。但是用草木灰碱或利用皂荚中皂苷来洗涤衣服在中国则已有 2000 年历史。

20 世纪初,鉴于肥皂的碱性及不耐硬水,人们开始寻找肥皂的代用品。1928 年,H. Bertsch 等用脂肪醇代替脂肪酸进行硫酸化,制得了第一种合成的洗涤活性物；此后，德国汉高公司于 1932 年、美国宝洁公司于 1933 年相继生产脂肪醇硫酸盐产品，其去污性能强，泡沫丰富而用于洗衣、洗发及餐具洗涤等方面，其原料来自天然界，所以至今仍广泛使用，且用量不断增加。第二次世界大战后，十二烷基苯生产技术开发成功后，可用于制造去污良好的支链烷基苯磺酸钠（ABS），市场需求量激增，直至 60 年代起被软性的易生物降解的直链烷基苯磺酸钠（LAS）所取代。

目前国际上表面活性剂的发展倾向于生态安全、无环境污染、生物降解完全、功能性强、化学稳定性及热稳定性良好而成本低的产品。因此除了石油原料外，来自天然界的"绿色"原料受到重视。高分子表面活性剂、仿生表面活性剂、反应性表面活性剂、元素表面活性剂及生物表面活性剂的开发又成了新的领域。

一、表面活性剂在美容化妆品中的作用

很多人都将表面活性剂形象地比喻为工业味精。表面活性剂在美容化妆品、日用品、医疗保健品、食品加工、纺织印染、表面处理、电镀、石油开采、建筑工程、金属加工、环境保护、油漆涂料、造纸、制革、印刷、农药等行业中有着广泛的应用。在很多应用场合下，虽然其添加量不大，但所起到的作用却是巨大的，而且往往是不可缺少的。

美容化妆品和洗涤用品是表面活性剂最重要的应用领域之一。表面活性剂在美容化妆品中的添加量通常只有百分之几到百分之二三十左右，利用其乳化、润湿、渗透、吸附、分散等基本物理化学性能，在各种产品中主要起着发泡、去污、洗涤、除油、增溶等作用。有了它，各种油性的护肤、润肤成分能够均匀地分层到水相载体中并且稳定地存放相当长的时间，或者能够将含有各种营养性物质或疗效性成分的水溶液分散到油性基质中。有了它，化妆品和洗涤用品中的各种组分可以更好地渗透到皮肤深层，充分发挥其特有的作用，使美白、祛斑、抗皱等功效更加显著。有了它，产品可以制成膏霜、乳液、块状、粉体、悬浮液、啫喱状、透明液等各种各样的形态，适应各种使用场合的需要，使用方便快捷，而且商品的外观五光十色，对顾客产生更大的吸引力，给消费者更多的选择余地。

具体来说，在化妆品和洗涤用品中，表面活性剂的作用表现在其具有去污、乳化、分散、湿润、发泡、消泡、柔软、增溶、灭菌、抗静电等特性，其中尤以去污、乳化调理为其主要特性，往往同一种表面活性剂常兼有两种或两种以上的功用。

表面活性剂在各类美容化妆品中的作用见表 2-2。

表 2-2　表面活性剂在各类化妆品中的作用

化妆品类型	乳化	增溶	分散	发泡	去污	润湿	柔软
化妆水	○	○					
膏霜	○	○	○				
粉底	○		○				
乳液	○		○				
指甲化妆品	○						
香粉	○		○				
护发素	○	○				○	○
生发、养发剂	○						
香波	○	○		○	○		○
发用润丝	○	○				○	○
牙膏	○		○	○	○		
摩丝	○	○		○		○	○

二、表面活性剂理论基础

1. 表面活性剂的结构特点及分类

表面活性剂依据其分子解离性进行分类，即当表面活性剂溶于水时，凡能解离成离子的，称为离子型表面活性剂；凡不能解离成离子的，称为非离子表面活性剂。而离子型表面活性剂又依解离离子的电荷属性可分为阴离子表面活性剂、阳离子表面活性剂及两性（离子）表面活性剂，所谓两性表面活性剂，是指同时具有阴离子和阳离子的表面活性剂。

表面活性剂分子是由亲油基和亲水基两个部分组成的化合物，故又被称为双亲化合物。亲油基是亲油性原子团，它与油有亲和性，与水有憎水性，故也叫憎水基；亲水基是易溶于水或容易被水所润湿的原子团。这两种基团处在表面活性剂分子两端形成不对称的分子结构，使整个分子既具有亲油性又具有亲水性，形成一种所谓"双亲结构"的分子。表面活性剂若其亲水基强度比亲油基强，则整个分子呈亲水性而溶于水，相反则分子呈亲油性而不溶于水，但可溶于油中。表面活性剂的分子结构一般用图 2-31 表示：

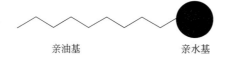

亲油基　　　　　　亲水基

图 2-31　表面活性剂"双亲结构"示意图

2. 增溶作用

总体来说，有机化合物在水中的溶解性的障碍限制了很多有机原材料在化妆品和洗涤用品中的应用。表面活性剂能够帮助解决这些问题，它具有增溶作用。只要向水中添加少量的表面活性剂，就能令不溶或微溶于水的有机化合物的溶解度显著增加。这种增溶作用对于化妆品和洗涤用品来说至关重要，例如香精的增溶。化妆品离不开香精，很少有化妆品是不需要添加香精的，可是市场上的香精大多数是从天然植物中提取的精油或者人工合成的酯类化合物，大都是难溶于水的油状物，将其加入到液态的化妆品和洗涤用品中很难溶解或稳定地分散开来，比较容易出现浑浊和分层现象，影响产品的稳定性，造成质量问题。这时候就要靠添加增溶剂来解决，表面活性剂就是常用的增溶剂。

需要指出的是，表面活性剂的增溶现象与有机物溶于混合溶剂中的情形是有本质区别的。常用的香精和提神剂薄荷脑不溶于水，但是先将大量的乙醇加入水中然后再加入薄荷脑，会使薄荷脑在水中的溶解度大大增加，其原因在于大量乙醇的加入改变了溶剂性质，薄荷脑是通过先溶解在乙醇中然后再溶于水中，并且薄荷脑是以单个分子的形式在溶剂里分散开来，完全溶解了。而在增溶作用中，表面活性剂的用量相当少，溶剂的性质没有明显变化，溶质并未拆散成单个的分子或离子，溶质不是真正地溶解在水中，而是与直径非常小的表面活性剂胶团结合而分散在溶液中。溶质与表面活性剂胶团结合的方式可以用图 2-32 粗略表示。

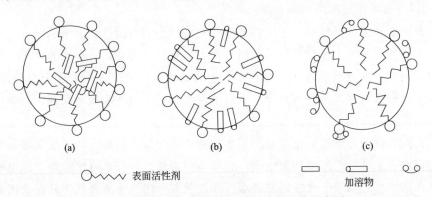

图 2-32　溶质与表面活性剂胶团结合的方式示意图

表面活性剂的增溶作用与其在水溶液中形成胶团有密切关系，在达到临界胶束浓度（CMC）以前并没有增溶作用，只有当表面活性剂水溶液的浓度超过其临界胶束浓度以后，增溶作用才明显表现出来。

增溶作用与机械乳化作用也存在差别。油相物质通过表面活性剂增溶成为胶团分散在水相中，这种分散是稳定的，可以保持长时间不发生变化。而且由于胶团的颗粒非常小，用肉眼无法分辨，因此溶液看上去是透明的。通过强烈的机械搅拌或者超声波振荡，油相也可以被乳化分散于水中，形成热力学上不稳定的分散体系，但是因为油水两相的界面有很大的表面自由能存在，体系不稳定，时间长了最终是要分层的。

3. 乳化作用

将两种互不相溶的液体，例如液体石蜡与纯水，如果不做任何处理放入同一个容器中，会自然地分成两层，相对密度小的液体石蜡在上层而相对密度大的水在下层，如果向体系中加入烷基苯磺酸钠，并且进行剧烈搅拌，液体石蜡就被分散在水中，形成白色的乳状液，这个过程称之为乳化。表面活性剂在这里起到了乳化剂的作用，在它的作用下油被分散在水中，形成稳定的乳液，可以长期保持不变。

依靠机械作用，例如强烈搅拌或者超声波振荡，也可以使两种互不相溶的液体混合成为乳状液，但这仅仅是一种机械的分散作用，形成的乳状液是不稳定的体系，一旦外力消除，液珠会慢慢凝聚，重新分为互不相溶的两层溶液。只有加入一些表面活性剂才可以得到稳定的乳状液。

乳状液是指一种液体以液珠的形式分散在另一种与其不相溶的液体中的体系，分散的液珠一般在 $0.1\mu m$ 左右。通常，组成乳状液的两相，一个是水相，另一个是与水不相溶的有机液体，称为油相。乳状液中以液珠形式存在的那一个相称为内相，也称为分散相、不连续相；作为承载液珠的另一个相称为外相，也称为连续相。在上面的乳化例子中，液体石蜡以液珠的形式被分散在水里形成乳状液，液体石蜡就是内相（分散相），水就是外相（连续相）。

乳状液分为两种类型：一种是外相为水、内相为油的乳状液，称为水包油型乳状液，用 O/W 来表示；另一种是外相为油、内相为水的乳状液，称为油包水型乳状液，用 W/O 来表示。相应地，乳化剂可分为两大类：能形成 W/O 型稳定乳状液的称为油包水型乳化剂；能形成 O/W 型稳定乳状液的称为水包油型乳化剂。乳状液的外观与分散相的粒子大小有关，分散相粒子小于 60nm 的乳状液称为微乳化体，呈透明状；分散相粒子大于 1000nm 的乳化体呈现乳白色。

乳状液的内部状况可以用图 2-33 来形象的描述。

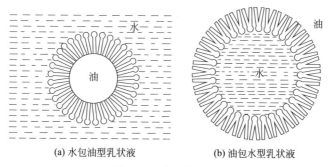

(a) 水包油型乳状液　　　　　　(b) 油包水型乳状液

图 2-33　乳状液类型

对表面活性剂的乳化作用要有一个正确的认识，不要以为随便向油水两相体系中加入表面活性剂就可以得到满意的乳液了。形成乳状液并不困难，难得的是要让乳状液长期稳定不发生变化。美容化妆品行业希望制造出来的膏、霜、乳液类化妆品都能有一定的稳定期。

但从热力学观点来看，最稳定的乳状液最终也是要被破坏的。由于油相和水相密度不同，在重力或其他外力作用下液珠将上浮或下沉；乳状液的液珠可以聚集成团，即发生絮凝，变成一个大液珠。乳状液的不稳定性表现为分层（乳液分为两个油水比例不同的乳液层）、变型（乳状液从 O/W 型变成 W/O 型，或从 W/O 型变成 O/W 型）和破乳（乳液被完全破坏，油水彻底分离）。每种形式都是乳状液破坏的一个过程，它们有时是相互关联的。有时分层往往是破乳的前导，有时变型可以和分层同时发生。只有正确地选择和使用表面活性剂才能提高乳化体的稳定性。

三、化妆品中常用的表面活性剂

1. 阴离子表面活性剂

阴离子表面活性剂是应用最多、产量最大的一类表面活性剂。这类表面活性剂溶于水时其亲水基是阴离子，如羧酸基、磺酸基、硫酸基等的钠、钾、三乙醇胺盐等，其亲油基常是脂肪酸、高碳醇、烷基、烷基苯等，在亲油基中，若碳数愈高，则亲油性愈强，相反愈弱。阴离子表面活性剂的主要类型有：羧酸盐类及硫酸酯盐、磺酸酯盐、磷酸酯盐类。在化妆品原料中，阴离子表面活性剂多作为去污剂、发泡剂，有的也可作为乳化剂。

阴离子表面活性剂一般具有以下特性。

① 溶解度随温度的变化存在明显的转折点，即在较低的一段温度内溶解度随温度上升非常缓慢，当温度上升到某一定值时，溶解度随温度的上升而迅速增大，该温度为表面活性剂的克拉夫特点（Krafft point）。一般离子型表面活性剂都有 Krafft 点。

② 一般情况下与阳离子表面活性剂配伍性差，容易生成沉淀或使溶液变浑浊，但在一些特定条件下与阳离子表面活性剂复配可极大提高表面活性。

③ 抗硬水能力差，对硬水的敏感性表现出羧酸盐＞磷酸盐＞磺酸盐的变化顺序。

④ 在疏水链和阴离子头基之间引入短链的聚氧乙烯链可极大地改善其耐盐性能，并可改善其在有机溶剂中的溶解性，但同时也降低了其生物降解性。

常用的阴离子表面活性剂如下。

（1）羧酸盐　羧酸盐分为单价羧酸盐（如钠、钾、氨和三乙醇胺盐等）和多价羧酸盐（如钙、镁、锌和铝盐等）。多价羧酸盐表面活性不突出，称为金属皂。

羧酸盐的结构见图 2-34。

单价羧酸盐也称皂类，是最古老的、应用最广泛的阴离子表面活性剂，钠和钾盐主要用作皂基。利用配方中羧酸与相应的碱反应生成羧酸盐作为乳化剂，制备 O/W 型膏霜或乳液，广泛应用于化妆品中。

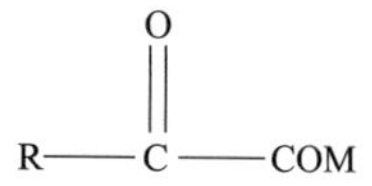

$$R \overset{\overset{\displaystyle O}{\|}}{-C} - COM$$

$R=C_{10}\sim C_{18}$ 烷基或烯基、椰子脂肪基等，M=Na、K、氨、三乙醇胺盐等

图 2-34　羧酸盐的结构

羧酸盐在常温下为白色至淡黄色固体。C_{10} 以下碱金属和氨类的羧酸盐可溶于水，C_{20} 以上（直链）的则不溶于水，溶解度随碳链增长而减少。

羧酸钠发泡性能良好，有较好的去污能力。其主要缺点是二价或三价离子的羧酸盐不溶于水，耐硬水能力低，遇电解质会发生沉淀，在 pH 值低于 7 时，产生不溶的游离脂肪酸，表面活性消失。

成盐的阳离子不同，生成的羧酸盐的黏度、溶解度和外观等都有较大差异，直接影响最终产品的性能。钾盐比钠盐质软，三乙醇胺盐也较软，多用于液态制品，必须选用合适的三乙醇胺盐和脂肪酸比例。有时三乙醇胺皂和膏霜在存放后变黄，主要是由于杂质铁的存在，异丙醇胺盐较不易变色。硬脂酸钠在常温下稍溶于乙醇和丙二醇，加热后完全溶解，冷却后制得凝胶状产物，它可用作棒状产品的凝胶剂和增稠剂。羧酸盐主要用作皂基、各种乳液和膏霜基体。

油酸盐易形成乳液，可用来调节硬脂酸皂类的黏度。油酸铵有较好的渗透性和匀染作用，较广泛用于染发和漂白头发的制品。

（2）烷基聚氧乙烯醚硫酸酯盐（alkylether sulfates，AES）

$$R(OCH_2CH_2)_n OSO_3 M \qquad R=C_{12}\sim C_{16} 烷基，$$

$n=3$ 或 2，$M=Na^+$、NH_4^+、$[H(C_2H_5OH)_3]^+$

市售 AES 一般为质量分数为 25%～70% 的水溶液，其亲油基可以是天然醇，也可以为合成醇。平均乙氧基化程度为 $n=3$，实际上是 $n=1\sim4$ 的混合物。AES 发泡性能良好，有较好的水溶性，在一般 pH 值范围内是稳定的，但在强酸或强碱条件下，会发生水解。AES 与烷基醇酰胺和甜菜碱等两性表面活性剂复配，对其制剂的黏度和泡沫都有协同效应。黏度和泡沫的峰值一般在它们的含量为 10%～50% 范围内（按活性物含量计算），随不同阳离子和体系的含盐量不同而异。

AES 是香波的主要表面活性剂，较少用作乳化剂，但也用于皮肤清洁剂和沐浴制剂。一般与其他阴离子、非离子和两性表面活性剂复配。国内，以使用钠盐为主；国外，以使用三乙醇胺盐和铵盐较普遍。

（3）仲烷基磺酸盐（secondary alkane sulphonate，SAS）　见图 2-35。

浅黄色液体或固体，具有很好的去污力、泡沫性、乳化力和润湿力等。在较宽的 pH 值范围内都很稳定，抗氧化力也很强，对皮肤刺激小，无毒，生物降解性优于直链烷基苯磺酸钠（LAS）。

用于制备各种洗涤剂、香波、泡沫浴剂，也可用作化妆品的乳化剂。

（4）脂肪酸甲酯磺酸盐（fatty acid methyl ester sulphonate，MES）　见图2-36。

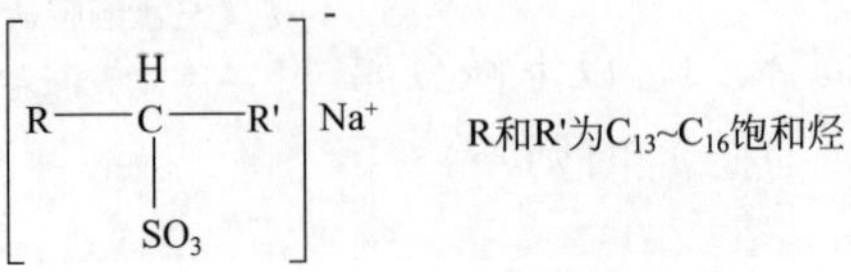

$$\left[R-\underset{\underset{SO_3}{|}}{\overset{\overset{H}{|}}{C}}-R'\right]^{-} Na^+$$　　R和R'为$C_{13}\sim C_{16}$饱和烃

$$\underset{\underset{SO_3M}{|}}{R CHCOOCH_3}$$

图2-35　仲烷基磺酸盐的结构式 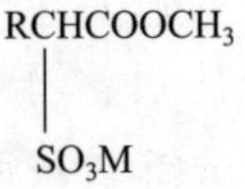　　　图2-36　脂肪酸甲酯磺酸盐的结构式

MES是利用天然油脂制得的表面活性剂，MES性能温和、无毒、对人体无刺激性，且无磷、抗硬水能力强，生物降解性好，这些性能均优于烷基苯磺酸钠（LAS），是国际上公认的替代LAS的第三代表面活性剂，被誉为真正绿色环保的表面活性剂，特别适合于生产无磷/低磷环保型洗涤剂和护理用品。

（5）月桂酰肌氨酸钠（sodium N-lauroyl sarcosinate）　见图2-37。

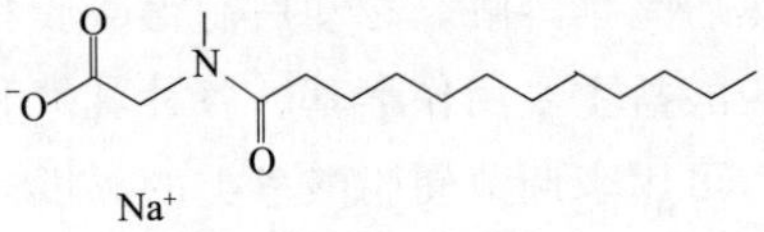

图2-37　月桂酰肌氨酸钠的结构式

本品固体（L-95）为白色或微黄色粉末，有特异臭气，水溶液呈碱性或中性；本品液体（L-30）为无色、澄清液体，有良好的表面活性，去垢能力好，有抗钙、发泡、乳化、分散、润湿的功能。

月桂酰肌氨酸的酸碱度与人体皮肤基本一致，呈弱酸性，是块状洗净剂的基料，能在硬水中使用，感觉舒服，无刺激，是湿疹患者的洗涤佳品。它还能作肥皂的改质剂、洗衣粉的添加剂、安全的餐具洗涤剂，而且对皮肤温和、对头发有很高的亲和性和调湿效果，可用于洗发膏、洗发精、发乳等。它也是洗面乳的基料，用后能增加皮肤光润，可作为润肤膏、雪花膏的乳化剂。

（6）椰子油脂肪酸甲基牛磺酸钠（AMT）　见图2-38。

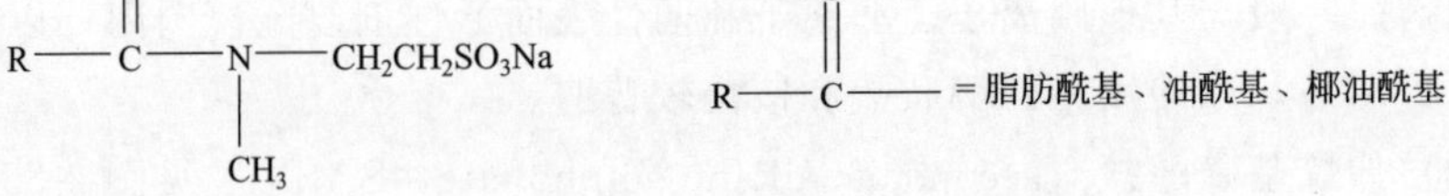

$$\underset{\underset{CH_3}{|}}{R-\overset{\overset{O}{||}}{C}-N}-CH_2CH_2SO_3Na$$　　$R-\overset{\overset{O}{||}}{C}-=$脂肪酰基、油酰基、椰油酰基

图2-38　椰子油脂肪酸甲基牛磺酸钠

N-甲基-N-酰牛磺酸钠为白色浆状液体或粉末，由于酰基牛磺酸的亲水基是磺酸基，故稳定性较好，AMT 不易受 pH 值和水硬度的影响，在弱酸性范围内，甚至在硬水中也有良好的起泡性，所以，比烷基硫酸盐使用范围更广。

AMT 对皮肤刺激性非常低，与 N-月桂酰谷氨酸氢钠（AGS）相近，远比 AES 低，属低刺激、温和的表面活性剂，可用于香波、泡沫浴剂、皮肤清洁剂、牙膏和口腔清洁剂。

（7）脂肪醇聚氧乙烯磷酸单酯和双酯及其盐 见图 2-39、图 2-40。

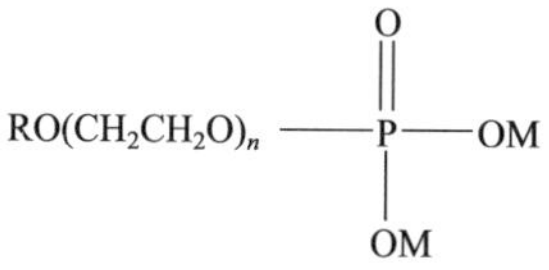

$$RO(CH_2CH_2O)_n \underset{OM}{\overset{O}{-P-}} OM \qquad RO(CH_2CH_2O)_n \underset{OM}{\overset{O}{-P-}} (CH_2CH_2)_nOR$$

图 2-39 磷酸单酯 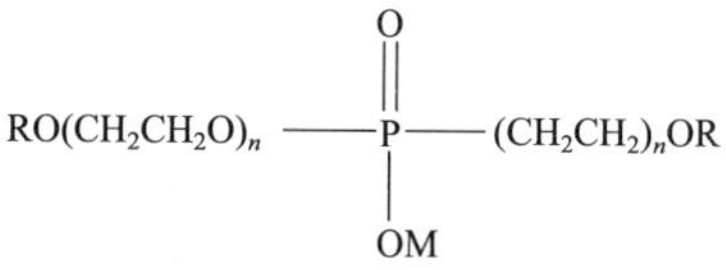　　　　　　图 2-40 磷酸双酯

本品具有优良的水溶性、丰富细腻的泡沫性能以及优良的洗涤性、乳化性、抗静电性、柔软性、润滑性、抗硬水性。性质随着 R 基和 M 的不同以及 EO 数目的改变而变化。游离的酯类可以是固体或黏稠的液体，而它们的钠盐为固体。双酯的亲油性比单酯强，它们的亲油性取决于组成中醇基的性质和 EO 的数目，它们的盐类可溶于水，在有机溶剂中也有一定的溶解性。游离酯类在水中可分散，可溶于有机溶剂。市售商品多数是单酯和双酯的混合物，具有良好的乳化、润滑、抗静电、洗涤和缓蚀作用。

2. 非离子表面活性剂

非离子表面活性剂具有高表面活性，其水溶液表面张力低，具有良好的乳化能力和洗涤作用（其泡沫力小），且因无离子，故不怕硬水，也不受 pH 值限制，对皮肤刺激性弱或无刺激，某些多元醇非离子表面活性剂还无毒、无臭，故其具有非常广泛的应用。

非离子表面活性剂是一类在水溶液中不电离的表面活性剂，其亲油基与离子型表面活性剂大致相同，是由高碳脂肪醇、脂肪酸、高碳脂肪胺、脂肪酰胺、烷基酚和油脂等提供，目前使用量最大的是高碳脂肪醇。亲水基主要是具有一定数量的含氧基团（亲水基是在水中不离解的多个羟基和醚键，它们是由环氧乙烷、聚乙二醇、多元醇、乙醇胺等提供），靠与水形成的氢键实现溶解。当然亲油基上加成的环氧乙烷 EO 数越多，亲水性也就越强。

非离子表面活性剂在水中的溶解性质，可用"浊点"表示，它是非离子表面活性剂的一个非常重要的数据。一般来说，浊点随着亲水基的增加而升高，随着憎水基中碳原子数的增加而降低，因此，非离子表面活性剂的浊点可以用来衡量其亲水基与憎水基的能力，亲水性越强，浊点越高。

（1）烷基葡萄糖苷　见图 2-41。

简称 APG，是由可再生资源天
然脂肪醇和葡萄糖合成的，是一种
性能较全面的新型非离子表面活性
剂，兼具普通非离子和阴离子表面
活性剂的特性，具有高表面活性、
良好的生态安全性和相溶性，是国
际公认的首选"绿色"表面活性剂。

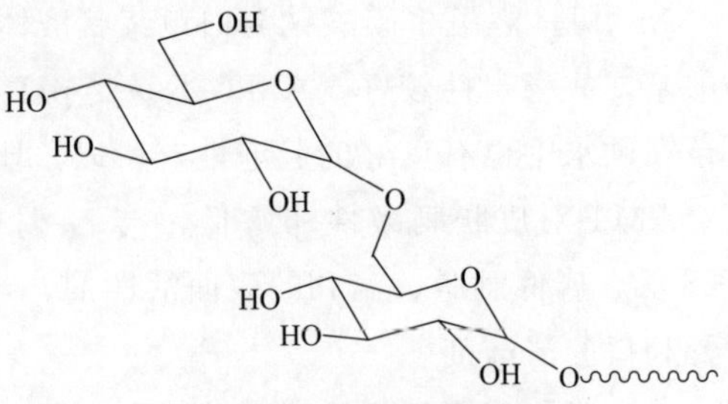

图 2-41　烷基葡萄糖苷

烷基葡萄糖苷表面张力低、无浊点、HLB 值可调、湿润力强、去污力强、
泡沫丰富细腻、配伍性强、无毒、无害、对皮肤无刺激，生物降解迅速彻底，可
与任何类型表面活性剂复配，协同效应明显；具有较强的广谱抗菌活性，产品增
稠效果显著，易于稀释、无凝胶现象，使用方便，而且耐强碱、耐强酸、耐硬
水、抗盐性强。

可作为洗发香波、沐浴露、洗面奶、洗衣液、洗手液、餐具洗涤液、蔬菜水
果清洗剂等日用化工的主要原料。

（2）烷基乙醇酰胺　见图 2-42。

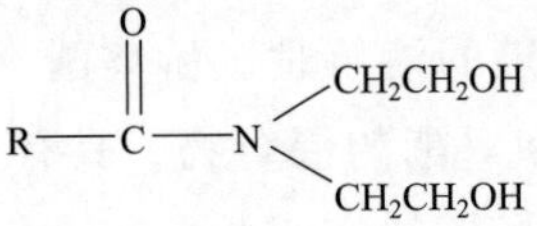

1 : 1 烷基二乙醇酰胺 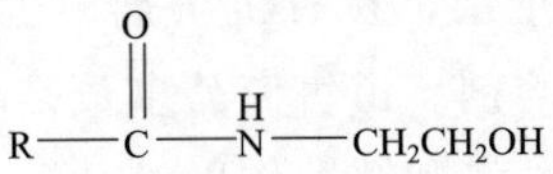　　　　　　　　　　1 : 1 烷基单乙醇酰胺

R=C_{12}～C_{18} 烷基、椰子脂基、牛油脂基、天然油脂基、油酸脂基、亚油酸脂基

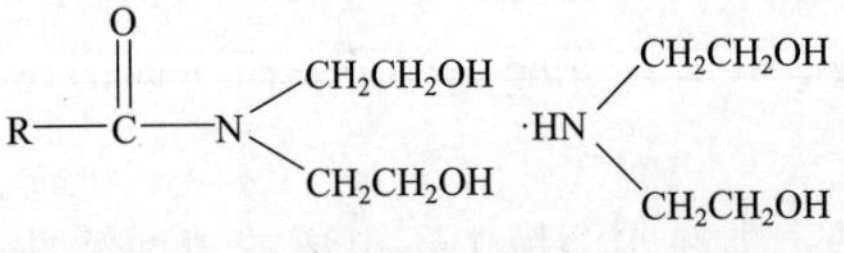

1 : 2 烷基二乙醇酰胺（alkanolamide DEA）

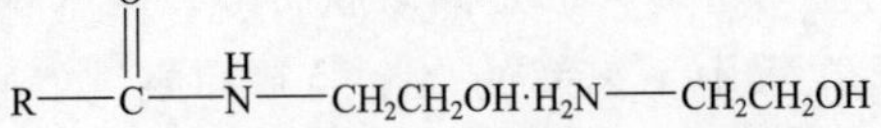

1 : 2 烷基单乙醇酰胺（alkanolamide MEA）

图 2-42　烷基乙醇酰胺

烷基乙醇酰胺是由脂肪酸和单乙醇胺或二乙醇胺缩合制得，是多功能的非
离子表面活性剂。它的性能取决于组成的脂肪酸和烷醇胺的种类、两者之间的
比例和制备方法。脂肪酸与单乙醇胺按 1 : 1 摩尔比反应，主要产物为脂肪基

单乙醇酰胺，称为"超级酰胺"（superamide）。此外，由于中和及其他缩合反应存在，产物中含有脂肪酸乙醇胺单酯 $RCOOCH_2CH_2NH_2$ 和脂肪酸酰胺单酯 $RCOOCH_2CH_2NHCOR$，如果与二乙醇胺反应，还会生成脂肪酸乙醇胺双酯 $RCOOC_2H_4NHC_2H_4OOCR$ 和脂肪酸酰胺双酯（$RCO—OCH=CH)_2NCOR$。

脂肪酸与烷醇胺按 $1:2$ 摩尔比反应，制得的缩合物称为 Kritchevsky 型酰胺。产物中除含有上述副产物外，还含有吗啉和哌嗪类化合物。

烷基乙醇酰胺有许多特殊性质，与其他聚氧乙烯型非离子表面活性剂不同，它没有浊点，其水溶性是依靠过量的二乙醇胺加溶作用，单乙醇酰胺和 $1:1$ 型二乙醇酰胺的水溶性较差，但能溶于表面活性剂水溶液中。烷基乙醇酰胺具有使水溶液和一些表面活性剂增稠的特性，它具有良好的增泡、稳泡、抗沉积和脱脂能力，此外，还具有一定缓蚀和抗静电功能。

在化妆品使用的条件下，可认为是安全的。也有报道认为，含有游离的二乙醇胺可能会生成致癌的亚硝基化合物，但作用机理还未清楚。

（3）**硬脂酸单甘油酯**（glycerol monostearate）　外观为白色或微黄色蜡状固体。熔点 $56\sim58℃$，相对密度 0.97。不溶于水，溶于乙醇、矿物油、脂肪油、苯、丙酮、醚等热的有机溶剂，为油包水型乳化剂。单甘酯在强酸或强碱条件下不稳定，但在化妆品使用的条件下，它是稳定的，如止汗剂（pH4～5）和过氧化物头发漂白剂（pH9～10），其都有足够的稳定性。

在美容化妆品中可作为乳化剂、润滑剂、香波洗涤剂等，使膏体变得细腻、滑润。

（4）**聚氧乙烯失水山梨醇脂肪酸酯(吐温)和失水山梨醇脂肪酸酯(司盘)**　见图 2-43、图2-44。

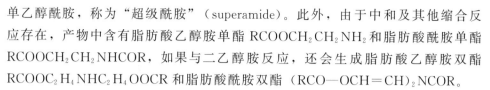

图 2-43　吐温的结构式　　　　　图 2-44　司盘的结构式

山梨醇与脂肪酸直接反应的过程中，既发生分子内的失水形成醚酯，也同时发生酯化反应，得到失水山梨醇脂肪酸酯（通用商品名为司盘，Span）；将其进一步乙氧基化，得到聚氧乙烯失水山梨醇脂肪酸酯（通用商品名为吐温，Tween）；两者构成一类很重要的化妆品、药品和食品用表面活性剂。司盘用作 W/O 型乳化剂，吐温用作 O/W 型乳化剂。其具体型号见表 2-3、表 2-4。

表 2-3　司盘系列

商品名	司盘 20	司盘 40	司盘 60	司盘 80
化学名	失水山梨醇单月桂酸酯	失水山梨醇单棕榈酸酯	失水山梨醇单硬脂酸酯	失水山梨醇单油酸酯
HLB 值	8.6	6.7	4.7	4.3

表 2-4　吐温系列

商品名	吐温 20	吐温 40	吐温 60	吐温 80
化学名	PEG-20 失水山梨醇单月桂酸酯	PEG-20 失水山梨醇单棕榈酸酯	PEG-20 失水山梨醇单硬脂酸酯	PEG-20 失水山梨醇单油酸酯
HLB 值	16.7	15.6	14.9	15.0

（5）脂肪醇聚氧乙烯醚　见图 2-45。

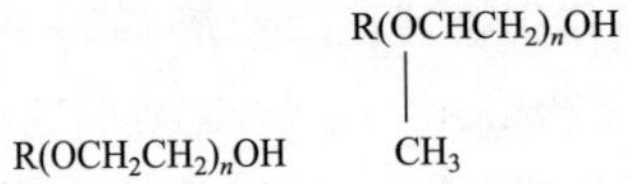

$$R(OCHCH_2)_nOH \qquad n=2\sim50$$
$$R=C_{12}\sim C_{18}烷基、C_{12}\sim C_{18}混合烷$$
$$R(OCH_2CH_2)_nOH \qquad CH_3 \qquad 基、C_{18}带支链的烷基、油醇基$$

图 2-45　脂肪醇聚氧乙烯醚和脂肪醇聚氧丙烯醚的结构通式

　　又称为聚乙氧基化脂肪醇，是最重要的非离子表面活性剂品种之一，商品名为平平加。当碳链 R 为 $C_{7\sim9}$、$n＝5$ 时，生成的脂肪醇聚氧乙烯醚在工业上称作渗透剂 JFC。当碳链 R 为 $C_{12\sim18}$，$n＝15\sim20$ 时，生成的脂肪醇聚氧乙烯醚在工业上称作平平加 O。当碳链 R 为 C_{12} 时，生成的脂肪醇聚氧乙烯醚则俗称 AEO。

　　此类表面活性剂具有良好的润湿性能和乳化性能，以及耐硬水、能用于低温洗涤、易生物降解、价格低廉等优点。其物理形态随着聚氧乙烯聚合度的增加从液体变为蜡状固体，但一般情况下以液体为主，不易加工成颗粒状。

　　它是用脂肪醇与环氧乙烷通过加成反应而制得的。在反应中通过控制通入环氧乙烷的量，可以得到不同摩尔比例的加成产物。工业上一般采用加压聚合法，以提高产率。平平加 O 的合成反应式如下：

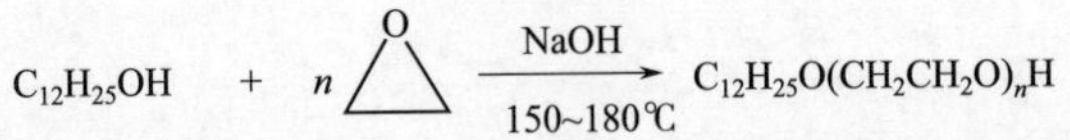

$$C_{12}H_{25}OH \quad + \quad n\ \triangle\!\!\!\!O \quad \xrightarrow[150\sim180℃]{NaOH} \quad C_{12}H_{25}O(CH_2CH_2O)_nH$$

　　十六醇聚氧丙烯醚 $CH_3(CH_2)_{15}[OCHCH_2(CH_3)]_n\text{-}OH$ 是化妆品中应用较广的原料之一，是优良的润滑剂，并具有很好的分散、溶解和润滑能力。

　　（6）十六十八烷基葡糖苷，十六十八醇　PL 68/50 是植物来源的天然乳化剂，不含环氧乙烷，具有良好的生物降解性，且和皮肤有兼容性，是一种极为温和的绿色原料，为新一代高性能的液晶型乳化剂，广泛用于制备 O/W 型膏霜和乳液，属于科宁公司的专利产品。

　　本品是象牙色蜡状颗粒（易于称量投料，不产生有害粉尘），为自乳化和自稠化的无刺激性非离子型乳化剂，其自稠化和乳化性能在极低用量下也可以充分表现出来；可制备层状凝胶结构的液晶型水包油乳化体系，如，可乳化一系列化妆品用油，包括矿物油、极性脂和植物油，甚至包括高浓度的纯硅油；因其水分被锁定在液晶结构中，因此可有效延长产品的保湿效果，具有极佳的保湿效果，对功能活性添加剂具有缓释效果；膏体具有好的铺展性能和光滑清爽的丝般肤感，显著降低保湿剂的黏腻感；具有优异的乳化性能，无需考虑油脂的分子量和极性。

此原料可用于制备各种膏霜和乳液，适合制备婴儿用高档护肤品；非常适合于制备防晒产品，可提高产品的 SPF 值和耐水性能；也适合制备美白、抗皱、抗衰老等高档护肤品，因液晶相对维生素、美白植物提取物等活性物添加剂有缓释效果，因此可降低活性物添加剂对皮肤的刺激，同时也有利于活性物更好地透皮吸收。晶型产品具 O/W 产品的清爽肤感和 W/O 产品的长效保湿效果，成本和制备难度又明显低于多重乳液，具有广泛的发展前景。

3. 两性表面活性剂

从广义上讲两性表面活性剂是指分子结构中，同时具有阴离子、阳离子和非离子中的两种或两种以上离子性质的表面活性剂。通常情况下人们所提到的两性表面活性剂大多是狭义的两性表面活性剂，主要指分子中具有阴离子和阳离子亲水基团的表面活性剂。两性表面活性剂具有等电点，在 pH 值低于等电点时亲水基团带正电荷，表现出阳离子表面活性剂特性；在 pH 值高于等电点时，亲水基团带负电荷，表现出阴离子表面活性剂特性。因此，该类化合物在很宽的 pH 值范围内都具有良好的表面活性。见图 2-46。

$$\left[RNH_2CH_2CH_2COOH \right]^{+} X^{-} \rightleftharpoons \left[RNH^{+}H_2CHOCH_2COO^{-} \right] \rightleftharpoons \left[RNHCH_2CH_2COO^{-} \right]^{-} B^{+}$$

低pH值阳离子亲水基　　　　　　中性pH值两性亲水基　　　　　　高pH值阴离子亲水基

图 2-46　两性表面活性剂

X⁻ 代表阴离子，如 Cl⁻；B⁺ 代表阳离子，如 K⁺

两性表面活性剂毒性低，对皮肤、眼睛刺激性低，耐硬水和较高浓度的电解质，有一定的杀菌性和抑霉性，有良好的乳化和分散效能，对织物有优异的柔软平滑和抗静电作用，可与几乎所有其他类型的表面活性剂配伍，并有协同效应，可吸附在带负电荷或正电荷的物质表面，而不会形成憎水膜，因此，有很好的润湿性和发泡性，它还有良好的生物降解性。基于以上特点，其应用日趋广泛。

按结构不同可把两性表面活性剂分为甜菜碱类、氨基酸类和咪唑啉类。此处只介绍甜菜碱类。

(1) 月桂基两性醋酸单钠盐　见图 2-47、图 2-48。

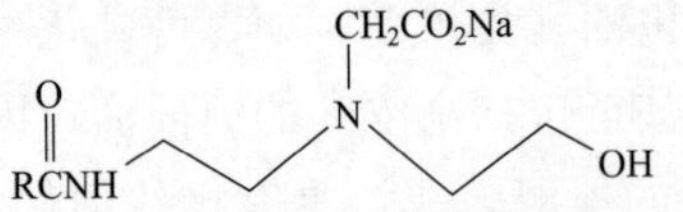

CH_2CO_2Na
N
O
RCNH
OH

图 2-47 单乙酸盐的结构式

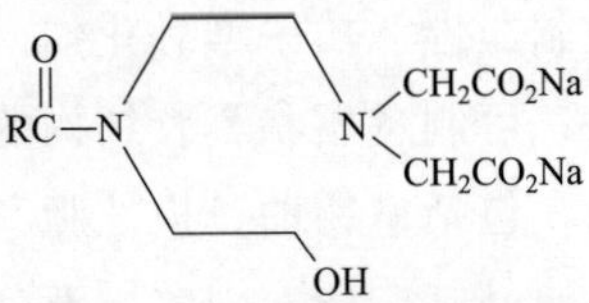

O
RC—N
N
CH_2CO_2Na
CH_2CO_2Na
OH

图 2-48 二乙酸盐的结构式

本品刺激性低，对皮肤、眼睛特别温和，与阴离子表面活性剂相配能显著降低其刺激性。具有良好的发泡力，泡沫丰富细密，肤感好，能显著改善配方体系的泡沫状态。能与各种表面活性剂良好相溶，与皂基配伍，耐盐性好，在广泛 pH 值范围内稳定，易生物降解，安全性好。

可用在洗面奶、洁面啫喱、儿童洗涤剂中，特别适用于温和低刺激无泪配方中。推荐用量：洗面奶中 15%～40%，沐浴液中 8%～30%，香波中 6%～12%。

(2) 甜菜碱(betaine)　包括羧酸型、硫酸酯型和磺酸型甜菜碱。甜菜碱系两性表面活性剂，其基本分子结构是由季铵盐型阳离子和羧酸型阴离子（或其他类型阴离子）所组成。羧酸型甜菜碱在等电点和等电点以上的 pH 值时呈两性(即中性和碱性 pH 值范围)，在等电点以下（即酸性 pH 值范围）呈阳离子性质，它不表现出阴离子的性质。除了在很低的 pH 值范围与阴离子表面活性剂产生沉淀外，它们可与所有类型的表面活性剂匹配。在酸性和中性水溶液中，它们能与碱土金属和其他金属离子(Al^{3+}、Cr^{3+}、Cu^{2+}、Ni^{2+}、Zn^{2+})匹配，在 pH=7 时其刺激性最低。它们不受 pH 值影响，以阳离子形式吸附在带负电的表面，在酸性时润湿和发泡能力比在碱性时好，硬水不影响其发泡作用。在较强酸中羧基甜菜碱会形成外盐。磺酸型甜菜碱对 pH 值不灵敏，不会形成外盐，在所有 pH 值范围内呈两性，能吸附在静电的表面，但不会形成憎水膜；在酸性范围具有良好的水溶性，在碱性溶液中会沉淀。不同甜菜碱的结构式见图 2-49～图2-52。

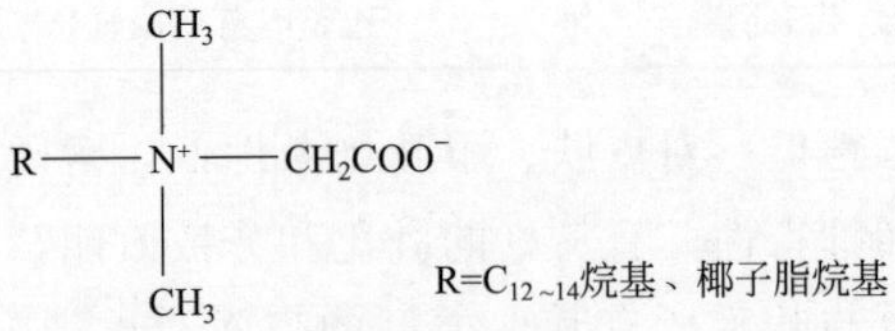

CH_3
R—N^+—CH_2COO^-
CH_3
R=$C_{12\sim14}$烷基、椰子脂烷基

图 2-49 烷基二甲基甜菜碱的结构式

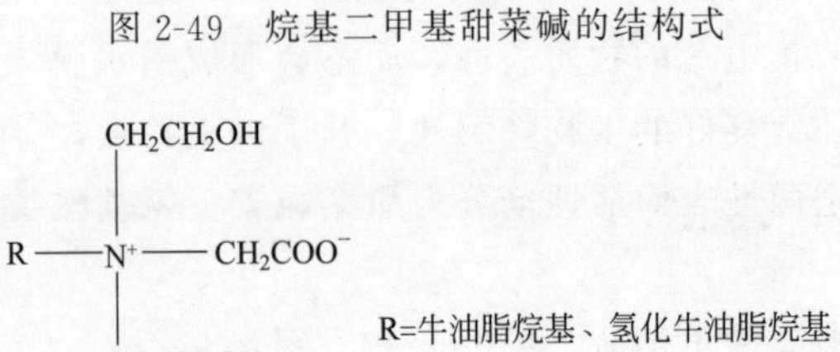

CH_2CH_2OH
R—N^+—CH_2COO^-
CH_2CH_2OH
R=牛油脂烷基、氢化牛油脂烷基

图 2-50 *N*-烷基-*N*,*N'*-二（2-羟乙基）甘氨酸盐（甜菜碱）的结构式

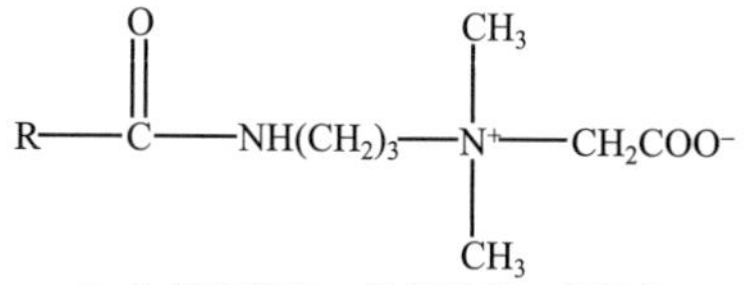

$$R—\overset{\displaystyle O}{\overset{\|}{C}}—NH(CH_2)_3—\overset{\displaystyle CH_3}{\underset{\displaystyle CH_3}{\overset{\displaystyle |}{\underset{\displaystyle |}{N^+}}}}—CH_2COO^-$$

R=牛油脂烷基、月桂酰基、油酰基

图 2-51　N-(烷酰胺丙氨基)二甲基甜菜碱的结构式

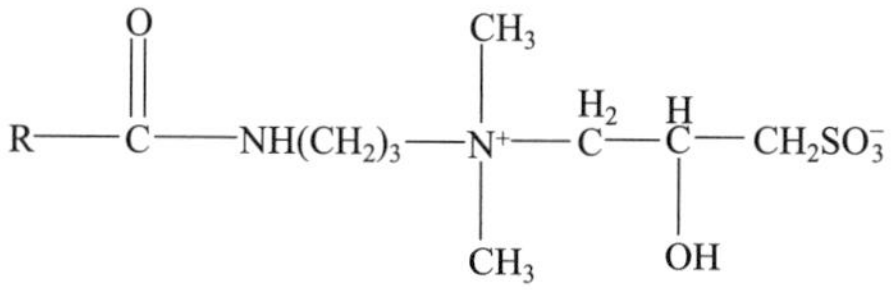

$$R—\overset{\displaystyle O}{\overset{\|}{C}}—NH(CH_2)_3—\overset{\displaystyle CH_3}{\underset{\displaystyle CH_3}{\overset{\displaystyle |}{\underset{\displaystyle |}{N^+}}}}—\overset{\displaystyle H_2}{C}—\overset{\displaystyle H}{\underset{\displaystyle OH}{C}}—CH_2SO_3^-$$

图 2-52　N-(烷酰胺丙氨基)-N,N'-二甲基-3-(2-羟丙基磺酸基)铵

　　甜菜碱源自天然，安全无刺激性，无过敏性，并具有高度的生物兼容性，能迅速改善肌肤和头发的水分保持能力，具有独特的保湿及保护细胞膜性能，同时能增加活性成分在水中的溶解度，降低表面活性剂或果酸对皮肤的刺激性。

　　甜菜碱对皮肤和眼睛的刺激性很低，与其他表面活性剂复配对皮肤和眼睛很少或几乎不产生刺激；急性经口毒性很低，可认为是无毒。目前甜菜碱已被广泛应用于护肤产品、洗护发产品及口腔护理产品等个人护理产品领域中。

　　(3) 氧化胺 (amine oxide，OA)　是氧与叔胺分子中的氮原子直接化合的氧化物。氧化胺为多功能两性表面活性剂，在中性和碱性情况下，为非离子特性；而在酸性条件下则为阳离子特性。

　　十八胺为白色或淡黄色膏状物，十二胺为透明黏稠液体；固含量约为30%～50%；pH值（1%水溶液）为7±1。其具有良好的增稠、抗静电、柔软、增泡、稳泡和去污性能；还具有杀菌、钙皂分散能力，且生物降解性好。氧化胺性质温和、刺激性低，可有效地降低洗涤剂中阴离子表面活性剂的刺激性，属环保型产品。

　　十八烷氧化胺主要用于洗发香波及餐具、盥洗室、建筑外墙等硬表面清洗剂。与传统的增稠剂6501相比，具有用量省、效率高、润湿性好、去垢力强的特点。还可赋予被洗涤物良好的手感和柔软性能。

　　类似产品：十二烷基二甲基氧化胺、十四烷基二甲基氧化胺、十六烷基二甲基氧化胺、十八烷基二甲基氧化胺。

　　4. 阳离子表面活性剂

　　阳离子表面活性剂的化学结构中，至少含有一长链的亲油基和一个带有正电荷的亲水基团。其长链亲油基通常是由脂肪酸或石油化学产品衍生而来。表面活性阳离子的正电荷除了由氮原子携带外，也可以由硫或磷原子携带，但目前具有商业价值的阳离子表面活性剂其正离子电荷都是由氮原子携带的。因此，实际应用中主要的阳离子表面活性剂基于胺盐的不同可以分为胺盐型和季铵盐型两类。在化妆品中多用季铵盐型阳离子表面活性剂。

阳离子表面活性剂与其他表面活性剂一样，也具有乳化、去污、润湿、分散、增溶等作用，但它的去污和发泡力要比阴离子表面活性剂差得多，在化妆品中主要作为杀菌剂、乳化剂和调理剂。由于阳离子表面活性剂所带离子性与阴离子表面活性剂恰好相反，一般来说两者不能混在一起，故在配制配伍时需要很谨慎。在以往的配方中，这两种表面活性剂不同时使用，因这两种表面活性剂会相互作用而生成复盐，复盐不易溶于水而产生沉淀，进而失去效能。但近年来，经过合理地选择，已将这两种表面活性剂同时应用在美容化妆品的配方中，制造出性能优良的产品，如二合一香波等。故阳离子表面活性剂的应用范围不断扩大，其新品种也不断出现，产量逐年增长，但其绝对使用量和产量比阴离子表面活性剂还是要少得多。

（1）十六烷基三甲基氯化铵　又名 CTAC、鲸蜡烷三甲基氯化铵、氯化十六烷基三甲铵、西曲氯铵，商品名为 1631，本品呈白色或浅黄色结晶体至粉末状，易溶于异丙醇，可溶于水，震荡时产生大量泡沫，能与阳离子、非离子、两性表面活性剂有良好的配伍性。具有优良的渗透、柔化、乳化、抗静电、生物降解性及杀菌等性能。本品化学稳定性好，耐热、耐光、耐压、耐强酸强碱，广泛应用于美容化妆品行业的护发素中，起乳化调理、消毒杀菌等作用。

阳离子表面活性剂作为调理剂的优点是通过静电吸引，使碳氢链吸留在头发表面，而不易冲洗掉，调理的效率也高；但是它的缺点是刺激性强和配伍性差。

（2）聚季铵盐-7（polyquaternium-7）　化学名称为二甲基二烯丙基氯化铵和丙烯酰胺的阳离子共聚物，商品名为 M550，为无色透明黏稠液体，极轻微温和醇味，pH 值（1％水溶液）6～8，黏度＞8.5Pa·s/25℃（4♯转子 30r/min）。

该系列产品是一种丙烯酰胺为原料聚合而成的阳离子型聚合物，电荷密度高，在 pH 值很宽的范围内都能保持很好的稳定性，能与阴离子、非离子、两性离子表面活性剂有良好的复配性能。能明显改善头发的干/湿梳性、保湿性，使头发滑如丝、光亮动人，减少由于静电造成的飞散，并且润滑而无油腻感，克服因烫发、染色、漂白、热吹风等对头发造成的损害。在洗面奶、沐浴液等洁服护肤品中，M550 对皮肤有优异的吸附性和护肤润肤性能，可消除皮肤的干燥和粗糙感，给予皮肤丝状的柔滑，感觉爽而不腻。

（3）聚季铵盐-10（polyquaternium-10）　化学名称为羟乙基纤维素醚-2-羟丙基三甲基氯化铵。商品名为 JR400，为白色或微黄色的颗粒状粉末；在水或水-醇溶液体系中，形成一种澄清透明的溶液。对蛋白质有牢固的附着力，能形成透明的无黏性的薄膜；改善受损伤头发的外观，使其保持柔软，并具有光泽；能提

供较好的头发湿梳性；在高湿度条件下保持头发的波纹，使头发定型。

阳离子纤维素聚合物（JR400，见图 2-53）与阴离子、非离子和两性表面活性剂有很好的配伍性。但若长期使用含 JR400 的香波洗发，由于它的积聚现象会使头发发黏且无光泽，因此使用时最好与其他调理剂复配以减少用量，可使用在香波、洗浴剂、脱毛膏、香皂等化妆品中以及梳妆用品中。

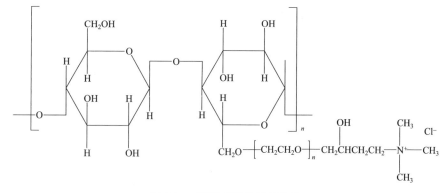

图 2-53　阳离子纤维素聚合物

（4）聚季铵盐-37（polyquaternium-37）　　化学名称为氯化三甲基铵乙基甲基丙烯酸酯的均聚物。Ultragel 300 是科宁旗下 CRL 公司的王牌产品，它具有优异的增稠能力，适用于酸性及中性 pH 范围，由于它是阳离子聚合物，因此对头发也具有非常好的调理效果，所以是适合用于护肤和护发产品的增稠调理剂。此外它也非常适合用于透明凝胶产品，对酒精有很好的耐受性，与电解质及物理防晒剂等有很好的兼容性。

（5）聚季铵盐-67（polyquaternium-67）　　见图 2-54。

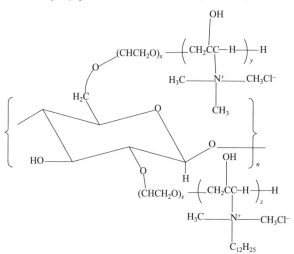

图 2-54　聚季铵盐-67 的结构式

本品具有广泛的表面活性剂兼容性，容易附着在皮肤和头发上，控制"不溶活性物"的传递，有优异的安全性，为阳离子调理剂的"基准参照物"。可改善头发的湿梳和干梳，改善湿感和干感，帮助硅油吸附，无累积效应。主要用于调理型膏霜和乳液、防晒产品、口腔护理、香波/沐浴露。

第五节　香料和香精

香料工业是随着人类文明进步而发展的，也是与科学发展密切相关联的。19世纪化学科学突飞猛进，揭开了自然界的无数奥秘，这为香料工业的繁荣创造了有利条件。经过不断探索、不断攀登，发明了许多香料品种，调配出无数新奇的香精，大大地提高了人类大众的生活水平，使人们能时刻享受着香料工业的成果。

香料与香精同美容化妆品有着极紧密的联系，几乎所有的产品都有一个共同的特点——具有一定的优雅、宜人的香气，故古人称化妆品为"香妆品"。在各类产品中，虽然香原料的用量很少，但它是关键性的原料之一。在美容化妆品的生产中，一个产品能否取得成功，香精的选择亦是一个决定性的因素，香精选用适宜，不仅会受到消费者的喜爱，且能掩盖产品的某些不良气味及体臭，在感观上造就上乘产品；若香精选用不当，可能引起产品不稳定，产生变色、刺激皮肤及过敏等现象，或者气味不招人喜欢，使其成为低劣产品。

美容化妆品产品的香气是通过在生产配制时加入一定数量的香精所赋予的。而香精是由数种、数十种甚至上百种香（原）料按一定比例调配混合而成的。关于香料、香精的研究现在已是一门专门的科学技术，美容化妆品与其不可分割。在本教材中，仅简要介绍香精、香料的基本知识及其在美容化妆品行业中的应用。

一、香料

香料是一种使人的嗅觉感到有特殊令人愉快香气的物质。这类物质不论是以颗粒扩散或是以蒸气分散于空气中，皆可使人嗅觉受到刺激而感到芳香。至于香料何以令嗅觉感到芳香？化学家、香料专家和调香师们有多种解释，目前尚无定论，其中"化学说"、"振动说"和"辐射说"等较为一般人所接受。

人的嗅觉神经位于鼻器官内，十分敏感，如空气中每升含 1×10^{-7} mg 麝香，皆可感知。所以对香精、香料的香气进行检测鉴定时，仍大都是靠香料专家的鼻器官。

1. 香料特性

香料一般为淡黄色或棕色、淡绿色油性透明液体，树脂类香料则为黏性液体或结晶体。其相对密度大多数皆小于1，而不溶于水，但可溶于酒精等有机溶剂，亦可溶于各种油脂中，香料本身亦是溶剂。香料沸点高，其折射率约为1.5，在高温下加热或长期受紫外线照射，其色泽及香气随之发生变化。化妆品所添加香精多数为十几种香料组成的混合物，进行分析时就较困难。另外，香料虽可使人有舒适感，但有些高浓度纯天然花精油，可使人闻到而感到恶心，故需要调配成适当浓度，才有清香感。香料和香精对皮肤有一定的刺激性，美容化妆品中香精用量很少，故其刺激性极低以至无感觉。

香料可以说是一些含碳、氢、氧、氮等元素的有机物的混合物。分子量约26～300，因其在化学结构上存在发香基团的功能基，且由于发香基团位置变化及其之间距离差别和结合方式（饱和、不饱和、环状等）的不同，使香味产生明显的不同。

常见的发香基团为羟基（—OH）、羧基（—COOH）、醛基（—CHO）、醚基（—C—O—C—）、酯基（—COO—）、羰基（—CO—）、硝基（—NO_2）、亚硝基（—ONO）、酰胺基（—$CONH_2$）、硫氰基（—SCN）、异硫氰酸基（—NCS）、内酯基（—CO—O）、氨基（—NH_2）、硫醚基（—S—）、硫醇基（—SH）等。

香料的稳定性和刺激性与其结构式也有很大关系，一般来说，如含有双键或三键不饱和有机物，其稳定性就差，刺激性亦强，且有臭味。香料在强酸或强碱中，其发香基团或功能团常被破坏或发生各种变化，如酯化、异构化甚至环状等，使其香味改变。在强氧化剂或还原剂中，亦常被分解。如含有—COOR发香基团的香料在酸性水溶液中，逐渐被水解，从而失去原有香味。

2. 香料的分类

香料依其来源大致可分为天然香料与合成香料两大类。天然香料又可分为动物性香料、植物性香料；合成香料包含了单离香料和合成香料。

（1）天然香料

① 动物性香料

a. 麝香（musk）　麝香是取自雄性麝香鹿生殖腺的分泌物，即先取麝香鹿腺囊，经干燥取出暗褐色颗粒状物质，即得粗制麝香，再用乙醇浸泡得结晶物，就为精制麝香。主要产于我国云南、西藏及印度北部等地。

麝香是极名贵的香料，具有特殊的芳香，香气持久，多应用于高档化妆品中，其主要成分为麝香酮，含量约0.5%～2.0%。

b. 灵猫香（civet）　灵猫香是取自雄性或雌性灵猫生殖腺囊的分泌物，呈褐色，为半流动液体，久置后则凝成暗黑色树脂物，具有不愉快恶臭，其高度稀释液有极强的麝香香气。香气主要成分为灵猫香酮，含量为2%～3%，可溶于热酒精。

灵猫香是名贵的定香剂，用于配制高级化妆品香精。

c. 龙涎香（ambergris）　　龙涎香为抹香鲸胃肠内所形成的结石状病态分泌物，经海上漂浮及风吹雨打和日晒而自然成熟的产物，为无色或褐色蜡状碎片或块状固体，其形状大小不一，大者可超过500kg，它有麝香似芳香，不溶于水及碱性溶液中，而溶于酒精和精油中。其主要成分为龙涎香醇，含量约为24％～45％，其他还含有苯甲酸酯和脂肪等。

龙涎香也是一种名贵的动物性香料，用于配制高级化妆品之香精。

d. 海狸香（castoreum）　　海狸栖息于西伯利亚及加拿大河川湖泊。海狸香是取自雄性或雌性海狸生殖器旁梨状腺囊的分泌物，呈乳白色黏液状，久置后为褐色树脂状物质，具有令人不大愉快的原始气味，稀释后香气宜人，其成分较复杂，含有海狸香醇、水杨基内酯、苯甲醇和酚类等。海狸香也是一种名贵的香料，用于配制化妆品之香精。

② 植物性香料　　植物性香料为最早发现，也是种类最多的香料，其用途极广。这类香料是由植物的花、叶、枝干、皮、果皮、种子及树脂和草类或苔衣等提取而得到，其提取物为具有芳香气味的油性物质，故称为"精油"，取自香花者一般称为"花精油"，植物性精油很少直接应用于化妆品，绝大多数是供调配香精使用。

植物性香料依其提取部位来分类有如下几类。

a. 由香花提取的香料　　玫瑰、茉莉、橙花、水仙、蜡菊、刺柏、丁香、依兰、合欢、香石竹、薰衣草、含羞草等。

b. 由叶子提取的香料　　桉叶、香茅叶、月桂叶、香叶、冬青叶、枫叶、柠檬叶、马鞭草、香紫苏、广藿香、岩蔷薇等。

c. 由枝干提取的香料　　檀香文、玫瑰木、柏木、香樟木等。

d. 由树皮提取的香料　　桂皮、中国肉桂等。

e. 由果皮提取的香料　　柠檬、柑橘、香柠檬、白柠檬、佛手等。

f. 由种子提取的香料　　茴香、黑香豆、肉豆蔻、香子兰、黄葵子等。

g. 由树脂提取的香料　　安息香树脂、秘鲁香脂、吐鲁香脂等。

h. 由草类提取的香料　　薰衣草、薄荷、留兰香、百里香、龙蒿、迷迭香、杂薰衣草、穗薰衣草等。

i. 由苔衣提取的香料　　橡苔、树苔等。

（2）合成香料

① 单离香料（isolated perfume）　　单离香料一般是指从天然香料（精油）中，用物理和化学的方法分离出的一种（或数种）化合物，此化合物往往是该精油的主要成分，且常具有其所代表的香味，称此分离出的化合物为单离香料。如从香茅油中单离出单离香料香茅醇，从芳樟油中单离出芳樟醇。许多单离香料往往可以从多种植物精油中提取得到。单离香料可以说是一种广义的合成香料。

　② 合成香料　合成香料是指通过化学合成方法制得的香料。有一类合成香料是从单离香料再经化学反应而制得的一些化合物，它们既非完全天然的，也非完全合成，有的可从自然界中找到，有的却是自然界中原来没有的。而另一类所谓完全合成香料是指从石油化学原料，如苯、甲苯、酚、甲酚、丙烯、萘等进行一系列化学反应，如裂解、氧化、还原、加成、缩合、酯化、环化等所得到的单体化合物。这类完全合成香料有的自然界也有，有的却是自然界原来不存在的。

　现在一般将单离香料及其衍生物和完全合成香料都叫做合成香料。合成香料也可分成这样两类：一类是先用分析方法测出天然香料成分的化学结构，然后通过有机合成反应制造出与天然香料成分化学结构完全相同的化合物；另一类是合成在天然香料成分中虽没有发现，但香气非常类似的化合物，或者是香气更卓越、独特的化合物。在这些新的合成化合物中比较成功的重要合成香料因香调特殊、价格低廉、性质稳定，如异色满麝香、环十五内酯等常用于香精配制中。

　合成香料不仅弥补了天然香料的许多不足，而且随着有机合成的发展，新的合成香料品种迅速不断增加，目前全世界合成香料品种已达 5000 多种，合成香料已成为香料工业的主导。

　合成香料的化学分类，按化学官能团可分为醇类、醛类、酮类、酚类、酯类、醚类、内酯类，关于合成香料的详细分类及内容，可参阅香料学书籍和手册。

二、香精与调香

　香精又称为调和香料，是指将多种香料（天然、合成的单体香料）配制而成的一种混合物。对各种制品进行加香，往往是添加香精。设计香精配方和调制香精叫做调香，而设计香精配方的人叫做调香师，其依据需要、用途和价格调配出具有各种香气（香型）的香精，提供给各使用行业。美容化妆品的加香大多为添加香精，除应用方便外，其价格也较低廉。

　1. 香精的香型

　香精的香型是指其具有某种特定的"香气"，而所谓香气只是人的嗅觉神经的一种感觉。对于化妆品应用来说，香精具有代表性香型，一类是以各种天然花香作为样本，据此香型以天然香精油及各种单离和合成香料调配成与原花香相似的香精；另一类是凭人们的兴趣、爱好，应用各种香料调配出天然香精油所没有的香气，称为创意性、幻想型香精。下面列举一些常应用到化妆品中的香精的香型。

　（1）以天然花香为主的香型　① 玫瑰（rose）；② 茉莉（jasmine）；③ 橙花（orange flower）；④ 晚香玉（tuberose）；⑤ 紫罗兰（violet）；⑥ 薰衣草（lavender）；⑦ 薄荷（mint）；⑧ 柠檬（citrine）。

（2）创意性幻想型香型　如有东方型，其香气有些模仿熏香，其中也有化香成分或柑橘香气成分。馥奇型、烟草型都可归入此香型。

素心兰型，除了花香成分外，还使用了许多木香、苔藓、动物、柑橘等的成分，是一种特殊的香型，使用它的产品很多。

清香型：是以绿色植物的清香为其主要特征。

2. 香精的组成

配制香精的各种香料，按其在调香时的作用和用途不同，可分为以下几类。

（1）主香剂（base）　又称基香剂，是香精主体香的基础，它的香气形成香精香气的主体和轮廓，是香精配方的主体，在整个配方中，其用量最大。现在国外许多香精公司，在配制香精时，常先配制与某种香气特征的香基，香基不直接用于加香产品中，而仅作为构成香精的香气的主要组分，可以说，配制香基是配制香精的基础，常称它是香精的半成品，有了各种具有某种香气特征的香基，就可以较容易配制出香精。如欲配制与天然花香相似的香精，则可选择与该香气最相似的各种精油，或依据分析得到其主要成分，以此作为主香剂，配制成香基。各香料香精公司配制了如玫瑰香基、茉莉香基、橙花香基、风信子香基、醛香香基、青香香基、铃兰香基等多种香基，供配制香精时选用。

（2）调和剂（blender）　调和剂是用以调和主香剂的香味，使得香气浓郁而不过分刺激，其用量较少。

（3）修饰剂（modifier）　又称变调剂，用于弥补香气上某种不足，使香气更为协调美妙，它与调和剂并无严格区别，主要依靠调香师熟练掌握。

（4）定香剂（fixative）　定香剂是使各种香料成分的挥发速度受到抑制，而保持香气的均匀及持久性，使香气稳定。定香剂本身是不易挥发的香料，动物性香料、高沸点的精油与高沸点的合成香料都是很好的定香剂。在配制香精时，为使其香气更接近于天然的花香和增强香气的扩散性，还常加入香花香料和醛类香料。

3. 调香

调香是将数十种天然和合成香料调配成香精的一个过程。所谓调配香精就像画家把颜料混合，然后描绘出各种色彩一样，调香是把天然和合成香料作为原材料，调配成预定的花香或幻想、想象的香气的艺术工作。近年来，香精倾向更现代化、更优雅的方向，因此要求调香要向高水平的艺术倾向发展，故调香既可以说是一种技术，也可以说是一种艺术。调香是一种极其细致，且技术性很强和极复杂的工作，调香师不仅需要有多年的经验，而且还必须有丰富的想象力和创造力，具有较高的艺术修养和敏锐的嗅觉。

（1）调香过程　一般调香的过程包括拟定配方、调配、闻香、加入至产品中观察等步骤，并经反复实践才能完成。香精的配方除了按上述香精的四个组成部

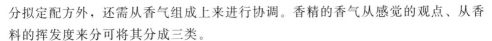

分拟定配方外，还需从香气组成上来进行协调。香精的香气从感觉的观点、从香料的挥发度来分可将其分成三类。

① 头香 又称顶香。人们在嗅一个香精时，最先闻到的是头香，组成头香的香料，都是由低沸点、扩散力相当强的香料来充当，大多是醛、酮及酯类，起到扩散香气的作用。

② 体香 是香精香气的主要特征，它是紧跟在头香后面的香韵。这组香料一般是由沸点及挥发度适中的香料组成。在某一加香介质中，体香要能够在较长的时间内保持稳定和一致。

③ 尾香 又叫基香，是香精中的"残留"香气，是香气中很重要的部分，这组香料主要由高沸点、低挥发度的香料组成，它们多为动物、苔藓、木香、根、树脂等香料。

调香师所拟定的香精配方，很重要的是要使上述各段香气平衡、和谐，使香精从始至终都散发出主题一致的美妙芬芳香气。

调香是从尾香部分开始，它组成了所确定香型的骨架结构，尾香部分完成后，便开始加入组成体香的香料，体香可以使用天然香料，也可使用由各种香料调制而成的香基，体香大体完成后，加入顶香部分，顶香部分的作用是使香气轻快、新鲜、活泼，隐蔽尾香和体香中的抑郁气氛，取得良好的香气平衡。完成后，香精就算调配完成，但还要经过"陈化"阶段，即将调配好的香精放置于阴凉处搁置一定时间。陈化时香精经过"酯化"化学反应，其香气会变得甜润和芬芳，消除了刚配制香精的粗糙香气。

（2）调香时应注重的几个问题 调香师在设计和调配香精时，要使香精的香型符合时代潮流，适应日益变化的市场需要，如近年来人们在对香水和化妆品的香型及风格上，喜爱清新香型、森林香型、海风香型等大自然的气息，即所谓兴起的"回归大自然"潮流，因此，以青香、果香和草香为主调的香精日益增多。另外在配制香精时，除了使香精保持长久的美妙香气之外，还必须特别注重香精（香料）的稳定性和安全性，以高质量和安全来赢得消费者的信任。由于香精所使用的香原料很多，因此对每一香料的化学特性、毒性、刺激性、光敏毒性等及香料之间可能发生的反应，对香气的影响，香料是否发生氧化、光和反应，是否会变色变质，各香料与介质（溶剂）、表面活性剂甚至与包装材料等是否会发生反应，反应的后果如何等等，调香师对这些都要进行详细的了解和掌握。应严格遵守颁布的日用香料的使用准则，确保香料和香精的安全性。

三、美容化妆品的加香

在美容化妆品的基质中添加香精，使其具有宜人的香气，提高了产品的品质，但要求所添加的香精对产品的质量应无任何不良影响。而美容化妆品的基质是由多种化合物组成的混合体，香精也是多种香料的混合物，将它们混合，有时两者会互相影响，使制品发生变质等现象，所以对不同的美容化妆品加入的香精，在香型、用量、成分上等都有所差异，现分别予以简述。

1. 美容化妆品的赋香率

添加到美容化妆品中的香精用量的百分数，称为该产品的赋香率。不同的产品有不同的赋香率，一般其赋香率都很小，占 1% 左右，而香水、花露水等以香气为主的产品赋香率就较高。

2. 香水、花露水类产品的加香

香水、花露水是化妆品中使用香精量最多的产品，除了香精之外，还以大量酒精作稀释剂，因此要求香原料的溶解性要好，防止产生浑浊，而对香料的刺激性和变色等则要求不高。这类以香气为主的产品，对香精的质量要求高，要求头香、尾香足，另外还要求体香和，使香气均匀，保持不变。

香水的香型从来都是美容化妆品香型的指针，它对化妆品香气的发展趋势产生很大的影响，故香水一直是调香师研究的主要课题。香水的香型一般来说是以花香型为主，年代香水的香型有喜欢浓郁香气的倾向，故香水的香型多为浓香型或复合花香型等。近年来，人们开始追求自然美，希望享受大自然的乐趣，在这种趋势下，以清香型、果香型和香脂型为主调的香水日益增多。香水的香精含量一般是 10%～20%，所使用的酒精浓度为 90%～95%，香水中存在少量的水可使香气发挥得更好。

古龙香水更多为男性使用，香气比香水淡，香精含量为 5%～10%。香气以柑橘和辛香型为主体。具有辛香和木香气味的素心兰香型的古龙香水很受消费者喜爱。

花露水是大众卫生用品，多在夏季沐浴时使用，具有消毒、杀菌、祛汗、止痒、除痱之功效，使用后有清香、凉爽感觉，形式上与香水相似，亦称为花露香水，其香精含量为 1%～5%，香精的香气要求易散发，并具有一定的留香能力，其香型多以薰衣草型为主体，若采用麝香玫瑰型香精，则具有较强的留香能力。

3. 膏、霜及乳液类产品的加香

膏、霜及乳液类产品的作用主要是护肤、润肤和作粉底等，因这些产品的基质一般含有油质成分，所加入的香精只要能遮盖其油脂臭味，并能散发出宜人的香气就够了。另外该类产品都是使用在皮肤上，且停留的时间较久，因各种香料对于皮肤多少都有些刺激，因此为了安全起见，所加入香精量不宜过多，一般香精用量为 0.2%～0.8%，还要求所加入的香精（香料）其稳定性要好，易变色和有色的香料不宜选用。如丁香酚使用日久会使皮肤呈现红色，安息酸酯类对皮肤有不愉快的灼热感觉，苯乙酸对皮肤有硬化及起皱作用，大多数醛类、萜类化合物对皮肤刺激严重，再有易变色的吲哚、异丁香酚、香兰素、橙花素、洋茉莉醛等香料不宜用作膏霜类产品香精的香原料。

该类产品中香精的香气多以清新的花香型为主，如铃兰、玫瑰、茉莉、白兰等香型受到欢迎。

4. 发用产品的加香

这类产品中的两个重要品种为洗发用的香波和护发素，它们的基质原料主要是表面活性剂，只有少许不良的油脂酸臭味，故所需遮盖这种气味的香精用量就可较少，一般香波中香精加入量均在0.5%以下，加入的香精（香料）要求有好的溶解性及不发生变色、褪色等现象。近来，香波的加香已愈来愈受到重视，具有受人喜爱香气的香波的价值可能升值。香波中香精的香型，以往一般都采用花香型、柑橘型及薰衣草型、水果型等，而现在很多产品采用了明快的百花型香型。

婴儿香波所含香精更少，因它要求对皮肤的刺激性小，香气要求柔和的香型，如粉香型、玫瑰香型、麝香型等。

护发素与香波大都是配套产品，其加香同香波类，护发素比香波更易放出香气，它要求尾香强，目前流行比较柔和的香型。

发蜡、发油、发乳这些发用产品的基质大多用矿物油、植物油和动物油脂配制而成，故所选择的香精（香料）要具有良好的油溶性，其香气要求较强烈浓厚，以能遮盖油脂的气息，香精含量一般为0.5%～2%，发蜡、发油的香精香型多为馥香、薰衣草和素心兰型，而发乳的香型以略带有女性喜爱的紫丁香、茉莉、玫瑰等花型或百花型较多。

5. 美容产品的加香

唇膏是涂在唇部的化妆品，故它所加入的香精对无刺激性要求很高，切勿使用有毒性和对皮肤刺激性大的香料。唇膏制品原料主要为动、植物油脂或蜡及矿物油，所以加入的香精（香料）要具有良好的油溶性，所加入的量要能掩盖油脂的气味，一般香精加入量为1%～3%，而对香精的香气要求并不很高，多采用茉莉、玫瑰、紫罗兰等花香型。

睫毛膏、眉笔的加香与唇膏相同，其香精用量还可减少。

粉饼、香粉和胭脂等美容产品的原料主要为粉质原料，在其粉粒之间有一定的空隙，与空气、光的接触表面积较大，香精极易挥发，故要选用持久性和稳定性好的香精（香料），对香精中的定香剂要求较高，香精添加量也较大，一般为2%～5%，对香精香气要求浓厚、甜润，香型多采用混合花香型。

第六节　防腐剂和抗氧剂

化妆品的原料多数易受微生物侵蚀，较容易导致产品变质。近年来，美容化妆品工业使用的天然原料和各种功能性添加剂日趋增多，产品更易被微生物所侵蚀。防腐剂是指可以阻止产品内微生物的生长或阻止与产品反应的微生物生长的物质，在化妆品中，防腐剂的作用是保护产品，使之免受微生物污染，延长产品货架寿命，确保产品的安全性，防止消费者因使用受微生物污染的产品而引起可能的感染。

随着科学技术和社会经济的发展，消费者的产品安全意识增强，化妆品防腐问题越来越受到重视，世界各国对化妆品防腐剂的审查和法规也日趋严格和完善。

化妆品的防腐体系要求具有广谱抗菌性和范围广泛性，一般其防腐体系是由若干种防腐剂（和助剂）按一定比例构建而成。其抑菌效能大小又与防腐剂的种类、用量及化妆品的特性、组成和 pH 值等密切相关。

许多物质具有抗菌效果，但用于化妆品的并不多。通常，防腐剂使用的浓度越高，效果越好。防腐剂用量高时可以直接杀死微生物，用量适当则可阻止微生物的生长，但防腐剂用量过高会导致人体产生过敏反应。

一、化妆品防腐的必要性

化妆品受到微生物污染引起变质，有时通过产品外观就可以看得出来，例如，霉菌和酵母菌较常在包装盖边沿和衬垫上发现霉点；受污染的产品中出现浑浊和沉淀、颜色变化、pH 值改变、气体放出、发泡和发胀、气味变化、乳液破乳或成块等现象，这些都表明产品受到微生物污染作用。有些微生物还会产生一些有毒的物质引起皮肤过敏，甚至对人体有伤害作用。革兰阳性菌（如金黄色葡萄球菌）会产生外毒素，其毒性强，对机体组织有选择性的毒性，具有抗原性。革兰阴性菌会产生内毒素。如果添加防腐剂剂量不足，在几个月后，微生物会逐渐适应周围的环境，开始生长繁殖。这个过程包括逐渐改变产品的 pH 值，造成适宜微生物生长的最佳条件，进而也会增加其抵抗防腐剂的作用，使防腐剂功效降低。假单胞菌属对洗涤用品常用的防腐剂，如尼泊金酯类和新洁尔灭显示出较强的抗药性，它可使洗涤剂降解。分枝芽孢菌属会使尼泊金酯类水解使防腐剂失效。

二、影响微生物生长的因素

化妆品中细菌、酵母菌和霉菌的存活和繁殖依赖于以下环境因素。

1. 营养物含量

产品配方具有复杂性，原料中存在很多可供微生物生长繁殖的组分，而且含有蜡类、脂肪、酯类和乳化剂等，含有的蛋白质、糖、维生素和矿物质等物质都不同程度地对微生物引起的变质很敏感。甘油、山梨醇甚至表面活性剂（特别是

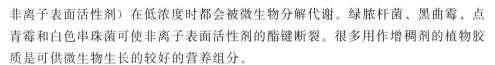

非离子表面活性剂）在低浓度时都会被微生物分解代谢。绿脓杆菌、黑曲霉、点青霉和白色串珠菌可使非离子表面活性剂的酯键断裂。很多用作增稠剂的植物胶质是可供微生物生长的较好的营养组分。

2. 水分含量

微生物细胞组分的合成取决于水的存在，在乳液中水相的物理和化学特性是决定微生物生长的主要因素。一般情况下，水为连续相的乳液比油为连续相的乳液易受细菌侵袭。较普遍的观点认为：只有在含水的环境中微生物才能存活；但也有人发现在无水的化妆品中也显示出支持其中污染的微生物生长的性质，可能是通过使用过程或空气中水汽冷凝，使潮气进入产品内，提供微生物生长所需的水分。在乳液中微生物有可能从油相迁移至水相，也不排除有相反方向的迁移。微生物易于吸附在油水界面上，它们可使乳液中的甘油三酯降解。在微生物生长过程中会产生脂肪酸和甘油，产品配方中水的含量对微生物生长起着很大的作用。

3. 温度

细菌生长最适宜的温度为 37～38℃，霉菌和酵母为 20～25℃，在酷热的环境（如阳光下、闷热货车和仓库）下贮存的产品容易变坏。由于微生物整个生长过程依赖于化学反应，而温度又影响这些反应的速率，所以温度明显地影响着细菌的生长繁殖。

4. pH 值

对于大多数细菌来说，生长最适宜的 pH 值范围是 6.5～7.0 之间，但一般有较大的容忍度，在 pH5.5～8.0 也可存活和生长；少数细菌能在极端的 pH 值范围内生长。当微生物利用化妆品中的营养物生长时，可能会使产品 pH 值发生变化，这一变化可能很大，或最终抑制微生物的进一步生长，或可能影响防腐剂的效力。pH 值对微生物生长的影响是较复杂的，不同配方，特别是防腐剂不同，影响的程度就变化较大。

5. 表面张力和氧的作用

表面活性剂是美容化妆品的主要原料，具有降低表面张力的作用，它是影响细菌生长的因素之一。很多革兰阴性细菌，特别是大肠菌可很好地在表面活性剂包围的介质中生长。表面张力本身不是限制微生物生长的突出因素，但它将影响到有毒基团与表面活性剂分子的缔合作用。大多数有机体，引起产物变质的细菌和酵母菌都是需氧的，其新陈代谢与可利用的氧有关，除气雾剂的压力容器外，大多数化妆品的容器都可提供微生物生长所需的氧。氧除了为微生物新陈代谢所需外，还会使不饱和的组分和易氧化的组分氧化，引起酸败。

三、化妆品中常用防腐剂

1. 尼泊金酯（对羟基苯甲酸酯）类

目前在国际上常用的品种包括：尼泊金甲酯、尼泊金丙酯、尼泊金乙酯、尼泊金丁酯、尼泊金甲酯钠盐以及尼泊金异丁酯。

（1）尼泊金甲酯（methyl paraben）　添加量：0.1%～0.3%（最高0.4%）。

（2）尼泊金丙酯（propyl paraben）　添加量：0.1%～0.3%（最高0.4%）。

（3）尼泊金乙酯（ethyl paraben）　添加量：0.1%～0.3%（最高0.4%）。

尼泊金酯类防腐剂适于微酸性至中性环境，水溶性较差，油水分配系数高，非离子、水溶性聚合物等物质对此类防腐剂的"封闭"作用较强。脂肪醇醚类的乳化剂对尼泊金酯类防腐剂有封闭作用，但对甲醛及甲醛释放体（即甲醛供体）的封闭作用很小。EDTA与尼泊金酯类防腐剂复配可提高其抑制革兰阴性菌的有效性，特别对绿脓杆菌的抑制更为有效。非离子以及高乙氧基的物质都会影响尼泊金酯类的活性。

本类防腐剂是目前应用最广泛的防腐剂之一，是国际上公认的广谱性防腐剂，美国、欧洲、日本、加拿大、韩国、俄罗斯等国家和地区都允许尼泊金酯在食品与化妆品中应用。随着碳链的增长，其水溶性逐渐变差，影响其在水相中的分配率。尼泊金甲酯水溶性最好，常可以直接添加在水相中；而尼泊金乙酯、丙酯、丁酯和异丁酯则倾向于溶解在油相中。

2. 凯松（methylchloroisothiazolinone/ methylisothiazolinone）

化学名：5-氯-2-甲基异噻唑-3（2H）-酮（图2-55）和2-甲基异噻唑-3（2H）-酮（图2-56）。

有效物含量：1.5%。

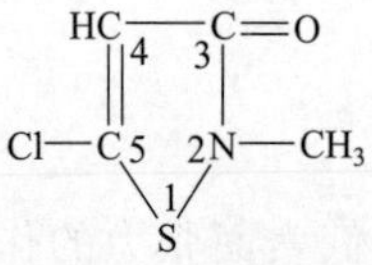

$$\begin{array}{ccc} HC\!\!-\!\!C\!\!=\!\!O \\ {}^4 \quad {}^3 \\ Cl\!\!-\!\!C \quad N\!\!-\!\!CH_3 \\ {}_5 \quad {}_2 \\ S_1 \end{array}$$

$$\begin{array}{ccc} HC\!\!-\!\!C\!\!=\!\!O \\ {}^4 \quad {}^3 \\ HC \quad N\!\!-\!\!CH_3 \\ {}_5 \quad {}_2 \\ S_1 \end{array}$$

图2-55　5-氯-2-甲基异噻唑-3（2H）-酮 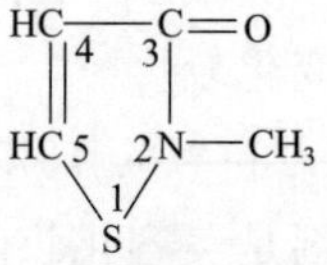　　　图2-56　2-甲基异噻唑-3（2H）-酮

本品为含无机盐（镁离子、铜离子）保护剂，水溶性好、与表面活性剂相容性好，主要用于香波、浴液等即洗型产品配方，也可用于驻留型产品中。我国常用的异噻唑啉酮其实是两种异噻唑啉酮衍生物的混合物，并且其商品形态还含有硝酸镁或硫酸铜稳定剂。

本类产品是甲醛的供体。在使用方面对pH值比较敏感，在偏酸性的环境中能发挥非常好的防腐作用，用量很少，大约0.08%就能发挥很好的作用。但在碱性环境中，则会失去其防腐活性。故在使用凯松产品时必须考虑原料之间的相容性问题，以免发生沉淀，特别是在透明产品中，要十分小心。此外，胺类、硫醇、硫化物、亚硫酸盐、漂白剂也可使凯松失活。使用的 pH 值范围为 2.8～8.5。

3. 咪唑烷基脲类（杰马系列）

该类防腐剂主要是 ISP 公司的 Germall 115、Germall Ⅱ、Germaben Ⅱ-E、Germall plus、Germall IS-45 系列。

（1）咪唑烷基脲（imiazoli-dinyl urea，杰马-115）　商品名称为 Germall-115，是一种尿囊素的羟甲基衍生物，为无臭无味的白色粉状固体，对热稳定，极易溶于水（在 25℃以下时为 50%，65℃时为 65%），1% 的水溶液 pH 值为 6～7.5，能溶于丙二醇和乙醇（70%），不溶于无水乙醇和油中，对皮肤无毒性、无刺激性、无过敏现象，有广谱的杀菌力，能杀死绿脓杆菌，杀死细菌能力优于霉菌，与其他防腐剂配合使用有良好的协同效应。本品对各类表面活性剂都能适应，与表面活性剂和蛋白质原料相配伍还能增强其抗菌活性，在广泛的 pH 范围内皆可使用。咪唑烷基脲的结构式见图 2-57。

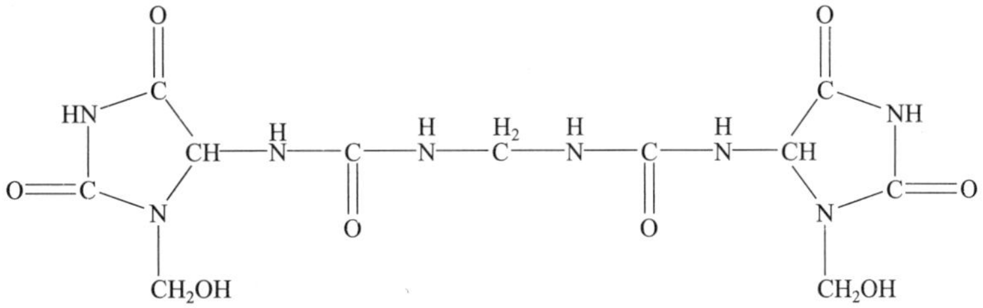

图 2-57　咪唑烷基脲的结构式

Germall-115 的一般用量为 0.2%，但它对霉菌效力差，且价格昂贵，故需加入防霉剂配合使用，一般常另加尼泊金甲酯 0.2% 和尼泊金丙酯 0.1% 配合使用，即可达到较好的防腐抑菌效果。

本品可应用于含乙醇或油不高于 70% 的任何一种化妆品中，因此应用范围广，可用于儿童化妆品、眼用化妆品、护肤化妆品、防晒霜等，但在乳化过程中应用时，需在 80℃以下加入。

（2）双咪唑烷基脲（diazolidinyl urea，杰马-Ⅱ）　又称双（羟甲基）咪唑烷基脲、重氮咪唑烷基脲、杰马 A。添加量：0.2%～0.5%。

特点：水溶性好，配伍性好（不会被其他原料钝化），与尼泊金酯合用有良好的抗菌增效作用。在杰马系列中，主要成分是咪唑烷基脲类，该防腐剂是甲醛供体，在应用的过程中通过缓慢释放甲醛而达到杀菌的目的。Germall-115 其抗菌活性比 Germall Ⅱ（双咪唑烷基脲）差，在处理霉菌、酵母菌方面比单组分有优势。

4. 1-(3-氯丙烯基)-3,5,7-三氮杂-1-偶氮金刚烷氯（Dowicil 200）

属于释放甲醛类，结构式见图 2-58。

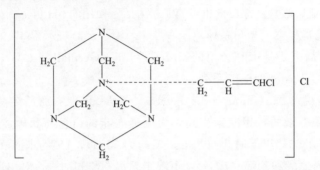

图 2-58　1-(3-氯丙烯基)-3,5,7-三氮杂-1-偶氮金刚烷氯的结构式

本品为白色或淡黄色粉末，无臭、无味，对皮肤无刺激性、无致敏性，易溶于水，Dowicil 200 对阴离子、非离子表面活性剂、蛋白质和其他化妆品原料具有良好的配伍性，具有广谱抗菌活性，对细菌比对霉菌更有效，故常和其他防腐剂如尼泊金酯、DHA 等配合使用，其用量一般为 0.1%。

Dowicil 200 的抗菌活性比 Germall-115 还高，作用快，且抑菌活性可以保持较长时间（2 年以上），应用的 pH 值范围宽（4～9），故可广泛应用于化妆品中，可作为面霜、香波、浴液等，特别是含有蛋白质制品的防腐剂。不足之处是热稳定性较差，需在温度 50℃ 以下时加入到产品中；另外它会使某些制品（如以阴离子表面活性剂为基料的乳化制品）随着存放时间延长而逐渐泛黄，这些不足可以通过调整配方和改进生产工艺予以解决。

5. 二甲基二羟甲基海因（dimethyl dimethylol hydantoin）

添加量：0.1%～0.6%。相应法规：日本，允许使用，但要在标签上警示；欧盟，允许使用，限用量为 0.6%；美国，认为安全；我国，允许使用，限用量为 0.6%。

特点：水溶性好，具有良好的抗细菌活性，配伍性好，常和其他防腐剂配合使用。尤其适用于水溶性凝胶体系配方。

该产品也是甲醛供体。不足之处是抗霉菌、抗真菌功效稍差。

6. 羟甲基甘氨酸钠（sodium hydroxymethylgl-ycinate）

又称：N-羟甲基甘氨酸钠。

添加量：0.2%～0.5%。

特点：本品为极少的能够在碱性环境下使用的防腐剂之一，安全、水溶性好、广谱抗菌，适宜使用的 pH 值为 8～12。

注意事项：

① 低温（小于 50℃）加入；

② 配方中应避免阳离子；

③ 避免柠檬（醛）类香精。

7. 苯氧乙醇（phenoxyethanol）

又称：2-苯氧乙醇

添加量：0.25%～1.0%。

特点：本品在水中的溶解度为 2.7%，加入到配方中对产品的稳定性没有影响，但是对体系的黏度影响较大，包括香波和乳液；试验表明，在香波中，加入 1.0% 的苯氧乙醇可使体系的黏度下降 1/3。目前在我国，苯氧乙醇以及以其为基础的复合防腐剂使用量不断增加。

本品是很好的溶剂和防腐剂，在防腐剂的配制中经常被作为溶剂来溶解其他油溶性的防腐剂，但其本身可作为一个乳化剂，所以在使用时要考虑其对产品自身的影响，也要注意苯氧乙醇在某些高 pH 值情况下出现不稳定的状况。

8. 2-溴-2-硝基丙烷-1,3-丙二醇（2-bromo-2-nitropropane-1,3-diol）

又称：布罗波尔（Bronopol），溴硝丙二醇。结构式见图 2-59。

添加量：0.01%～0.1%（一般推荐添加量 0.02%～0.05%）。

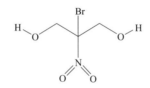

图 2-59　2-溴-2-硝基-1,3-丙二醇的结构式

特点：本品为白色结晶性粉末，无味或略带特征性气味。易溶于水、乙醇。可用于膏霜、乳液、香波、湿巾等各种驻留型和洗去型产品。pH3～8 适用，低于 50℃ 加入较好。与碘代丙炔基丁基甲胺酸酯、甲基氯异噻唑啉酮（CMIT）/甲基异噻唑啉酮（MIT）等配合使用，具有协同防腐效果。本品属于甲醛释放体，是广谱抗菌剂，能有效抑制革兰阳性菌、阴性菌及酵母菌、霉菌。

注意事项：

① 碱性条件下，光照会变色；

② 高温时与两性咪唑啉不配伍，另外，一些蛋白质会影响其活性；

③ 不能和胺类的原料同时使用，否则会形成致癌物亚硝胺；

④ 不宜与铁制容器接触。

9. 碘代丙炔基丁基甲胺酸酯（iodopropynyl butylcarbamate，IPBC）

又称：3-碘-2-丙炔基丁基氨基甲酸酯、碘丙炔醇丁基氨基甲酸酯。结构式见图 2-60。

添加量：0.01%～0.05%（一般推荐添加量 0.005%～0.02%）。

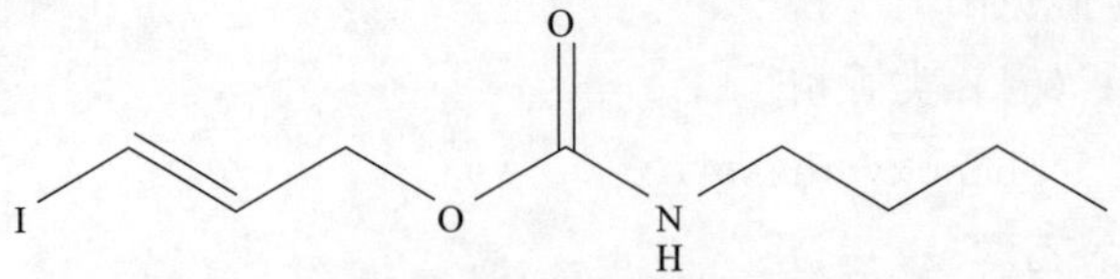

图 2-60　碘代丙炔基丁基甲胺酸酯的结构式

特点：本品为白色结晶性粉末，含量≥99.0％时易溶于乙醇、丙二醇、聚乙二醇等有机溶剂，难溶于水。可用于膏霜、乳液、香波、湿巾等各种驻留型和洗去型产品。IPBC 水溶性好、用量少，具有良好的杀真菌活性，和咪唑烷基脲类防腐剂配合使用，有良好的协同作用。全球注册认可，是目前最有效的防腐剂。在 pH4～10 之间有效，50℃ 以下加入较好。在 70～80℃ 时可持续加热半小时。常与杰马 A、杰马-115、CMIT/MIT、布罗波尔等配合使用，具有协同防腐效果。可与化妆品中的有机物和非离子、阴离子、阳离子类表面活性剂，及蛋白质配伍。IPBC 由于含碘而限用，在膏霜、乳液、香波中添加量为 0.025％～0.08％，在日化产品中最大允许添加量为 0.05％。

10. 苯甲酸

苯甲酸类防腐剂是以其未离解的分子发生作用，未离解的苯甲酸亲油性强，易通过细胞膜进入细胞内，干扰霉菌和细菌等微生物细胞膜的通透，阻碍细胞膜对氨基酸的吸收，进入细胞内苯甲酸分子，酸化细胞内的储碱，抑制微生物细胞内呼吸酶系的活性，从而起到防腐作用。其结构式见图 2-61。

该防腐剂也属于酸性体系有效类别，山梨酸和苯甲酸于 pH7 时无活性，于 pH5 时分别呈现出 37％ 和 13％ 的活性，因此它们应在偏酸性的介质中应用。

11. 山梨酸钾

本品为不饱和六碳酸。一般市场上出售的山梨酸钾呈白色或浅黄色颗粒，含量在 98％～102％；无臭味或微有臭味，易吸潮、易氧化而变褐色，对光、热稳定，相对密度 1.363，熔点为 270℃（分解），其 1％溶液的 pH 值为 7～8。山梨酸钾为酸性防腐剂，具有较高的抗菌性能，其主要是通过抑制微生物体内的脱氢酶系统，从而抑制微生物的生长和起防腐作用，对细菌、霉菌、酵母菌均有抑制作用；其效果随 pH 值的升高而减弱，pH 值达到 3 时抑菌作用达到顶峰，pH 值达到 6 时仍有抑菌能力，但最低浓度（MIC）不能低于 0.2％。

12. 三氯生（triclosan，INN）

又称：三氯新、玉洁纯 MP（Irgacare MP）、玉洁新 DP-300（Irgasan DP-300）、三氯沙。

化学名称：2,4,4′-三氯-2′-羟基二苯醚。结构式见图 2-62。

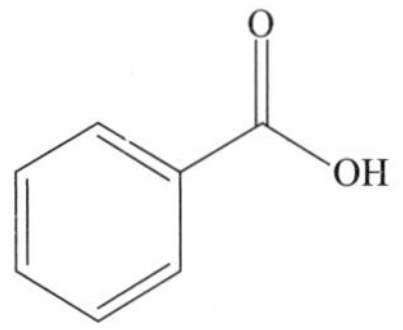

图 2-61　苯甲酸的结构式 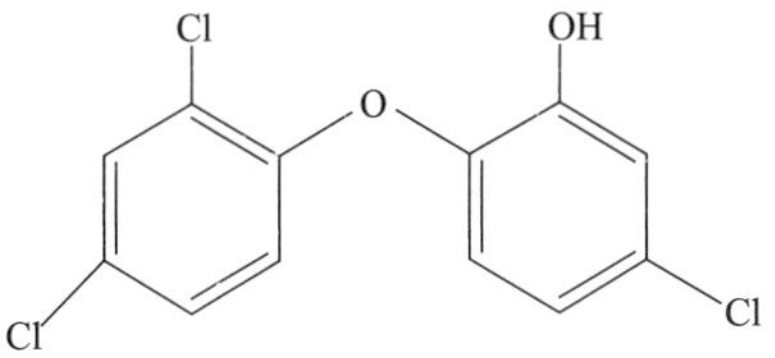　　　　　　　图 2-62　三氯生的结构式

特点：用量低时可作为防腐剂使用。用量高时，由于对引起感染或病原性革兰阴性菌、真菌、酵母及病毒（如甲肝、乙肝、狂犬病病毒、艾滋病病毒）等具有广泛、高效的杀灭及抑制作用，所以也可用在消毒类产品中。在高浓度用量作杀菌剂的机理是可直接破坏细菌细胞膜，造成胞质中蛋白质及核酸的不可逆变性，导致低分子量的细胞内溶物渗出，细菌死亡；在低浓度用量作抑菌剂的机理是作用在细菌细胞膜上，阻碍细菌对生长所必需的氨基酸、尿嘧啶等营养物质的吸收，从而抑制细菌的产生。但是三氯生已被证实是对环境有负面影响的原料。

四、抗氧化剂

许多化妆品含有油脂成分，尤其是含有不饱和油脂的产品，在贮存或日久使用之后，因受到空气、水分、日光等因素影响使油脂发生变味，实际上这是油脂的自动氧化（酸败）过程，会致使化妆品变质。氧化反应生成的过氧化物、酸醛等对皮肤会有刺激，可引起皮肤炎症。因此，该类产品必须添加防止产品氧化（酸败）的原料，即抗氧化剂。

1. 抗氧化原理及分类

抗氧化剂就是阻止或停止油脂氧化的化学制品，它能与游离基或过氧化物结合成稳定的化合物，以阻止游离基连锁反应，从而防止油脂氧化。

应用于美容化妆品中的抗氧化剂应满足以下几点：① 使用量极少；② 抗氧化剂本身及其在反应中所生成的物质应是无毒的；③ 不会造成产品有异味；④ 价格应便宜。

抗氧化剂的种类很多，从化学结构上来分可分为五类：① 酚类；② 醌类；③ 胺类；④ 有机酸、醇及酯类；⑤ 无机酸及其盐类。目前最常用的油脂抗氧化剂是酚类和醌类，其余三种与上述两类复配使用时，有很好的协同抗氧化作用，特别是酚类。

（1）酚类　包括没食子酸、没食子酸戊酯、没食子酸丙酯、二叔丁基对甲酚、2,5-二叔丁基对苯二酚、叔丁基羟基苯甲醚、对羟基苯甲酯类、二羟基酚、愈创木酚、愈创林酯、对羟基安息香酸酯类等。

（2）醌类　包括生育酚（维生素 E）、羟基氧杂茚满、羟基氧杂萘满、溶剂浸出的麦芽油。

（3）胺类 包括乙醇胺、谷氨酸、卵磷脂、酪蛋白与麻仁球蛋白、异羟肟酸、嘌呤（黄嘌呤与尿酸）。

（4）有机酸、醇及酯 包括抗坏血酸（维生素 C）、草酸、丙酸、丙二酸、柠檬酸、苹果酸、酒石酸、牛乳糖醛酸、葡萄糖醛酸、山梨醇、甘露醇、硫代丙酸双十二酯、硫代丙酸双十八酯、柠檬酸异丙酯。

（5）无机酸及其盐类 磷酸及其盐类、亚磷酸及其盐类。

2. 化妆品中常用的抗氧化剂

（1）二叔丁基对甲酚（butylated hydroxy toluene，BHT） 又称二丁基羟基甲苯（dibutyl hydroxy tolunene），结构式见图 2-63。

本品是一种酚的烷基衍生物抗氧化剂，为油溶性抗氧化剂。BHT 为无臭（或微弱臭味）、无味、无色或白色结晶（或粉末），不溶于水、甘

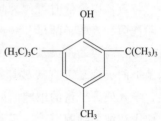

图 2-63　二叔丁基对甲酚

油、丙二醇、碱等，可溶于无水酒精、棉籽油、猪油等，BHT 无毒，对光、热稳定，价格低廉，其抗氧化效果好，对矿物油脂的抗氧化性更好，可单独应用于含有油脂、蜡的化妆品中，其用量一般为 0.02%，也可与其他抗氧化剂合并使用。

食品级抗氧化剂 BHT 也可作为食品添加剂，抗植物油脂氧化效果良好。

（2）叔丁基羟基苯甲醚（butyl hydroxy anisol，BHA） 又称丁羟基茴香醚。

BHA 是 2-叔丁基-4-羟基苯甲醚（简称 2-BHA）与 3-叔丁基-4-羟基苯甲醚（简称 3-BHA）两种异构体的混合物，结构式分别见图 2-64 和图 2-65。

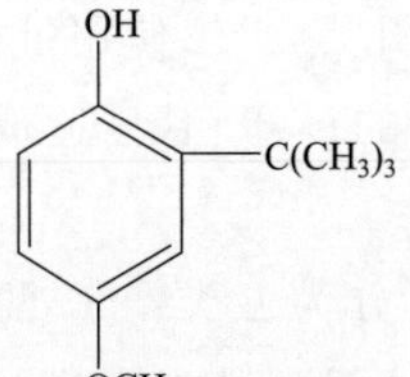

图 2-64　2-BHA

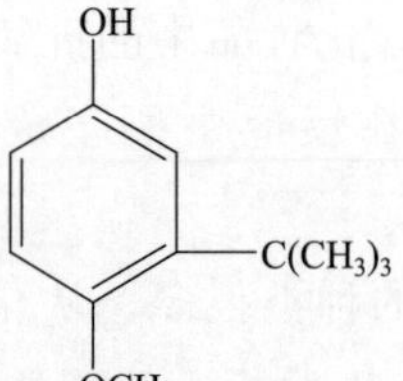

图 2-65　3-BHA

BHA 性质常因所含异构体比例不同而变化，BHA 为无色或微黄色结晶或结晶性粉末，长期贮存会渐变成黄色，略带有石炭酸刺激味，尤其当含有不纯物时，其色、味变化较为迅速。BHA 不溶于水，易溶于油脂，它是油溶性的酚衍生物类抗氧化剂，无毒、抗氧化效果很好，其用量很低（0.005%～0.05%），但

对敏感皮肤仍有些刺激性，且遇铁离子会变色。BHA 在美容化妆品中很少单独使用，而常与 BHT 合并使用，BHA 与没食子酸丙酯、柠檬酸及磷酸等有很好的协同作用。

（3）没食子酸酯（gallic acid ester） 该类抗氧化剂包括两种：没食子酸丙酯（propyl gallate）和没食子酸戊酯（isoamyl gallate），结构式分别见图 2-66 和图 2-67。

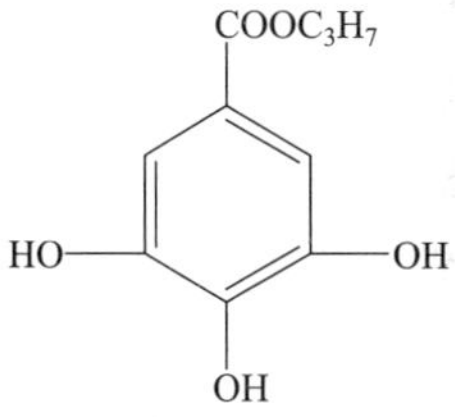

图 2-66 没食子酸丙酯 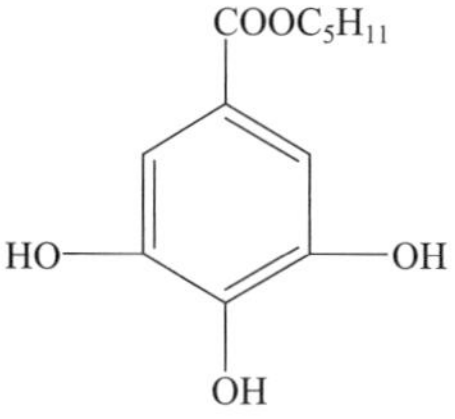   图 2-67 没食子酸戊酯

它们同属油溶性的酚衍生物类抗氧化剂，遇铁离子则呈紫红色乃至黑色。没食子酸丙酯为白色或微浅黄色结晶性粉末，无臭、无毒、稍有苦味，易溶于醇和醚，在水中的溶解度约为 0.1%，对热相当稳定，但光线能促进其分解，通常使用量为 0.05%～0.15%。

没食子酸戊酯为白色或微黄色粉末，其油溶性较没食子酸丙酯为强，可作为动植物油脂的抗氧化剂，它可以单独使用，但一般常与柠檬酸、酒石酸、抗坏血酸合并使用。它们也可用作食品的抗氧化剂。

（4）生育酚（tocopherol） 即维生素 E，为人体所不可缺少的一种维生素，对人体有调节性机能作用。同时，也是一种理想的天然抗氧化剂，具有防止油脂及维生素 A 被氧化的作用。本品经氧化后则失去了维生素 E 的功效，为矿物油脂如液体石蜡、凡士林等的最佳抗氧化剂。

第七节 色素

消费者在选购化妆品时是根据视觉、触觉和嗅觉等方面来判断的。化妆品的色泽是视觉方面的重要一环。着色剂主要用于美容化妆品，包括口红、胭脂、眼线液、睫毛膏、眼影制品、眉笔、指甲油及粉末制品、染发制品等。其目的是使肌肤、头发和指甲着色，借助色彩的互衬性和协调性，使得形体的轮廓明朗及肤色均匀，显示容颜优点，达到美容的目的。此外，其他类型的化妆品和洗涤用品，为从外观方面吸引消费者，往往也添加少量的着色剂来润饰产品的色泽。尽管有时用量很少，但也是不可缺少的原料。着色剂应用于化妆品主要是从美容色彩学和心理学两方面进行评价，迄今尚未发现其对人体有何好处，相反，若过量或长期使用，反而造成各种累积性的伤害。除一些天然的或惰性的着色剂外，大部分合成着色剂或多或少地对人体都会有不同程度的影响，如今已引起各国政府的关注，设立专门机构，使用现代化的检测手段，进行科学的毒理学评价，制定和修改有关法规。例如，美国批准使用的化妆品法定着色剂逐年减少。美容术的发展促进了美容色彩学的进步，色彩理论和颜色科学的方法也开始应用到美容化妆品的生产和评定等方面。

一、理想的着色剂

色素是指那些具有浓烈色泽的物质，当与其他物质相接触时，能使其他物质着色。化妆品使用的着色剂是经过长期改进和筛选从合成和天然着色剂中挑选出来的。在 1959 年，英国法定化妆品着色剂有 116 种，至 1989 年只有 35 种有机合成着色剂。目前，我国《化妆品安全技术规范》规定化妆品可用着色剂为 157 种。完全理想的化妆品着色剂是很少的，但对于着色剂的评价，理想的化妆品着色剂应满足下列条件：

① 对皮肤无刺激性、无毒性、无副作用。各类毒理学评价要符合安全使用的要求。

② 无异味和异臭，易溶于水或油，或其他溶剂。如果是不溶性着色剂应易于润湿和分散。

③ 对光和热的稳定性高。

④ 可与各种化妆品原料配伍，不起变化，稳定性高。不与容器发生作用，不腐蚀容器。

⑤ 用量不高（2%）时，也具有鲜艳的色泽，覆盖能力强。

⑥ 易制成纯度高的产品，不含汞、砷、铅、锌、铜等重金属，价廉，易于采购。

二、化妆品着色剂的分类

1. 按着色剂溶解性分类

染料(dye)：能溶于所使用的介质的着色剂。它能溶解在指定的溶剂中，是借助溶剂为媒介，使被染物着色。根据其溶解性能分为水溶性染料和油溶性染料。

颜料(pigment)：不溶于所使用的介质的着色剂。不溶于指定的溶剂中，而有良好的遮盖力，能使其他物质着色。

颜料与染料的基本区别在于染料能溶于所用的介质中，颜料在使用时是呈悬浮状态使物质着色，故使用过程中需特别注重其粒子大小、细度及结晶等物理特性及使用方法。颜料应用于化妆品中时，既可单独使用，也可与二氧化钛、氧化锌等无机白色颜料混合在一起使用，以增加其遮盖力。

2. 按着色剂来源分类

（1）合成着色剂　包括焦油类着色剂、荧光着色剂和染发着色剂。

① 优点：a. 价格低廉；b. 稳定；c. 水溶性好；d. 着色力强；e. 可以配色，通过三种不同色泽的色素的混用制出各种不同色，以满足加工产品的各种着色需求。

② 缺点：安全性低。

（2）天然着色剂　包括植物性着色剂、动物性着色剂和矿物性着色剂。

①优点：安全性高。

②缺点：a. 价格高；b. 着色力差；c. 不能配色；d. 不稳定，易产生沉淀；e. 可能存在异味。

3. 焦油类着色剂的分类

焦油类着色剂（coaltar）是化妆品着色剂较主要部分。按染色的分类法，可分成酸性染料、盐基性染料、媒染染料等。一般焦油类着色剂按其化学结构分类，我国 GB 7916—87 标准所列化妆品组分中暂用着色剂（40 种有机合成着色剂）可分为 9 类，其中最重要的是如下两类。

（1）偶氮染料（azo colors）　是以偶氮基（—N=N—）为发色基团的偶氮苯作为色原体的一类染料，是化妆品着色剂中最大的一类。含有一个偶氮基的称为单偶氮，含有两个的称为双偶氮，通常含有 3 个以上偶氮基的染料，称为多偶氮染料。在偶氮染料中结构简单的苯化合物呈黄色、橙色和褐色。随着分子量的增加，其颜色加深。特别是助色基团—NH_2、—OH 会使颜色加深，而—$COCH_3$ 基团有减弱颜色的作用。另外，一般偶氮染料在还原剂作用下多数被分解成无色物质。

偶氮染料可分为四类：不溶的未磺化颜料、可溶的未磺化染料、不溶的磺化颜料和可溶的磺化染料。

（2）蒽醌染料（anthraquinone）　蒽醌染料都含有如图 2-68 所示的结构。

一般来说，此类染料的光稳定性好，具有良好的物化性质，适于化妆品使用。

图 2-68　蒽醌染料

（3）靛类染料（indigoid colors）　包括：D&C Blue No. 6（药用着色剂），不溶性颜料蓝靛；FD&C Blue No. 2（食用着色剂），水溶性的蓝靛衍生的磺酸二钠盐；D&C Red No. 30，不溶性硫代靛类染料。

（4）三苯甲烷染料（triphenylmethanes colors）　在这类染料的分子结构中，中心碳原子与 3 个芳香环连接在一起，它们都是水溶性、阴离子型的磺化体系。FD&C Blue No. 1、FD&C Green No. 3 和 D&C Blue No. 4 属于这类染料。这类染料对光不稳定，遇碱也敏感。

（5）占吨染料（xanthene colors）　这类染料含有夹氧杂蒽（占吨）基，见图 2-69。

（6）喹啉染料（quinline colors）　只有两种喹啉染料被定为化妆品法定染料，它们是溶剂可溶的 D&C Yellow No. 11 和它的水溶性磺化衍生物 D&C Yellow No. 10。

（7）吡唑啉酮（pyrazolone）染料　这类染料只包括 FD&C Yellow No. 5 和食品着色剂 Orange B 两种。

（8）硝基染料　一种硝基染料 Ext D&C Yellow No. 7，见图 2-70。

图 2-69　占吨染料　　　　　图 2-70　硝基染料

（9）芘染料（pyrene）　一种芘染料 D&C Green No. 8。

三、无机颜料

无机颜料多直接从矿砂提取精炼制得，故又称为矿物性颜料。本类染料应用历史较久，耐光、耐热性好，具有不溶于水和有机溶剂的性能，但其色泽鲜艳程度和着色力则比有机颜料差，色调较暗。

近年来在化妆品回归自然潮流影响下，美容化妆品中尽量少使用有机合成色素，而无机颜料也可看作是一类天然色素，故近来使用无机颜料也较为普遍。

1. 无机粉体

（1）高岭土（kaolin）　高岭土是一种以高岭石为主要成分的黏土，典型的精制高岭土的化学组成（以质量分数计）为：SiO_2 45.4%，Al_2O_3 8.8%，TiO_2 1.6%，CaO 0.35%，Fe_2O_3 0.13%，Na_2O 0.13%，K_2O 0.02%，灼烧失重 13.8%。市售的精制高岭土是白色或浅灰色粉末，有滑腻感、泥土味。常温下微溶于盐酸和醋酸，容易分散于水或其他液体中。具有抑制皮脂及吸收汗液的性质，对皮肤也略有黏附作用。

高岭土是粉类化妆品的主要原料，用于制造香粉、粉饼、胭脂、湿粉和面膜。与滑石粉配合使用时，可消除滑石粉的闪光性。

（2）滑石粉　即水合硅酸镁，滑石粉是滑石矿石经机械加工磨成一定细度的粉体产品。在化妆品中作为润滑剂、吸收剂、填充剂、抗结块剂、遮光剂等使用。滑石粉广泛应用于各种化妆品，特别是粉状化妆品中。

（3）二氧化硅（silicon dioxide）　二氧化硅的种类很多，包括微晶二氧化硅（即磨石 novacite）、沉淀二氧化硅、气相法二氧化硅和硅胶粉，国外还有化妆品用的各类二氧化硅。化妆品工业主要应用沉淀二氧化硅。

二氧化硅是无色透明发亮的结晶和无定形粉末，无味。相对密度 2.2～2.3。化学惰性，不溶于水和酸（氢氟酸除外），溶于浓碱液。在化妆品使用的 pH 范围内很稳定。与牙膏中氟化物和其他原料的兼容性良好。

国外市场已有球状微珠二氧化硅出售，是将二氧化硅制成 3～15μm 大小、润滑的陶瓷微珠。出于这些微珠的"球轴承"作用，赋予粉类化妆品极好的润滑性。这种中空的微球具有很好的吸附性能，在其表面，可吸附大量的亲油性物质（如防晒剂、润滑剂和香精等），它们是很好的载体。微球的密度低，能使被吸附的物质均匀分散，形成稳定的体系。此外，这种微球粒度分布均匀，化学稳定性和热稳定性高，无臭、无味、不溶于水，无腐蚀性，不会潮解，可在所有的化妆品中使用。

二氧化硅主要用作香粉、粉饼类化妆品的香料吸收剂，磨砂膏和磨砂洗面奶、氟化物牙膏和透明牙膏的摩擦剂。

（4）绢云母（sericite）　绢云母在化妆品粉体基材中占有重要位置，为天然的微结晶含水硅酸铝、钾，呈白色-近似白色的微细粉末，基本无味，pH4～8（1％水溶液的滤液）。

大日本化成株式会社备有 SERICITE DN、SERICITE DN-MC 两个种类，它们的共同点是白色度高、结晶粒子较细、产于重金属和砷含量较少的矿床，作为化妆品用粉体原料非常适合。

（5）蒙脱石　蒙脱石是天然胶质性含水硅酸铝中的一种，是膨润土的主要成分。用化学分子式：$Na_{2/3}Si_8(Al_{10/3}Mg_{2/3})O_{20}(OH)_4$ 来表示其黏土矿物。

KUNIPIA 是从天然膨润性黏土中提取的高纯度钠的蒙脱石产品。KUNIPIA 是一种具有极大的内部表面积、较高的离子交换能力及高度水合力的无机胶质粒子，在水中显著膨润分散、容易形成稳定的水系胶质。由 KUNIPIA 所形成的水系胶质分散体具有较高的构造黏性，并显示出高剪切时低黏性、低剪切时高黏性，剪切后静置一段时间后黏性得到恢复的触变性。

其在化妆品中的作用如下。① 在化妆水、膏霜、膏体中的应用：具有良好的平滑触感；可以改善其伸展性及研磨性；可以改善液流性。② 在香波、浴液中的应用：作为表面活性剂对皮肤起到保护作用；保持角质中的水分；吸住皮脂等污垢；具有良好的泡沫稳定性及洗净性；防止静电和飞散性；对头发有良好的润泽和吸附性。

2. 常见无机颜料

（1）氧化铁红（iron oxide red）　又名三氧化二铁，为红色至红棕色粉末，无臭，不溶于水、有机酸、有机溶剂，溶于浓无机酸；对光、热、空气稳定，对酸、碱较稳定；分散性良好，遮盖力及附着力强；色调柔和、悦目；对紫外线有良好的不穿透性，人体不吸收，无副作用；相对密度 5.12～5.24，含量低则相对密度小。折射率3.042，熔点1550℃，约于1560℃分解。

氧化铁红属于食用红色素，可用于化妆品着色，在一般美容化妆品中均可使用，主要用于面部、眼部化妆品中，如粉底霜、粉饼、眼影等，以及唇膏、指甲油中。

（2）氧化铁黄（iron oxide yellow）　为黄色粉末，无臭；不溶于水、有机溶剂，溶于浓无机酸，耐碱、耐光性很好；相对密度在 4 左右，颗粒粒径为0.3～2μm，具有优良的颗粒性能；着色力和遮盖力都很强，着色力几乎与铅铬黄相等；耐热度较高，温度超过 150℃ 以上时失去结晶水开始分解为红色氧化铁；无毒，人体不吸收，无副作用，每日容许摄入量（ADI）为 0～0.5mg/kg（FAO/WHO，1985）。

氧化铁黄属于食用黄色素，在一般化妆品中均可使用，主要用于粉底霜、粉饼、眼影、唇膏等面部化妆品中。

（3）氧化铁黑（iron oxide black）　又名四氧化三铁，为黑色粉末，无臭；不溶于水或有机溶剂；性能稳定，色久曝不变；着色力和遮盖力都很强；耐光和耐大气性能良好，无渗油、渗水性；耐碱性好，但不耐酸，溶于热的强酸中，耐热性100℃。遇高温受热易被氧化，变成红色的氧化铁；无毒，人体不吸收，无副作用，剂量不限；相对密度 5.18，熔点（分解）1538℃。

氧化铁黑属于食用黑色素，在一般化妆品中均可使用，主用于面部、眼部化妆品中，如粉底霜、粉饼、眼影等，唇膏中也可使用，不推荐用于指甲油。

（4）硝酸银（silver nitrate）　本品无色透明斜方片状晶体，味苦。纯硝酸银晶体对光稳定，在有机物存在下，易被还原为黑色金属银。潮湿硝酸银以及硝酸银溶液见光较易分解。硝酸银为氧化剂，并能使蛋白质凝固，对人体有腐蚀作用。相对密度 4.352，熔点212℃。硝酸银易溶于水和氨，微溶于酒精，难溶于丙酮、苯，几乎不溶于浓硫酸。其水溶液呈弱酸性（pH5～6），硝酸银在含氨的水溶液中遇葡萄糖、甲醛等能还原而成"银镜"。锌、镉、锡、铅、铜等金属易取代硝酸银溶液中的金属银。硝酸银与磺酸混合，用锤打击能发生轻微爆炸。

本品在日用品工业中用于染毛发，是唯一用于染睫毛、眉毛的产品。化妆品中最大允许浓度为4%。标签上必须说明：含有"硝酸银"，进入眼内立即冲洗。医药上用作杀菌、防腐剂。

（5）氧化铬绿（chromic oxide）　又名三氧化二铬、搪瓷铬绿，为绿色晶形粉末，有金属光泽，具有磁性；相对密度5.21；遮盖力强；耐高温、耐日晒，不溶于水，难溶于酸；在大气中比较稳定，对一般浓度的酸和碱无反应；具有优良的颜料品质和坚牢度；色调为橄榄色。

本品用作化妆品的着色剂，主要用于眼部化妆品，不得用于口腔及唇部化妆品中，不推荐用于其他面部化妆品及指甲油。

（6）氯氧化铋（bismuth oxychloride）　为白色粉末；相对密度7.72，不溶于水，能溶于酸类；赤热时会分解；主要用作收敛剂及防腐剂。作为白色颜料，在一般化妆品内均可使用。

（7）亚铁氰化铁（ferric ferroeyanide）　又名普鲁士蓝、中国蓝、柏林蓝，为暗蓝色晶体或粉末，是深颜色颜料，颜色变动于带有铜色闪光的暗蓝色到亮蓝色，着色力高；耐光性很好，耐弱酸，不耐碱，不溶于水、乙醇、乙醚和稀酸，新制出时能溶于乙二酸水溶液；强热时则分解或燃烧而放出氨或氢氰酸等。

在美容化妆品行业，本品可作为眼黛、眉笔等美容产品的蓝色颜料，不得用于口腔及唇部产品。

（8）群青（uiramarine blue）　别名云青、洋兰、石头青、佛青，为蓝色粉末，色泽鲜艳，色调为绿蓝色；不溶于水，群青是含有多硫化钠、具有特殊结晶结构的硅酸铝；特别具有消除及减低白色材料中含有黄色光的效应；能耐高温、耐碱，但不耐酸，遇酸易分解而变色；着色力和遮盖力很低；在大气中对日晒及风雨极稳定，无抗腐蚀性能。

主要用于眼黛、眉笔和香皂调色，也可用于面部化妆品，但不得用于口腔及唇部化妆品。

四、天然色素

天然色素原来只在食品工业的特殊方面使用。近年来，由于人们对化学合成品的不安全感增加，越来越重视天然色素。美国、欧盟和日本已开始将天然色素用于化妆品。一般天然色素主要包括一些有着色作用的、无毒的植物和动物组织的提取物。其优点是赋有天然成分，安全性高，色调鲜艳而不刺目。很多天然色素同时也有营养或兼备药理效果。其缺点是产量小，原料不稳定，价格高，纯度低，含无效物多；多种成分共存，有异味，耐光、耐热性一般较差，易受pH值和金属离子的影响，而发生变色；其着色上染性也较差，与其他制剂的配伍性也不好，而且，在基质中有可能发生反应而变色。因此，天然色素受上述因素的限制，有实际应用价值的品种远较食品工业用天然色素少。

1. 指甲花（henna）

又名散沫花、蕃柱、柴指甲。指甲花为千屈菜科植物，属灌木。分布于我国南部的广东、广西、福建、台湾等地。成分：叶、果皮、种子均含指甲花醌（lawsone）。

指甲花醌与维生素 K 结构相似，为黄色色素，能染指甲和头发。GB 7916—87 中规定仅用于染头发制品，表明不能接触眼睛。本品还有收敛、清热作用，可用指甲花花叶捣敷治创伤。

2. 栀子红色素（gardenia red）

由栀子果实制取的一种食用天然色素，为含 4％柠檬酸（晶体）的暗红紫色粉末；略带特殊气味，无味，无吸湿性；溶于水，易溶于 50％以下的丙二醇水溶液及 30％以下的乙醇水溶液，呈鲜明紫红色，不溶于无水乙醇。1％水溶液的 pH 值约为 4.0，在 pH 值为 2.5～8.0 范围内，色调仅变化±5％，稳定性良好。pH 值在 6 以上时红色调变浅。加热至 100℃时不褪色。pH 值在 4～6 范围内耐光性良好，在 pH 值为 2.5 及 8 时略有变化。对 Al^{3+}、Ca^{2+} 稳定，对 Fe^{3+}、Sn^{2+}（尤其是在 pH4.6 左右水溶液中）不稳定，需加注意。添加半胱氨酸盐酸盐者可增强色度。食盐对色值、色调无影响。对蛋白质和碳水化合物的染色性良好。安全性好，也可添加于化妆品中。

3. 栀子绿色素（gardenia green）

由栀子果实制取的一种天然绿色素，呈绿色粉末，几乎无臭、无味。易溶于水、含水乙醇、含水丙二醇，呈鲜明绿色。吸潮性小。安全性好，可添加于化妆品中。

4. 栀子蓝色素（gardenia blue）

由茜草科（Rubiaceae）栀子（*Gardenia florida*）的果实制取的一种食用天然蓝色素，呈蓝色粉末，几乎无臭、无味。易溶于水、含水乙醇及含水丙二醇，呈鲜明蓝色。吸潮性小。在 pH 值为 3～8 的范围内色调无变化，120℃加热 60min 不褪色。吸光度（1000 倍吸潮水溶液）0.5（590nm）。耐光性较差。对蛋白质的染色性比对淀粉强。安全性好，可添加于化妆品中。

5. 胡萝卜素（carotene）

结构式见图 2-71。

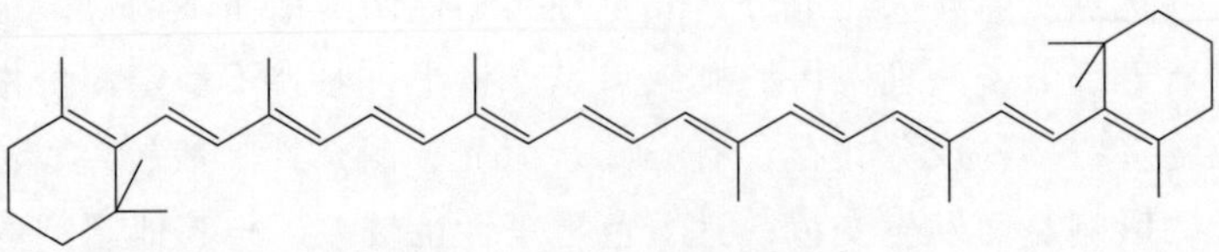

图 2-71　胡萝卜素的结构式

呈紫红色或暗红色的结晶性粉末。不溶于水，微溶于乙醇和乙醚，易溶于氯仿、苯和油，熔点 176～180℃。是存在于自然界的色素，而日本国内出售的是化学合成品。在动物体内可转变为维生素 A 的物质称为维生素 A 原（provitamin A）。其代表性物质就是胡萝卜素，胡萝卜素分为 α、β、γ 三种异构体，其中 β-胡萝卜素比较稳定，染色效力也强。

用作着色剂，β-胡萝卜素作为无毒性黄色色素，取代了从前使用的焦油类色素。在抗坏血酸（维生素 C）存在下，大部分人造色素都会褪色；相反，胡萝卜素在维生素 C 存在下稳定性反而好。β-胡萝卜素的水溶性产品是罗士公司的专利品。β-胡萝卜素作为无毒黄色色素，在一般的化妆品中均可使用。

6. 胭脂红（carmine）

又名胭脂虫红，主要成分为胭脂红酸（carminic acid），其结构式见图 2-72。

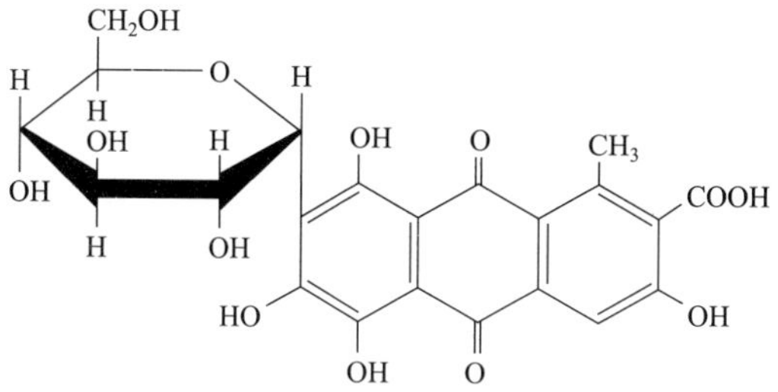

图 2-72　胭脂红的结构式

本品呈带光泽的红色碎片或深红色粉末。溶于碱液，微溶于热水，几乎不溶于冷水和稀酸。为红色色素，按照日本规定可用于食品中，因其安全性好也可作为化妆品用色素。

7. 叶绿素（chlorophyll）

叶绿素结构式见图 2-73。

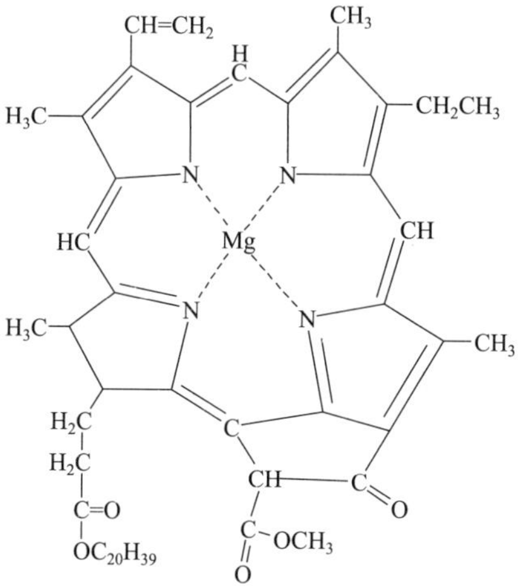

图 2-73　叶绿素结构式

主要成分：脱镁叶绿素 a 和 b 的镁络合物（a∶b 一般为 3∶1），尚含从原料带入的其他色素和油脂、蜡等。绿色至暗绿色的块、片或粉末，或黏稠状物质，略带异臭。叶绿素 a 的熔点为 150～153℃，叶绿素 b 的熔点为 183～185℃，与黄色的胡萝卜素和叶黄素共存于植物叶子叶绿体内。对光和热敏感。在稀碱液中可皂化水解成鲜绿色的叶绿酸（盐）、叶绿醇及甲醇，在酸溶液中可生成暗绿褐色脱镁叶绿素。不溶于水，溶于乙醇、乙醚、丙酮等溶剂。叶绿素用于肥皂、矿油、蜡和精油的着色。叶绿素和叶绿酸的衍生物，例如叶绿素铜、叶绿酸铁钠、叶绿酸铜钠，用于日化产品中牙膏等作着色剂和脱臭剂。叶绿酸的衍生物与杀菌剂洁尔灭、卤卡班等并用可作为祛臭化妆品的配方。

8. 紫草宁（shikonin）

染料索引号：C. I. 75535（1975）；结构式见图 2-74。

呈紫褐色针状晶体。溶于水、油脂及除石油醚、石油类以外的几乎所有有机溶剂。熔点147℃，色调随 pH 值不同而变化，pH4～6 为红色，pH7 为紫红色，pH8 为紫色，pH9 为蓝紫色，pH10 为蓝色。用于蛋白质食品及淀粉食品时色调在深紫色至深青紫色范围内变化，遇

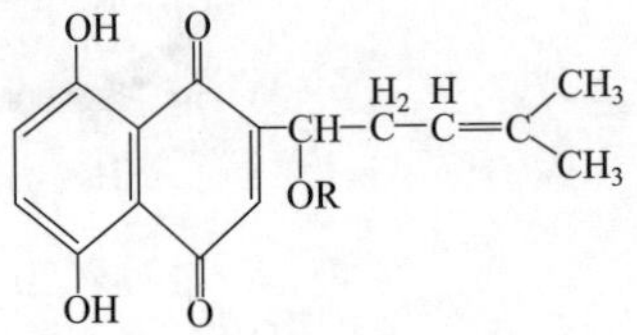

图 2-74　紫草宁结构式

铁离子也变为深紫色，在碱性溶液中呈蓝色，在酸性溶液中呈红色。紫草有抗菌消炎作用，能抑制金黄色葡萄球菌、灵杆菌，水萃取液能抑制多种真菌，局部使用能促进伤口愈合。可用于口红、洗剂及婴儿用品（霜膏、浴液等）。

五、珠光颜料

珠光颜料是天然云母薄皮外覆盖金属氧化物而产生的具珍珠光泽的新型颜料，它能再现自然界珍珠、贝壳、珊瑚及金属所具有的绚丽和色彩。微观为透明，扁平状分布，依靠光线折射、反射、透射来表现色彩与光亮。

珠光颜料无毒害、耐高温、耐光照、耐酸碱、不自燃、不助燃、不导电、不迁移，可使产品外观更加灿烂亮丽、光彩照人。

珠光颜料与越透明的材料混合，越能产生优美的珍珠光泽，也可与透明的颜料或染料相混合，以得到适宜的色光，但应避免与不透明的成分或者遮盖力强的颜料混合使用，如二氧化钛、氧化铁等颜料，以免影响珠光效果。彩色系列的珠光颜料可依色的混合原理产生各种不同的珍珠光泽。

珠光颜料为非金属功能性环保颜料，以 100％ 干粉状供货，易均匀分散。根据粒径大小有许多不同产品，同时粒径大小能影响珠光光泽，粒径大的珠光光泽较闪烁，遮盖力较弱；粒径小的呈绸缎柔和光泽，而且有较好的遮盖力。

在美容化妆品生产中，珠光颜料从外包装到内容物，都能充分发挥其增色作用，是现代人追求的理想产品，它能使爱美者美丽动人而对皮肤没有任何毒副作用。珠光颜料在粉饼、唇膏、眼影、指甲油、气雾剂发胶中均可以 3％ 的比例添加于基料中，所产生的光泽十分迷人。此外，珠光颜料还可以与乙二醇硬脂酸酯

等有机珠光剂合用，使色彩和光泽更好。

1. 覆盖云母颜料（coated mica）

覆盖云母珠光颜料是当今品种最多和最重要的珠光颜料，是以片状云母粉为基底，表面用化学方法覆盖一层其他材料构成的复合颜料。白云母是略有珠光的粉末，质地很软，黏附性也很好，略具遮盖力，且易于着色，折光指数1.58。以云母为基底，使覆盖的材料具有正确的几何形状，最常见的覆盖材料是有高的折光指数的TiO_2。在云母表面覆盖一薄层TiO_2，构成片状的TiO_2—云母的珠光颜料。这类颜料的光学性质取决于化学组成、晶体结构、覆盖层的厚度、云母粒子的大小和生产方法。

这类颜料的光干涉产生的颜色与层的厚度有关。随着厚度增加，颜色由银色变为金、红、紫、蓝至绿，厚度增加，又开始颜色的循环，但二级和三级的颜色的亮度是不同的。其他物质，如红色氧化铁、黑红氧化铁、亚铁氰化铁、氧化铬和胭脂红等都可与TiO_2一起同时沉积在白云母上，使透明吸收颜料与干涉效应结合起来，产生浅色发亮的珠光颜料。主要用于指甲油、眼影膏、唇膏、湿粉和扑粉等美容化妆品。

2. 钛云母珠光颜料（mica-titaninm dioxide pearl pigment）

钛云母珠光颜料是一种新型珠光颜料，是在片状云母表面涂上一层二氧化钛薄膜，通过光的干涉现象而呈现出柔和的珠光或闪光光泽。商品钛云母珠光颜料有干涉色：金色、银色、浅红色、天蓝色、玉色、紫色等十余种。粒度有40目、120目、325目、400目等。

本品广泛用于化妆品等工业中。40目的可作金粉和银粉粉饼、喷雾发胶等闪光化妆品的添加剂，325目以上的可用于眼影、口红等。

3. 氯氧化铋（bismuth oxychloride）

是第一种合成的无毒的珠光颜料，应用于化妆品已有几十年。高光泽的氯氧化铋晶体呈扁平的方形或八角形状，且表面光滑，显示珠光效果，具有很卓越的银白色（白色金属）光泽。亮泽的氯氧化铋晶体与不同的媒介物混合可得到不同的分散产品。在美容化妆品中氯氧化铋分散剂常应用于指甲油，唇妆产品如唇膏、唇彩，膏状眼影，发啫哩、发胶，沐浴液，乳液等产品。

第八节 功能性添加剂

一、美白类添加剂

1. 黑色素形成机理

人体的肤色是皮肤内所含色素与光在皮肤表面及皮肤内各层的反射、吸收、散射所形成的，与生俱来的肤色主要取决于皮肤组织内所含的色素。皮肤色素的代谢是由遗传决定的，不受光的影响，这就是人种、个体肤色差异的主要原因。决定肤色的色素中最重要的是黑色素，它是由处在皮肤基底层细胞中的黑素细胞所分泌的生物色素。皮肤肤色变深变浅取决于黑素细胞密度及黑色素的生成量、成熟期和分散状态等因素。

20 世纪 90 年代以来，皮肤生理学家提出了皮肤黑色素形成的新概念：其一为三酶理论，最新的研究表明，在黑色素的生化合成中，不仅酪氨酸酶起催化作用，还有多巴色素互变酶和 DHICA 氧化酶也参与了反应；其二为内皮素的刺激作用，日本的 Imokawa 等发现在紫外线照射下，角质细胞会释放一种细胞分裂素，称之为内皮素（血管收缩肽），当它被基底层黑色素细胞的受体接受后，会使黑色素细胞增殖，提高了黑色素的合成量。内皮素是在内皮细胞组织中发现的，由于在不同的角质细胞周围，内皮素浓度是不同的，故黑色素细胞接受刺激的程度也就不同，黑色素的分泌量也就不尽相同，反映到皮肤表面表现为颜色不均一，而产生了色斑。细胞培养实验证实，当加入一种内皮素抗体——拮抗剂后，就可以消除内皮素的作用，使黑色素分泌降到正常水平，这种拮抗剂即具有祛除色斑的作用。

肤色改变的外在物理因素是日光紫外线照射，因紫外线照射可降低抑制酪氨酸酶活性的能力和引起黑素细胞活性增强，因而使肤色颜色变深，使皮肤变黑或色素沉着形成雀斑、黄褐斑等。

雀斑、黄褐斑等色素沉着症的病理原因是多方面的，病因相当复杂，现今尚未完全清楚，如医学上认为主要是内分泌系统的失调、紊乱所引起的，还认为雀斑是与遗传有关，中医认为是因肝脾郁结、失和、肾虚等所引起，再者紫外线的照射是色斑生成和加重的外在诱发因素。随着医学上色斑形成的各种学说和理论的不断完善，对于色斑定将会取得更良好的治疗效果。

2. 美白的途径和方法

美白的主要途径就是阻碍黑色素的形成，依据黑色素的生化形成过程，美白的方法有：

① 防止紫外线对皮肤的照射。

② 抑制酪氨酸酶的活性，抑制酪氨酸酶的活性能减少黑素细胞代谢的强度，从而减少黑色素的生成。可使用有效的酶抑制剂来抑制酪氨酸酶。

③ 抑制黑色素生成，在黑色素生成过程的各个阶段调节其对抗性物质，如内皮素拮抗剂，使对黑色素生成产生抑制作用。

④ 对黑色素进行还原、脱色。

3. 美白祛斑原料

（1）熊果苷（arbutin）　化学名称为对羟基苯-β-D-吡喃葡萄糖苷，又名熊果苷、熊果素、熊果叶苷、杨梅苷。其结构式见图 2-75。

熊果苷属氢醌糖苷化合物，是杜鹃花科植物熊果（*Arotosta phylosuva-ursi* L. spreng）叶中的主要有效成分。其余含量较多的有长春花（*Catharanthus roseus*）、曼陀罗（*Datura innoxia*）、日本黄连（*Coptis japonica*）等，均有提取价值。

本品呈针状结晶（乙酸乙酯），具强吸湿性，可溶于水和乙醇，在稀酸中易水解，不溶于氯仿、醚和石油醚，紫外特征吸收（吸光系数）为 286nm（2190），比旋度 $[\alpha]_D^{25}=-64°$（$c=3$，水中）。

本品用于高级化妆品中，可配制成祛斑霜、高级珍珠膏等护肤膏，既能美容护肤，又能消炎、抗刺激性。

（2）曲酸（kojic acid） 化学名称为 5-羟基-2-羟甲基-1，4-吡喃酮，为白色或类白色结晶，溶于水，不溶于油脂。其结构式见图 2-76。

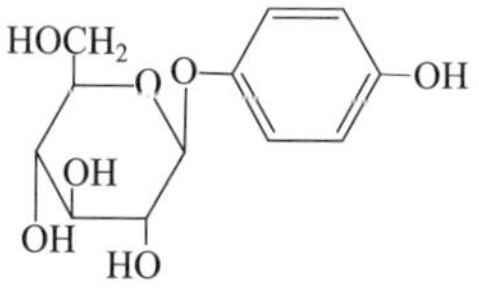

图 2-75 熊果苷的结构式 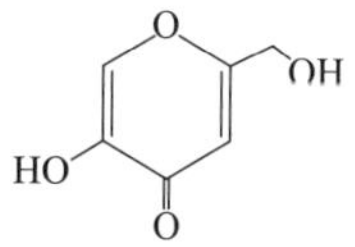　　　　图 2-76 曲酸的结构式

曲酸也属于吡喃衍生物，是由食用曲菌类如米曲酸（*Aspergillus oryzae*）产生的物质。工业生产以葡萄糖为原料，经曲霉念珠菌发酵制取，经过滤、浓缩、脱色、结晶等一系列步骤，总收率约 30%。曲酸为无色棱柱形结晶，易溶于水、醇和丙酮，微溶于醚、乙酸乙酯、氯仿等，不溶于苯。

曲酸为高效美白剂，有效抑制酪氨酸酶的活性，阻断或延缓黑色素的形成。在体外的非细胞试验中，能够有效抑制酪氨酸酶的活性，方式为非竞争性抑制。它会和铜离子结合，从而使铜离子失去对酪氨酸酶的激活作用。曲酸是在人们的生产活动中发现的，可从青霉、曲霉等丝状真菌中提取。现代科学技术分析及几千年人类食用发酵产品证实，曲酸是一种安全的物质。

（3）曲酸双棕榈酸酯（kojic dipalmitate） 呈白色或类白色结晶，熔点 92～96℃，溶于热液体石蜡、棕榈酸异丙酯、肉豆蔻酸异丙酯等油脂中。在 pH5～8 的环境中稳定。属于高效美白剂，该产品改善了曲酸的易变性，现已得到广泛应用。曲酸双棕榈酸酯拥有维生素 C 所没有的高稳定度，无副作用，具有抗氧化效果，能迅速渗入肌肤，被肌肤所吸收，软化角质层，不仅被医学界定论，并且也被卫生部认可，常被医学界用于淡化脸部斑点，是兼具美白效果、安全性及质感的美白成分。其结构式见图 2-77。

曲酸双棕榈酸酯的美白机理不同于熊果苷、异黄酮化合物、胎盘提取液及抗坏血酸，其独到之处是，作用时与铜离子结合，阻止了铜离子与酪氨酸酶的活化

图 2-77　曲酸双棕榈酸酯的结构式

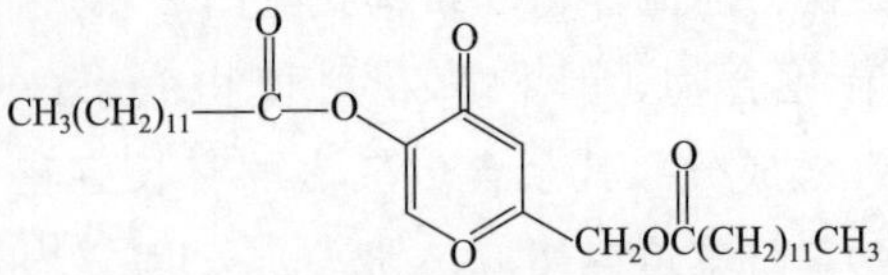

作用，还可抑制导致生成黑斑和雀斑的麦拉淋色素的生成，能够促进肌肤新陈代谢，快速排除已形成的麦拉淋色素，短期即见美白之成效。

本品可配入膏霜、乳液类型的化妆品，制成对老年斑、雀斑及色素沉着有较好疗效的疗效型化妆品与美白化妆品。

(4) 果酸(fruit acids，alpha hydroxyl acid，AHA)　果酸是从柠檬(*Citrus limonium*)、甘蔗(*Saccharum officinalis*)、苹果、越橘(*Vaccinium myrtillus*)、糖槭(*Acer saccharum*)、甜橙(*Citrus sinesis*) 等水果中提取的 α-羟基酸，它们中有羟基乙酸、L-乳酸、柠檬酸、苹果酸、酒石酸、葡萄糖醛酸、半乳糖醛酸等几十种，以羟基乙酸和 L-乳酸最为重要和常见，结构式见图 2-78。

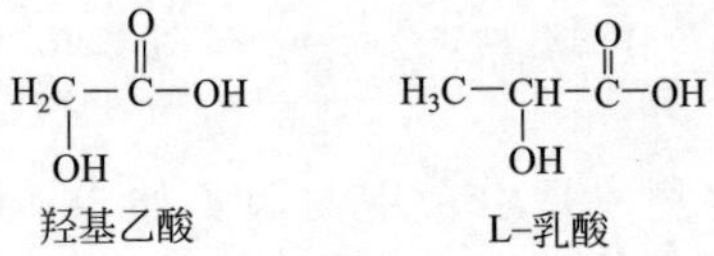

图 2-78　羟基乙酸和 L-乳酸的结构式

羟基乙酸是分子量最小的果酸，渗入皮肤的程度最高，可软化表皮角质层，使角质层细胞间的黏着力降低，从而剥落老化坏死细胞，使角质层变薄，同时促使表皮细胞的生长。在润滑皮肤、增加肌肤弹性、改善皮肤质地方面，羟基乙酸效果最明显，能给予干性皮肤特别滋润的感受，但含羟基乙酸过多的果酸对皮肤深层的侵害和刺激也最厉害。正常皮肤护理用化妆品常采用含 4％羟基乙酸的果酸溶液，敏感部位用品为 2％左右。

L-乳酸易溶于水，比旋度 $[\alpha]_D^{20} = -3.6°$，酸性较乙酸强，作为天然保湿因子存在于人体肌肤中，因此它的刺激性较羟基乙酸小，常用于性质温和的产品，如眼霜等，可有效去除细纹和皱纹。有研究认为经常裸露的皮肤如腿部、肘部、胸部等易转为干性皮肤是由于 L-乳酸及其他保湿成分的减少，L-乳酸可代替干性皮肤中所丧失的成分。化妆品中 L-乳酸的用量约 5％，D-乳酸或消旋乳酸的作用远较 L-乳酸差，L-乳酸在甘蔗、橄榄等水果中含量较多。

可以将几种不同的果酸混合使用，渗入不同深度的皮肤以去除皮肤外层的死细胞。但无论单独使用或混合使用均有副作用，可能减弱皮肤的正常保护功能。因此，许多果酸护肤品中都不同程度地加入天然营养活性物质，如磷脂蛋白质、亚麻酸等，可充分营养活化皮肤，增加皮肤的弹性。

果酸类护肤品也适用于油性皮肤，效果比一般产品显著，可清洁皮肤毛孔，去除因毛孔堵塞而造成的面疮，对粉刺有明显的治疗作用。

（5）甘草黄酮（liquorice extract）　为粉末状，红棕色，不溶于水及各种油脂，溶于乙醇、丙二醇、甘油及部分有机溶剂。甘草黄酮特性如下：

① 能够较强地抑制酪氨酸酶活性，达到较好的祛黄、祛斑、美白作用；

② 清除氧自由基，具有较强的抗氧化能力；

③ 具有很强的抑菌和杀菌能力；

④ 能够减轻皮肤受损后遗留下的疤痕性或非疤痕性色素沉着。

（6）光甘草定（glabridin）　光甘草定是从特定品种甘草中提取的天然美白剂，既能抑制酪氨酸酶的活性，又能抑制多巴色素互变和 DHICA 氧化酶的活性，是快速、高效、绿色的美白祛斑化妆品添加剂，具有与 SOD 相似的清除氧自由基的能力，具有与维生素 E 相近的抗氧自由基能力。主要作用有抗菌消炎、抗氧化、抗衰老、防紫外线、美白亮肤、祛斑。目前在化妆品行业的膏霜、水剂、露类、乳液等产品中广泛应用。

（7）杜鹃花酸（azelajc acid）　又名壬二酸，有九个碳原子、两个酸根（—COOH）。因为其化学名拼写与杜鹃花（Azalea）相似，故称杜鹃花酸，事实上毫无关系。

杜鹃花酸在体外试验确实有抑制黑色素形成的作用，且其本身也有一定抑菌作用，因此早期应用在皮肤科中，用于抑制青春痘发炎的药膏，在美容医学上用于消退因色素沉着而造成的黑斑症状；较之其他美白成分，其最大优点是安全性高，即使经口服用亦无毒。

（8）根皮素（phloretin）　根皮素是国外新近研究开发出来的新型天然皮肤美白剂，主要分布于苹果、梨等多汁水果的果皮及根皮中。能抑制皮脂腺的过度分泌，用于治疗分泌旺盛型粉刺；能抑制黑色素细胞活性，对各种皮肤色斑有作用。与同类天然成分熊果苷和曲酸相比，同等浓度的根皮素对酪氨酸酶的抑制作用更好，并且当其与熊果苷和/或曲酸进行复配时，能大大提高产品对酪氨酸酶的抑制率，使抑制率达到 100%。

（9）红花提取液　为菊科植物红花的花，采用生化技术及最先进的生产工艺精制而成。红花提取液内含红花苷（carthamin）、红花黄色素（safflor yellow）。

红花提取液的美白系列产品能改善皮肤血液循环，促进皮肤新陈代谢，抑制黑色素沉积，加速消斑脱色，对接触性皮炎、溢脂性皮炎、瘙痒症、神经性皮炎有治疗作用。

（10）红景天提取液　红景天提取液是采用现代生物工程技术，经提取液精制而成的纯中草药类化妆品添加剂。具有抗紫外线辐射、有害射线引起的色素沉淀，激活真皮中成纤维细胞，加速分泌胶原纤维，降低皮肤产生炎症、红斑和肿痛等特性。具有显著抗氧化性，延缓皮肤衰老；抑制酪氨酸酶活性，阻止黑色素形成，美白效果明显；具有抗毒作用和抗炎作用；显著增强机体抗电离辐射和电磁辐射能力；高效保湿作用。

在美容化妆品行业，本品主要用于皮肤美白、抗炎、抗菌、防衰老，可提高皮肤的健康，可用于护肤水、面霜、牙膏、花露水、护理液。

（11）其他美白的原料

① 猕猴桃核油　来自猕猴桃果核提取物，能有效防止痤疮产生，消除黑眼圈以及皱纹，并且通过抑制酪氨酸酶以及黑色素的生成而产生美白效果。

② 荔枝核提取物　已经被发现具有显著的美容功效，是天然的抗氧化剂，具有抑制酪氨酸酶、弹性蛋白酶、胶原酶、透明质酸酶的功能。

③ 神经酰胺　从稻米壳以及稻米中提取得到，其突出功能是能够抑制黑色素的生成，防止皮肤老化，并有极好的润湿功效。另外，神经酰胺可增加毛小皮细胞的黏合力；减少水溶性多肽的丢失和由紫外光、可见光引起的毛发损伤，能修饰毛发表面，可使毛发由于受到损伤（日晒、雨淋等）而失去的疏水性得到恢复和增强，增加毛发的光滑感觉。

④ 柚核提取物　是从柚子核中提取的黄棕色粉末。富含柠檬苦素，具有极佳的美白皮肤的效果，并能降低血清中的胆固醇和甘油三酯，提高血液循环，促进新陈代谢。

⑤ 柑橘提取物　是从中国蜜橘中提炼的黄色粉末，富含 β-玉米黄质（β-cryptoxanthin）和橘皮苷（hesperidin），研究表明其可以预防骨质疏松以及皮肤色素沉着，且是有效的抗氧化剂。

二、抗衰老类添加剂

抗老化保养品与年轻肌肤所使用的保养品，在功能上有所不同。对于细胞再生能力已经明显退化的老化肌肤，不能再只是重视防晒、美白或简单的角质层保湿的功效。抗老化保养品，必须能够积极解决皮肤干燥缺水、代谢缓慢、胶原蛋白缺乏、弹力蛋白无法再生以及皮肤免疫系统功能减退等问题。

一般认为，抗衰老活性物质的作用效果包括：清除自由基；提高细胞增殖速度；延缓细胞外基质的降解速度。

1. 酵母提取液

商品名 LEVURE GL，为新规细胞赋活剂，是从制造啤酒时所使用的酵母 *Saccaromyces cerevisiae* 中的细胞质成分依据独有的技术而抽取的提取液，是具有良好细胞赋活作用的、独特的化妆品原料。

它含有丰富的天然氨基酸中的各种营养成分，具有细胞增殖、促进创伤治愈、保湿、美白作用，并具有良好的安全性、稳定性。

2. 银杏提取液

银杏提取液是从银杏科植物银杏干燥的叶子中分离提取的有效成分，主要为银杏中的银杏黄酮和银杏内酯，还有银杏中的其他黄酮等。此产品将银杏中的有害成分，银杏酸基本上全部分离出去，对人体没有任何毒副作用。

本品主要有增白养颜、抗炎、抗衰老、促进人体微循环等作用。在化妆品中适用于日霜、防晒霜、保湿霜、膏等；也可在医药方面用于血管扩张剂，促进干性皮肤的皮脂分泌。

3. 金缕梅

金缕梅（*hamamelis virginiana* L.）的主要成分是金缕梅鞣质、单宁酸、金缕梅糖、没食子酸酯等。金缕梅鞣质属没食子酸水解鞣质，在金缕梅叶茎中含量为 30%～40%。

在化妆品中的功效主要是抗皱、抗炎、保湿。

4. 西红柿红素液

西红柿红素液（liquid lycopene）是成熟西红柿经过精细加工而成的产品，是不含氧的类胡萝卜素。1873 年 Hartsen 首次从浆果薯蓣 *Tamuscommunis* L. 中分离出这种红色晶体，这种物质和胡萝卜素不同。纯品为针状深红色晶体，在分子结构上由 11 个共轭双键和 2 个非共轭双键组成直链型碳氢化合物。在类胡萝卜素中，它具有最强的抗氧化活性。西红柿红素液清除自由基的功效远胜于其他类胡萝卜素和维生素 E，其淬灭单线态氧的速率常数是维生素 E 的 100 倍，是自然界中被发现的较强的抗氧化剂之一。

在化妆品中用于抗衰老祛皱、美容养颜，可使皮肤细腻有光泽。

5. 红酒多酚（red wine polyphenols）

又称红葡萄多酚，萃取自红葡萄酒。采用红葡萄酿造，发酵过程是将葡萄皮连同葡萄一起浸泡发酵。红酒已被研究证实含有多种重要的化学物质及营养成分，其中一种称为多酚的化学物质即为红酒多酚，是由葡萄本身在进行光合作用时因抗氧化而产生的，其外观呈柴红色。研究发现，红酒多酚为一种强而有力的抗氧化分子，可有效抵抗自由基的伤害，可以防止肌肤老化，且变得更白皙、润泽而有弹性。红酒当中含有多种多酚类物质，如没食子酸、儿茶素、槲皮酮、原花青素、白藜芦醇等，都具有抗氧化作用，效果更胜维生素 E。从皮肤保养的角度来看，白藜芦醇同时具有良好的保湿特性及抗炎作用，还可延缓肌肤细胞的衰老过程，甚至亦能抑制酪氨酸酶的活性，从而减少黑色素的形成。

本品在化妆品中对皮肤主要有以下作用：

① 对抗活性氧的侵犯，维持细胞膜及皮肤构造的完整；

② 抑制胶原蛋白分解酶及其他各类分解酶，抗肌肤老化；

③ 降低皮肤受刺激所引起的发炎反应；

④ 抑制酪氨酸酶活性，减少黑色素生成，让肌肤亮白；

⑤ 维持血管张力，防止微血管曲张，促进脂肪与糖类的代谢，消除橘皮组织现象。

6. 葡萄籽提取液（grape seed extract）

葡萄籽中含有脂肪、胆碱、泛酸、维生素 B_2 等，是从天然葡萄籽中精细加工而成的产品，主要成分是原花青素、多酚。葡萄籽提取液是新型高效天然抗氧化剂物质，它是目前自然界中发现的抗氧化、清除自由基能力较强的物质之一，其抗氧化活性为维生素 E 的 50 倍、维生素 C 的 20 倍，它能有效清除人体内多余的自由基，具有超强的延缓衰老和增强免疫力的作用，它可以抗氧化、抗过敏、抗疲劳增强体质、改善亚健康状态延缓衰老及改善烦躁易怒、头昏乏力、记忆力减退等症状。

本品用于化妆品中可以增强皮肤弹性和柔滑性，预防太阳光线对皮肤的辐射损伤，具有消炎、祛肿等作用。

7. 藏红花（*crocus sativus* L.）

别名西红花、番红花，在西班牙、希腊、印度、法国、伊朗等国生长。藏红花酸的结构式见图 2-79。

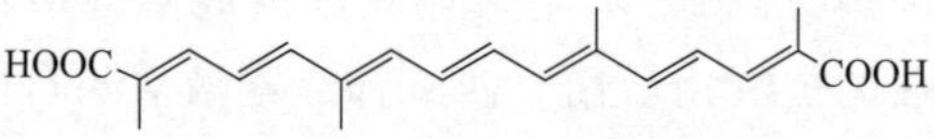

图 2-79　藏红花酸的结构式

我国最初的藏红花是由印度经西藏传入，目前在浙江、江苏、上海、山东、北京等地均有栽培。对藏红花化学成分的研究主要集中在柱头部分，其中含有挥发油、类胡萝卜素及其苷类化合物、胡萝卜素类化合物、氨基酸及皂苷；花含黄酮及其苷类等化合物。在化妆品中的功效主要是抗衰老、抗氧化、保湿、生发。

三、抗过敏类添加剂

过敏反应是肌体受抗原性物质刺激后引起的组织损伤或生理功能紊乱，理论上属于异常的、病理性的免疫反应。过敏反应的发生机制比较复杂，抗过敏中药的现代药理研究主要通过两种机理研究来指导，即过敏介质理论和 Th1/Th2 平衡理论。

（1）过敏介质理论　抗过敏药物的作用机制呈现多层次、多靶点的特点。能够在抑制免疫球蛋白 E（IgE）产生、保护和稳定靶细胞膜（减少和防止其脱颗粒、释放过敏介质，提高细胞内环磷腺苷水平）、对抗过敏介质、中和变应原等多个环节起作用，且毒副反应较少。在近年中药抗过敏反应的研究中，基于过敏介质理论，发现多种单味或复方中药，具有明显抗过敏作用。

（2）Th1/Th2 平衡理论　是一种比较新的过敏反应机制理论。依据这种理论研制的抗过敏药物，主要刺激 Th1 辅助 T 淋巴细胞产生大量干扰素（IFN），抑制 Th2 细胞的发育，减少 Th2 细胞产生 IgE 的量及缩短分泌的持续时间，最终达到平衡 Th1/Th2 的目的，抑制机体出现过敏反应。

1. 苦参素（ammothamnine）

系从豆科属植物苦参（*Sophora flavescens* Ait.）或平科植物广豆根（*Sophora subprostrata* Chunet T. Chen）中分离出来的生物碱，主要有抗过敏、抗炎作用。是白色或类白色结晶粉状固体，无臭，味苦。在水、乙醇、氯仿中易溶，在丙酮中溶解，在乙醚中微溶。应用于化妆品中具有祛痘、抗粉刺、抗过敏功效。

2. 甘草提取液

甘草为豆科植物的根及根状茎，内含甘草甜素、甘草甜素钙-钾盐、甘草亭、甘草苦苷等。另含蔗糖、葡萄糖、甘露糖醇和天冬氨酸，并有其特殊的气味及甜味。

甘草浸膏经特殊工艺精制而成，添加于化妆品中的膏霜、乳液中，能起到抗菌、消炎、防治手足皲裂及冻伤等作用。甘草在中性、极性溶剂中（乙酸乙酯、氯仿、乙醚）的可溶性成分有养发护发的显著效果。本品无毒，为传统的解毒剂。

（1）明显的祛痘除印作用　甘草提取液富含抗氧化物质和抗菌、消炎物质，能渗透至皮肤深层，直达毛细血管。通过调节皮下毛细血管通透性，对色变细胞进行再生修护，改善皮肤微循环生态环境，使肌肤抗菌能力及细胞新陈代谢能力恢复正常，迅速清除痘痘内部脂褐素并抑制新脂褐素的合成，从而达到彻底祛痘、清除痘印和平复疤痕的目的。

（2）美白和抗氧化机制　富含黄酮，抑制酪氨酸酶活性，消除氧自由基，具有高效的抗氧化能力，与维生素 E 相近。

3. α-红没药醇（bisabolol）

是存在于春黄菊花中的一种成分，春黄菊花的消炎作用主要来自红没药醇。为无色至稻草黄黏稠液体，溶于低级醇（乙醇、异丙醇）、脂肪醇、甘油酯和石醋，几乎不溶于水和甘油。

α-红没药醇主要应用在皮肤保护和皮肤护理类化妆品中，α-红没药醇作为活性成分可以保护和护理过敏性皮肤。此外，α-红没药醇还可用于口腔卫生产品中，如牙膏和漱口水中。

一般添加量为 0.2%～1.0%，大多数情况下为 0.2%～0.5%。对于 α-红没药醇来说，存在一个最适浓度，超出这一浓度，有效性反而降低。

4. 马齿苋提取液（portulaca extract）

马齿苋在我国也称长寿草，在民间常拿来使用。马齿苋中含有大量的黄酮类、肾上腺素类、多糖类和各种维生素、氨基酸等化合物。在药物方面可治疗多种疾病。呈淡黄色液体或透明液体，有植物的特征气味，pH 值为 4～6。

在化妆品中主要用于抗过敏、抗菌消炎和抵抗外界对皮肤的各种刺激作用，还有祛痘功能，特别对长期使用激素类化妆品产生的皮肤过敏有明显的抗过敏作用。可添加到洗面奶、沐浴露、膏霜、乳液和啫喱等中，也可添加到各种护肤品、护发品中，用于护发品中有抗头皮屑功能。

5. 菊花

为菊科菊属多年生草本植物，别名秋菊、菊华、九华等。菊花的花序含挥发油、黄酮类化合物、氨基酸、绿原酸和微量元素等，主要有抗菌、消炎、抗过敏、抗氧化和抗衰老、抑制黑色素等作用。

四、祛痘类添加剂

面疱又称青春痘、粉刺、暗疮、痤疮，面疱的起因相当复杂，不完全是皮肤方面的因素，还包括生理层面的原因。

虽然有所谓的面疱专用化妆品，但是真正面疱严重的患者，往往无法借由单纯使用化妆品而使病情全面控制下来。对于症状过于严重的面疱，仍建议寻求皮肤科医师协助。

祛痘剂的作用机理主要为以下几个方面：① 降低毛囊不正常的角质化；② 减低皮脂分泌；③ 降低痤疮丙酸杆菌（*Propionibacterium acnes*）繁殖；④ 减少发炎。

1. 甘草酸（GA）

GA 具有高甜度、低热能和起泡性，溶血作用很低、安全无毒，有较强的医疗保健功效。在化妆品中可以起抗炎、抗氧化、抑菌、治疗创伤、有效清除超氧离子和羟基自由基、显著抑制脂质体过氧化物的作用，并有广泛的配伍性，常与其他活性添加剂协同作用，加速皮肤的吸收而增效。在美容化妆品行业中，本品可配制成护肤霜、祛斑霜、高级珍珠膏、牙膏。

2. 甘草酸二钾（dipotassium glycyrrhizinate）

本品呈白色-微黄色的结晶性粉末，无臭味，并有特别的甘味。易溶于水，溶于乙醇，不溶于油脂。是从新疆种植的甘草中分离得到的，属天然产品。能阻止体内组胺释放，防止化妆品引起的过敏作用；具有消炎、抗过敏功效，对日照引起的炎症具有消炎镇静作用。由于化学性质稳定，具有良好的溶解性和乳化性，因此在化妆品领域中得到广泛使用，常被用于抗过敏及修复化妆品中。其结构式见图 2-80。

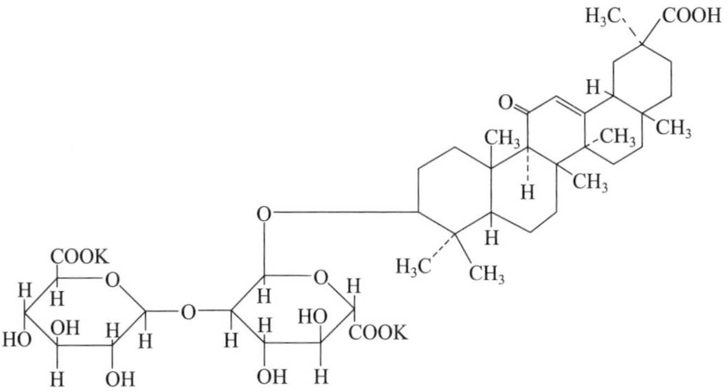

图 2-80　甘草酸二钾的结构式

　　在与化妆品有密切关系的皮肤科领域中，本品作为外用药在国内外都可以看到很多临床报告，对急性和慢性皮炎具有显著效果，而且与肾上腺皮质激素相比，作用较为缓和，不具速效性，连续使用没有副作用。

　　3. 辛酰水杨酸（capryloyl salicylic acid）

　　是一种功效成分，能够作用于皮肤、黏膜和角质的纤维。尤其适用于防止皮肤老化，改善肤色，减轻皱纹，使面部或身体光洁。可以重组表皮细胞组织，刺激细胞的更新，治疗痤疮和其他皮肤病患。其结构式见图 2-81。

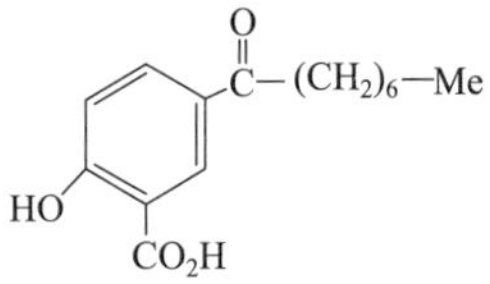

图 2-81　辛酰水杨酸的结构式

　　本品用作角质层分离剂、祛痘剂、美白剂、抗衰老剂，用于化妆品以及皮肤药用成分，尤其可以改善皱纹和细纹类皮肤老化的临床表现。

　　4. 过氧化苯甲酸叔丁酯

　　可同时具有抗菌、去角质作用，对白头粉刺、丘疹、脓胞红肿均有改善作用，也可用作漂白剂和氧化剂。使用时皮肤会有轻微的干燥和脱皮现象，约 1～2 周后即会改善，约 3 周后可见明显改善，但须持续使用。部分使用者会对本品产生过敏刺激现象，引发红疹扩散与水疱，有此现象者不宜再使用此成分。对粉刺的治疗效果不及维生素 A 酸。

　　5. 神经酰胺前驱物（phytosphingosine）

　　可有效抑制有害菌，帮助表皮有益菌生长，平衡表皮自然菌种生长环境。具有抗炎、抗氧化、抗菌的积极效果。0.2% 以上的用量，其抗炎效果优于类固醇，但无类固醇所产生之副作用，一般用量为 0.01%～0.1%。

　　6. 壬二酸衍生物

　　化学名称壬二酸氨基酸钾盐，为无色或淡黄色透明水溶液，几乎无味。能抑制皮肤脂溢性，祛粉刺；竞争性抑制酪氨酸酶，具有美白祛斑作用；能提高皮肤保湿能力，改善皮肤弹性。其结构式见图 2-82。

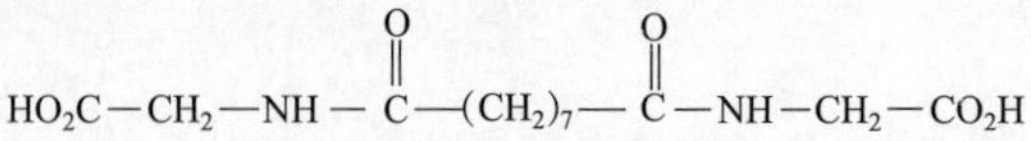

$$HO_2C-CH_2-NH-\overset{\displaystyle O}{\overset{\|}{C}}-(CH_2)_7-\overset{\displaystyle O}{\overset{\|}{C}}-NH-CH_2-CO_2H$$

图 2-82　壬二酸衍生物的结构式

壬二酸属于传统的美白和祛粉刺原料，但由于其不溶性、熔点高以及用量大、易变色、配伍性差，使其在应用时受到很大限制。本品是最新开发的壬二酸的衍生物，易溶于水，使用量少，美白作用强，而且具有良好的调节油脂分泌的功效。大量试验证明，本品具有优良的安全性和稳定性。适用于美白、祛粉刺膏霜、乳液、水基产品，在配方中应选择非离子乳化剂。

7. 茶树精油（tea tree essential oil）

对革兰阴性菌、革兰阳性菌、酵母菌、霉菌、丝状菌等的灭菌力极强。10％含量对面疱性脓疱有极佳的控制效果，一般 5％含量的霜剂可控制因细菌性引起的面疱。

8. 纳米珍珠粉

纳米珍珠粉可以去黑头、控油、祛痘、除死皮，通过增强 SOD 的活性起到抗衰老的作用，让皮肤清爽柔滑、白皙可人，可以制成珍珠膏霜、乳液、洗面奶、染发剂、护手霜等。

9. 枇杷叶提取物（熊果酸）

本品为蔷薇科植物枇杷 *Eriobotrya japonica*（Thunb.）Lindl. 的叶，别名乌索酸、乌苏酸。

熊果酸是存在于天然植物中的三萜类化合物，具有镇静、抗炎、杀菌、抗糖尿病、抗溃疡、降低血糖等多种生物学效应。近年来发现它具有抗致癌、抗促癌、诱导 F9 畸胎瘤细胞分化和抗血管生成作用，极有可能成为低毒高效的新型抗癌药物。另外，熊果酸具有明显的抗氧化功能，因而被广泛地作为医药和化妆品原料。

五、减肥健美类添加剂

1. 概述

肥胖已成为危害人类健康的大敌，世界每年因肥胖或由肥胖引起的冠心病、糖尿病等而死亡的人数已超过 500 万人。为了人们的健康，世界卫生组织和各国高度重视减肥。此外，消除肥胖也是人们对美的需求。近几年，在世界范围内，掀起了减肥热，各种减肥药品、减肥保健食品、减肥化妆品等及减肥方法（运动减肥、节食减肥、机械减肥、美容减肥等）层出不穷，但减肥目前仍是世界性难题，要做到真正减肥和控制肥胖还需进行系统研究。

健美化妆品是指具有保持体形健美作用的化妆品，其作用是通过将减肥化妆品涂抹于肥胖部位并结合按摩，令皮肤吸收其有效成分，促进脂肪的代谢，排出多余脂肪或抑制脂肪的合成，从而达到减肥和保持健美的目的。

（1）人体肥胖的成因　人体肥胖的成因是多方面的，至今仍未十分清楚，重要成因有遗传、饮食、睡眠、运动量、内分泌失调及精神、心理等。

产生肥胖或脂肪过度的生理机理是由于脂（肪）类的新陈代谢机能出现了障碍，特别是脂肪分解不利造成的。正常情况下，储存脂肪的细胞将脂肪变成甘油三酯，并通过水解作用，根据身体各器官的需要，将脂类释放出来。若这一进程发生障碍，由于储存脂肪的细胞的个数不变，细胞就会充满了过多的脂肪，使细胞变得过度肥大，它就会挤压周围组织，降低静脉的血液循环，发生淋巴迁移，影响有关大分子的淋巴液的循环，从而导致肥胖病的发生，危害人类健康。

男士有较扩张的皮下组织，而妇女的皮下组织在真皮与皮下组织界面呈褥子状的结构，很少平行的纤维将皮肤与下层结构连接。在纤维将皮肤锚住的地方，可能出现"橙皮状"皮肤或脂肪团快。这样的脂肪沉积甚至在体重正常或消瘦人群的大腿和臀部部位也会出现，由于妇女皮下组织结构的特点，妇女比男士更容易形成脂肪团。

在减肥过程中，脂肪不是从所有部位和局部沉积物中以均匀的速度消失，而是腹部脂肪消失比大腿和臀部快。这是由于每个组织部位脂肪生成和脂解的速度不同。这些脂肪层，女士主要集于大腿、髋和臀部，而男士常出现在上腹部、三角肌和颈背部。

（2）健美化妆品的作用原理及有效成分

① 促使储存脂肪细胞内的脂肪分解。细胞内的物质单磷酸腺苷（AMP）对脂肪的分解起着重要作用，它可刺激脂肪细胞，促使脂肪酶活化，使甘油三酯分解，还可阻碍不饱和脂肪酸的沉积。许多天然植物的提取物都有助于 AMP 的生成，因此这些天然植物提取物都可作为健美化妆品的添加成分。

② 增强细胞内淋巴腺等系统的代谢作用，促使脂肪的排除。如黄酮类化合物可直接对静脉和淋巴毛细微循环系统发生作用，这样有助于淋巴系统有良好的排泄功能，有利于脂肪的清除。许多天然植物都含有大量的黄酮类化合物——具有消炎、解毒等作用，可选作健美化妆品的有效成分。

③ 促进细胞结缔组织的再生，即促进胶原纤维及弹性硬蛋白的更生。过多类脂化合物对结缔组织的侵入造成弹性纤维的毁坏及胶原组织的破坏，而使结缔组织成为失去作用的病态。因而重新构建健康的结缔组织取代病态的结缔组织，有利于脂类的分解。水解弹性蛋白、细胞生长因子及各种糖苷、类固醇等物质都可刺激成纤维细胞，而成纤维细胞可产生弹性硬蛋白及胶原纤维，建立新的结缔组织。

　　目前健美化妆品中的有效成分多为天然植物提取物、海洋生物藻类提取物及生化活性物质。

　　近年来，对海洋生物藻类采用离心过滤、密闭循环后经逆渗透、微过滤或纳米薄膜浓缩抽提，可获得高活性有效成分，具有抑制磷酸双酯酶活性、促进脂肪分解的作用。经医学临床证明，萃取物经纳米膜过滤后，分子量仅为 1000～5000，易渗入皮下组织，使脂肪分解速度加快，作用 2h，脂解率可达 47%，很适宜作为局部瘦身、健美制品。

　　2. 减肥健美产品的原料

　　(1) 脂质体高效减肥剂　　商品名 LIPOSOMES SLIMMIGEN LS 3713，为脂质体纳米微囊分散液，外观为橙黄色不透明液体；脂质体大小为：70～140nm；主要功效是：促进脂肪细胞脂解、局部减肥、局部抗阻塞。

　　其作用机理为脂质体的靶向性结构显著增加了活性成分的透皮吸收；内含的活性成分具有协同增效的功能：① 带有黄嘌呤结构的物质如咖啡因、茶碱，具有脂肪分解功能；② 植物活性成分，如大麦、常春藤、蘑菇、甜苜蓿、柠檬的活性成分，具有抗水肿、加速血液流通、毛细管渗透调节等能力。主要用于局部减肥、紧致产品，可辅以轻微按摩。

　　(2) 瘦身素 (hexyl nicotinate)　　化学名称为烟酸正己酯，无色至淡黄色油状透明液体，稍有刺激性气味。易溶于油脂，溶于乙醇等有机溶剂，不溶于水。其结构式见图 2-83。

　　本品经皮肤渗透可将脂肪酸甘油三酯分解为甘油和脂肪酸，使皮肤轻微发热、发红，从而减少蜂窝组织中的水分，并有利于脂肪酸从这些组织中移出。对皮肤稍有刺激性，有较强的血管扩张作用，请勿将本品溅入眼内。

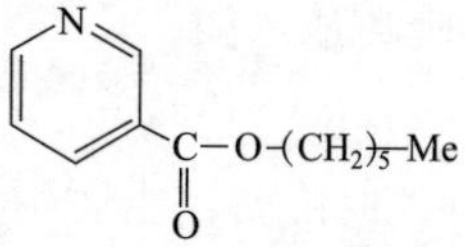

图 2-83　瘦身素的结构式

　　(3) 苦瓜提取物 (高能清脂素) (bitter melon extract)　　从苦瓜中提取的生物活性成分高能清脂素，有良好的减肥作用。经试验每天服用少量高能清脂素，可阻止 6～12kg 左右的脂肪吸收，而储存在腰、腹、臀、大腿等处的脂肪约有 3～7kg 被分解。本品还具有抗糖尿病、抗病毒作用。

　　(4) 左旋肉碱 (L-carnitine)　　又称 L-肉碱，是促使脂肪转化为能量的、天然存在于人体体内的类氨基酸物质。红色肉类是左旋肉碱的主要来源。左旋肉碱有运输脂肪至线粒体并加速脂肪燃烧和分解的功能，从而达到减肥瘦身的效果。

　　服用左旋肉碱能够在减少身体脂肪、降低体重的同时，不减少水分和肌肉，2003 年本品被国际肥胖健康组织认定为最安全无副作用的减肥营养补充品，特别适合人们配合做有氧运动来减脂，效果比较明显。

　　左旋肉碱有提高新陈代谢的作用，主要用于减肥产品，一般在化妆品中常作

为控制体形或脂肪的膏霜的配方原料。除此之外，它对皮肤还有强力保湿功效，可促进表皮更新（属于 β-羟基酸）、美白，因此也是天然、内在、多功能性的和通用性的化妆品添加剂，可广泛使用。

（5）仙人掌提取物 仙人掌中含有一种叫丙醇二酸的物质，对脂肪的增长有抑制作用；仙人掌含三萜皂苷，能直接调节人体分泌机能和调节脂肪酶的活性，促进多余脂肪迅速分解，并能有效地防止脂肪在肠道吸收，抑制脂肪在肝内合成，对抗胆固醇在血管内壁的沉积，循序渐进地减轻体重。

仙人掌提取物除在化妆品中可作为减肥健美的原料外，还因含有多糖、氨基酸、SOD 而具有抗衰老、保湿作用，被很多产品采用。

（6）绿茶提取物（茶多酚）（green tea polyphenols） 简称 GTP，主要成分由儿茶素组成，占总量的 $60\%\sim80\%$，其中含 $4\%\sim6\%$ 的表儿茶素（L-EC）、$6\%\sim8\%$ 的没食子儿茶素（D，L-EC）、$10\%\sim15\%$ 表没食子儿茶素（L-EGC）、$50\%\sim60\%$ 表没食子儿茶素没食子酸酯（EGCG），还有 $8\%\sim10\%$ 的咖啡碱。茶多酚结构中富含酚羟基，可提供活泼氢，使自由基灭活，而本身被氧化形成的自由基由于邻苯二酚结构而具有较高稳定性，因此，GTP 具有清除自由基及抑制脂质过氧化作用，能明显降低高脂血症的血清总胆固醇、甘油三酯、低密度脂蛋白胆固醇含量，同时具有恢复和保护血管内皮功能的作用。

GTP 应用于化妆品中，除具有减肥健美、保健皮肤的生理功效外，还可作为抗氧化剂、除臭剂、收敛剂，可用于化妆水、膏霜产品中。

第九节　化妆品用去离子水

水是化妆品的重要原料，是优良溶剂。水的质量对化妆品产品的质量有重要影响。化妆品所用水，要求水质纯净、无色、无味，且不含钙、镁等金属离子，无杂质。在大部分化妆品产品中含有大量的水，有时会因为水是化妆品中最普通的组分，而忽略对水的质量要求，使产品不合格。

一、化妆品生产用水的要求

为了满足化妆品高稳定性和良好使用性能的要求，对化妆品生产用水有两方面的要求，包括无机离子的浓度和微生物的污染。

1. 无机离子浓度

日常生活使用的自来水虽然经过初步纯化，但仍然含有钠、钙、镁和钾盐，还有重金属汞、镉、锌和铬，以及流经水管夹带的铁和其他物质。这些杂质对化妆品生产有很多不良影响。如在制造古龙水、须后水和化妆水等含水量较高的产品时，少量的钙、镁、铁和铝能慢慢地形成一些不溶性的残留物，更严重的是溶解度较小的香料化合物会一起沉淀出来。在液洗类化妆品生产中，水中钙、镁离子会与表面活性剂作用生成钙、镁皂，影响制品的透明性和稳定性，并且会降低发泡力。此外，一些酚类化合物，如抗氧化剂、紫外线吸收剂和防腐剂等可能会与微量金属离子反应形成有色化合物，甚至使之失效。不饱和化合物有时成为自动氧化的催化剂，加速酸败。又如，去头屑剂吡啶硫酮锌（ZPT）遇铁会变色，一些具有生物活性的物质遇到微量重金属会失活。水中矿物质的存在构成微生物的营养源，普通自来水中所含杂质几乎已能供给多数微生物所需的微量元素，因此采用去离子水可减少微生物的生长和繁殖。在乳化工艺中，大量的无机离子，如镁、锌的存在会干扰某些表面活性剂体系的静电荷平衡，使原先稳定的产品发生分离，所以化妆品用水需去除水中的无机离子，达到纯水要求，使含盐量降至 $1mg/L$ 以下，即电导率需降低至 $1\sim6\mu S/cm$。

2. 微生物污染

化妆品生产用水的另一要求是不含或尽量少含微生物。化妆品卫生标准规定，一般化妆品细菌总数不得大于 1000 个/mL 或 1000 个/g；眼部、口唇、口腔黏膜用化妆品以及婴儿和儿童用化妆品细菌总数不得大于 500 个/mL 或 500 个/g。微生物在化妆品中会繁殖，结果使产品腐败，产生不愉快气味，产品发生分离，对消费者也会造成伤害。任何含水的化妆品都可能滋长细菌，而且最常见的细菌来源可能是水本身，因此，现代化妆品工厂必须使用没有微生物污染的生产用水。

一般来说，由于微生物在静态或停滞不流动的水中繁殖最快，所以来自水厂的水污染程度变化很大，从水厂到使用者水的污染程度不仅取决于水厂出口的质量，而且与管线状况和使用频度有关。

二、水质预处理

水质预处理的作用是把相当于生活饮用水水质处理到后续处理装置允许的进水水质指标，其处理对象主要是机械杂质、胶体、微生物、有机物和活性氯。水质预处理的好坏直接影响后续的纯化工艺。

1. 机械杂质的去除

机械杂质的去除方法包括电凝聚、砂过滤和微孔过滤等，其中砂过滤和微孔过滤较适宜化妆品用水的预处理。

2. 水中有机物的去除

水中有机物的性质不同，去除的手段也各异。悬浮状和胶体状的有机物在过滤时可除去 60%～80% 腐殖酸类物质。对所剩的 20%～40% 有机物（尤其是其中 1～2mm 的颗粒）需采用吸附剂，如活性炭、氮型有机物清除器、吸附树脂等方法予以除去。活性炭吸附应用较普遍，最后残留的极少量胶体有机物和部分可溶性有机物可在除盐系统中采用超滤、反渗透或复床中用大孔树脂予以除去。

　　3. 水中铁、锰的去除

　　进入脱盐系统中的水中有少量铁或经管网输送的铁锈产生的铁，应在预处理中进一步除去。砂过滤、微孔过滤和活性炭吸附都可除去部分铁和锰。二价的铁和锰化合物溶解度较大，如将其氧化成 Fe^{3+} 和 Mn^{4+}，成为溶解度较小的氢氧化物或氧化物沉淀，则可进行分离。常用的氧化方法有曝气法、氯氧化法和锰砂接触过滤法。以自来水为进水的除铁和锰的方法选用锰砂接触过滤法较为方便。但采用锰砂过滤处理时，进水 pH 值不能太低，而且不能含有 H_2S。

三、离子交换除盐

　　为了进一步除盐，有效的方法有离子交换、电渗析、反渗透和蒸馏法。目前，化妆品工业最常用的方法是离子交换和反渗透法。

　　离子交换技术可应用于水质软化、水质除盐、高纯水制取等方面。在采用离子交换水质除盐时，水中各种无机盐电离生成的阳、阴离子，经过 H 型阳离子交换剂层时，水中的阳离子被氢离子所取代，经过 OH 型阴离子交换剂层时，水中的阴离子被氢氧根离子所取代，进入水中的氢离子与氢氧根离子组成水分子，或者在经过混合离子交换剂层时，阳、阴离子几乎同时被氢离子和氢氧根离子所取代生成水分子，从而取得去除水中无机盐的效果。

　　通过离子交换可较彻底地除去水中的无机盐。混合床离子交换可制取纯度较高的高纯水，目前，它是在水质除盐与高纯水制取中常用的水处理工艺，现已有成套离子交换水处理系统出售。

四、膜分离制备纯水

　　给水处理中最常用的膜分离方法有电渗析、反渗透、超滤和微孔过滤等，电渗析是利用离子交换膜对阴、阳离子的选择透过性，以直流电场为推动力的膜分离方法。而反渗透、超滤和微孔过滤则是以压力为推动力的膜分离方法。

　　膜分离方法具有无相态变化、节省能源、可连续地操作等优点，可根据分享对象选择分离性能最合适的膜和组件。

　　反渗透和电渗析在给水处理中主要应用在初级除盐和海水淡化中，水中大部分含盐量先通过电渗析或反渗透法除去，然后，再进行离子交换，使整个水处理系统有良好的适应性，操作稳定，而且较为经济合理。微孔过滤可除去水中悬浮物、微粒、胶体、细菌等。超滤主要用来除去水中的大分子和胶体。

五、化妆品生产用水的灭菌和除菌

　　化妆品厂生产用水的水源多数来自城市供水系统的自来水（即生活饮用水），

其水质标准规定细菌总数小于 100 个/mL，但经过水塔或储水池后，短期内细菌可繁殖至 $10^5 \sim 10^6$ 个/mL。这类细菌只限于对营养需要较低的细菌，大多数为革兰阴性细菌。这类细菌很容易在水基产品，如乳液类产品中繁殖。另一类细菌是自来水氯气消毒时残存的细菌，即各种芽孢细菌，其在获得适宜培养介质时才继续繁殖。自来水厂出水是有指定的质量标准的，不允许含热原、藻类和病毒等。因此，化妆品进水水源除非输水管线污染，否则不会含有这类污染物。

在进一步纯化前，原水可能受到较严重的微生物污染。进行过离子交换的水，微生物的污染会更严重，因为树脂床中停滞水的薄膜面积很大，树脂本身有可能溶入溶液，形成理想的细菌培养基（即碳源、氮源和水），而离子交换树脂的吸附作用不仅能除去各种离子，还能完全除去在自来水中起消毒作用的氯元素，所以，由纯水制备装置所出的纯水一旦蓄积起来，马上就可能繁殖细菌。此外，尽管生产设备已消毒，没有细菌玷污，但供水系统的泵、计量仪表、连接管、水管、压力表和阀门都存在一些容易滋生微生物、水不流动的死角，也应注意消毒杀菌。

1. 化学处理

受污染的树脂床和供水管线系统可使用稀甲醛或氯水（一般用次氯酸溶液）稀溶液进行消毒。在消毒前必须完全使盐水排空，防止与甲醛反应转变为聚甲醛和次氨酸盐产生游离氯气。一般方法是让质量分数为 1% 的水溶液与树脂接触过夜，然后清洗干净。

进水通过去离子后，确保微生物不在储水池和供水系统内繁殖的一种方法是添加一定剂量的（低浓度）灭菌剂。在去离子后的储罐中添加氯气（一般使用氯水或次氯酸钠溶液）$(1 \sim 4) \times 10^{-6}$ mg/L 可使其中微生物污染降至 100 个/mL 水平。一般水中氯气的质量浓度为 5×10^{-6} mg/L 时就可闻到氯的气味，这种水平的氯对大多数化妆品没有影响。可采取计量泵在管道系统中添加氯。此外，也可采用防腐剂和加热处理，例如将 0.1% ~ 0.5% 的对羟基苯甲酸甲酯加热到 70℃，也可用于清洗设备。

2. 热处理

在反应容器中加热灭菌是化妆品工业最常使用的灭菌方法。水相在容器中加热到 85 ~ 90℃ 并保持 20 ~ 30min，这个方法足以消灭所有水生细菌，但不能消灭细菌芽孢（一般细菌芽孢很少存在于自来水中）。如果有细菌芽孢，加热处理可能会引起芽孢发育，加热后间歇 2h 再重新加热，这样反复加热 3 次可杀灭芽孢。

另一种加热灭菌方法是将水呈薄膜状加热至 120℃，并立即冷却。这种方法称为超高温短期消灭法（简写 UHST），据称可除去所有的细菌。

3. 紫外线消毒

波长低于 300nm 的紫外辐射可杀灭大多数微生物，包括细菌、病毒和大多数霉菌。紫外线灭菌的机理是紫外辐射对细菌 DNA 和 RNA 的作用。由于紫外线较难透过水层，只有当水流与紫外线紧密接触时才有效，这就意味着水流必须呈薄膜状或雾状，因而，本法对供水系统有限制，水流很慢才有效。

尽管紫外线消毒对空气和一些设备是有用的消毒方法，但必须确保紫外线源的效率。光源表面黏液的积聚或光源发光效率衰减会导致灭菌效率的下降。紫外线消毒作为水处理冷式消毒方法不是很有效，即使是很有效的系统，往往也有残存的微生物。所以尽管本法在化妆品生产用水系统中也常使用，但其有效性是较差的。

4. 微孔过滤

从理论上讲，所有细菌都可以通过孔径小于或等于 $0.2\mu m$ 的滤膜除去。这种类型的设备安装在供水管线上，一般应用 $0.45\mu m$ 孔径的滤膜。

大量实际应用的结果表明膜过滤和分离是除去水中微生物污染最有效的方法，但这种方法也有些缺点，这些滤膜对水流产生较大的阻力，更换膜费用高，运转成本比其他方法高。更根本的问题是在滤膜中微生物的积聚，使膜对水流的阻力增加，严重情况下，滤膜会被压破而使微生物透过，污染出水；或使水流变得很小，甚至终止。另外，一些微生物，特别是霉菌可在膜进水一侧繁殖，并可大量地向膜的另一侧（淡水一侧）生长，污染出水，其生长速度取决于通过水的体积和进水的污染程度。采用连续再循环的给水系统时，这个问题更为突出，因为水流不断地通过泵和滤膜，当水温热至 $40℃$ 左右，更会加速微生物生长。因此，很多人认为使用膜分离可以完全阻止和除去水中微生物是不完全正确的，关键问题是如何充分综合利用这些方法加强管理及控制。应注意，在这些除菌方法中，只有蒸馏、超滤和反渗透可除去热原。

知识拓展

保湿化妆品

所谓保湿化妆品，就是化妆品里面含有保湿成分，能保持皮肤角质层一定的含水量，能增加皮肤水分、湿度，以恢复皮肤的光泽和弹性。其主要是修复表皮屏障功能，增加表皮的含水量，确切地说主要还是增加角质细胞的含水量。

化妆品一般都有保湿功能，保湿化妆品特指强化保湿化妆品，其具有抗炎作用、抗细胞分裂作用、止痒作用。保湿化妆品与其他化妆品有所区别，它可以用于健康皮肤，可以防止发生皮肤病，还可以用于治疗皮肤病。

保湿化妆品应具有三个方面的功能：防止水分过度蒸发；保湿性良好；使

皮肤呼吸功能顺畅。其特点是不仅能保持皮肤水分的平衡，而且还能补充重要的油性成分、亲水性保湿成分和水分，并且作为活性成分和药剂的载体，使之易为皮肤所吸收，达到调理和营养皮肤的目的，使皮肤滋润、健康。

最新保湿功效添加剂的来源主要有以下几个方面。

（1）生物化学活性成分：活性小分子肝素、小麦蛋白、燕麦蛋白、稻谷蛋白、角蛋白水解液、活性皮肤素、酶解大豆异黄酮、激肽释放酶、透明质酸酶、弹性蛋白水解液、超氧化物歧化酶、螺旋藻等。

（2）中草药植物提取成分：牡丹酚苷抗过敏精华液、金红素醇、藏红景天、野菊花、葛根等。

（3）海洋生物功能性成分：深海胶原蛋白、海藻多糖提取液等。

本章小结

本章主要介绍了化妆品的各类原料和功能，包括油脂和蜡类、保湿剂、防晒剂、表面活性剂、香料和香精、防腐剂、色素、功能性添加剂及化妆品生产用水；另外还介绍了表面活性剂的基础理论，包括表面活性剂结构的分析、增溶作用和乳化作用。重点对各类化妆品原料的种类及其在化妆品中所起的作用做了全面的阐述。

思考题

1. 什么是油脂和蜡？其在化妆品中的作用是什么？

2. 什么是防腐剂、抗氧化剂、香精、色素？其在化妆品中的作用各是什么？

3. 什么是表面活性剂？其在化妆品中有何作用？

4. 化妆品生产用水的要求是什么？

5. 水中的无机离子对化妆品有哪些危害？

6. 化妆品美白祛斑的机理是什么？常用的美白功能性添加剂有哪些？

7. 抗衰老的原理是什么？常用的抗衰老功能性添加剂有哪些？

8. 什么是保湿剂？保湿剂分为几类？其在化妆品中的作用是什么？

第三章 肤用类化妆品的配方与实施

知识目标

1. 了解不同类型皮肤的特点。
2. 掌握基本乳化理论。
3. 掌握典型洁肤、护肤类产品配方的基本构成及作用。
4. 了解洁肤、护肤类产品的配方及制作方法。
5. 了解各种洁肤、护肤类化妆品的常见形态。

能力目标

1. 能够结合本章所学知识分析产品配方。
2. 能够结合本章所学知识初步设计出沐浴露、润肤乳等典型产品配方。
3. 通过润肤霜的制作实训，掌握乳化类产品的基本制作方法，提高配方制作的基本能力。

　　皮肤覆盖在人体表面筑成了能够抵御各种外界刺激的天然屏障，同时皮肤也好像一面镜子，能从另一个侧面显示一个人的年龄和健康状况。化妆品是直接与人体皮肤接触的产品，如果能合理、安全使用，可起到保护、美化皮肤，并延缓、减轻、消除皮肤问题的作用，反之，如果使用不当或应用不良化妆品则会引起皮肤过敏，甚至会加速皮肤问题的出现，因此，无论是化妆品的配方设计者，还是化妆品使用的引导者，均有必要了解相关的人体皮肤。

第一节　皮肤

一、皮肤结构

皮肤是人体最大的器官，覆盖着全身，主要承担着保护身体、排汗、感触冷热和内外压力的功能，同时避免体内各种组织和器官受到物理性、机械性、化学性和病原性微生物的侵袭。人体皮肤由表皮、真皮、皮下组织三层组成。皮下组织除了含有大量脂肪组织以外，还含有丰富的神经、血管、皮脂腺、汗腺和毛发等。其中小汗腺、皮脂腺、毛囊、指甲和毛发被统称为皮肤附属器官。皮肤的整个结构见图 3-1。

表皮是皮肤最外面的一层，平均厚度约为 0.1～0.2mm，根据细胞的不同发展阶段和形态特点，由外向内可分为：角质层、透明层、颗粒层、棘细胞层、基底层。角质层是表皮最外层，十分耐磨、耐压，对机械性刺激有较好的耐受性，能阻挡几乎所有外界物质进入人体，防止体内水分、电解质和其他物质的流失，是良好的天然屏障。当最外层的细胞干死呈鳞状或薄片状脱落。常言道"去死皮"，就是对角质层的去除作用。透明层位于角质层和颗粒层之间，仅见于手掌和足跖处，由 2～3 层扁平、无核、界线不清的透明细胞组成，内含角母蛋白，具有防止水及电解质通过的屏障作用。颗粒层位于棘层之外，由 2～4 层比较扁平的菱形细胞组成，是进一步向角质细胞分化的细胞。颗粒层细胞有较大的代谢变化，既可合成角质蛋白，又是角质层细胞向死亡转化的开始，因此它起着向角质层转化的"过渡层"作用。表皮细胞经过此层完全角化后，便失去细胞核，而转化成无核的透明层和角质层。在颗粒层上部细胞间隙中，充满了疏水性磷脂质，成为一个防水屏障，使水分子不易从体外渗入；同时也阻止表皮水分向角质层渗透，致使角质层细胞的水分显著减少，成为角质细胞死亡的原因之一。棘层位于基底层外面，是表皮中最厚的一层，由 4～8 层不规则的多角形、有棘突的细胞组成。棘细胞自里向外由多角形渐趋扁平，与颗粒细胞相连。各细胞间有一定空隙，除棘突外，在正常情况下，还含有细胞组织液，辅助细胞的新陈代谢。基底层是表皮的最里层，由一列基底细胞组成。基底细胞呈柱状，其长轴与基底膜垂直。细胞间相互平行，排列成木栅状，整齐规则。基底细胞的增殖能力很强，是表皮各层细胞的生成之源，每当表皮破损，这种细胞就会增生修复，不留任何遗痕。基底细胞从生成到经过角化脱落大约需要四个星期。另外，决定人体皮肤颜色的黑色素细胞也散布于该层中，约占整个基底细胞的 4%～10%，其具有防止日光照射至皮肤深层的作用。

真皮是在表皮之下，由胶原纤维、弹力纤维和网状纤维组成的缔结组织与纤维束间的无定形基质构成，对皮肤的弹性、光泽和张力等有很重要的作用。真皮层中的胶原纤维及弹力纤维产生变性或断裂将导致皮肤的皱纹产生、弹性松弛。

皮下组织来源于中胚叶，在真皮的下部，由疏松结缔组织和脂肪小叶组成，其下紧临肌膜。皮下组织的厚薄依年龄、性别、部位及营养状态而异，有防止散热、储备能量和抵御外来机械性冲击的功能。

皮肤的附属器官主要是指汗腺、皮脂腺、毛发、指（趾）甲等。其中汗腺分为小汗腺和大汗腺。小汗腺即一般所说的汗腺，位于皮下组织的真皮网状层，除唇部、龟头、包皮内面和阴蒂外，分布全身，以掌、跖、腋窝、腹股沟等处较多。大汗腺主要位于腋窝、乳晕、脐窝、肛周和外生殖器等部位，青春期后分泌旺盛，其分泌物经细菌分解后产生特殊臭味，是臭汗症的原因之一。除掌、跖外，靠近毛囊处的皮脂腺分布全身，以头皮、面部、胸部、肩胛间和阴阜等处较多，唇部、乳头、龟头、小阴唇等处的皮脂腺直接开口于皮肤表面，其余开口于毛囊上 1/3 处。皮脂腺可以分泌皮脂，润滑皮肤和毛发，防止皮肤干燥。

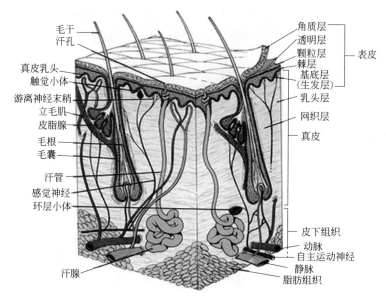

图 3-1　人体皮肤结构图

二、皮肤的类型

根据皮脂腺分泌量的多少及人类对皮肤的感知反映，人类皮肤可分为：干性、中性、油性、混合性、敏感性五大类型，确定皮肤类型是指导皮肤护理及选择化妆品的重要依据之一。

三、皮肤的 pH 值

皮肤的好与坏与皮肤本身的 pH 值和所用化妆品的酸碱度（也就是产品的 pH 值）有密切联系。由于在人体皮肤表面存留着尿素、尿酸、盐分、乳酸、氨基酸、游离脂肪酸等酸性物质，所以皮肤表面常显弱酸性。一般正常皮肤表面 pH 值约为 5.0～7.0，最低可到 4.0，最高可到 9.6；健康的东方人皮肤的 pH 值应该在 4.5～6.5 之间。

在正常的 pH 值范围内，皮肤抵御外界侵蚀的能力以及弹性、光泽、水分等都处于最佳状态，即此 pH 值范围才能使皮肤处于吸收营养的最佳状态。选择化妆品也应尽可能选取与自身皮肤 pH 值相近的产品，这样才能为皮肤提供最理想的保护。

四、皮肤的生理功能

皮肤也和其他器官一样有共同的生化代谢过程。当然皮肤还具有自身的代谢特点及特定的生理功能。

1. 皮肤的保护功能

如前所述，皮肤是完整的保护结构，具有双向性：既可以保护体内各种器官和组织免受外界环境中有害因素的损伤，也可防止体内水分、电解质及营养物质的丢失，通过这两方面来保持机体内环境的稳定。皮肤对机体的保护主要体现在以下几个方面：①对机械性损伤的防护作用；②对紫外线的防护作用；③对化学物质引起伤害的防护作用；④防护生物性侵袭。

2. 皮肤的感觉功能

皮肤内具有多种感觉神经末梢，可产生如触觉、压觉、痛觉及对温度的感知等单一感觉，以及对干、湿、光滑、粗糙、坚硬、柔软等的复合感觉，它使机体能够感觉外界的各种变化，避免机械、物理和化学损伤；除此之外皮肤还有形体觉、两点辨别觉和定位觉等，痒觉属于皮肤黏膜的一种特有感觉，发痒原因产生于摩擦、温热或者来源于组胺以及类组胺的物质。当出现异常情况时，皮肤能表现出相应的反应达到自身稳定的作用。

3. 体温调节功能

体温调节中枢通过交感神经调节皮肤血管的收缩与扩张，改变皮肤中的血流量以及热量的扩散，从而调节体温。体表热量的扩散主要是通过皮肤表面的热辐射、汗液蒸发、皮肤周围空气对流和热传导进行的。

4. 皮肤的吸收和分泌排泄功能

皮肤的吸收途径主要有：透过表皮角质层细胞、角质层细胞间隙与毛囊以及通过皮脂腺或汗管，其中以角质层细胞途径为主。如果角质层有损伤，各种接触

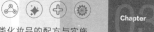
皮肤的固体、液体、微量气体均可能被皮肤吸收。

皮肤的分泌和排泄主要是通过汗腺和皮脂腺进行汗液分泌和皮脂排泄。汗液中含大量的水及部分无机盐与有机物质，汗液主要由小汗腺分泌，同时体内部分新陈代谢产物也可通过汗腺排泄。

5. 皮脂膜的其他作用

皮脂腺分泌的皮脂是覆盖皮肤和头发的主要脂质，与皮肤分泌的汗液混合，在皮肤表面形成乳状的脂膜称为皮脂膜。皮脂膜具有阻止皮肤水分过快蒸发、软化角质层、防止皮肤干裂的作用，皮脂膜随性别、年龄、季节及身体状况等而略有不同。

五、皮肤护理

若想保持皮肤的良好状态，选用合适的化妆品，除了了解皮肤的构成和影响因素外，还需要掌握皮肤的基本护理步骤。通常皮肤护理有"五步"：清洁、调理皮肤纹理、爽肤、均衡营养、保护。

1. 清洁

采用清洁类化妆品清洁皮肤是皮肤护理的基础。因为皮肤既是排泄又是呼吸器官，而它又每时每刻不断地分泌皮脂和汗液，当皮脂、汗液与外来的灰尘、细菌粘连在一起时，会形成堵塞毛孔的污垢，最后影响皮肤的新陈代谢，导致皮肤出现色斑和青春痘等问题，因而皮肤清洁至关重要。

2. 调理皮肤纹理

调理皮肤纹理可帮助剥除表面干燥细胞，使皮肤纹理光滑，呈现清新、光彩的容貌。每周2～3次，可以采用适合的面膜敷脸。

3. 爽肤

爽肤是用爽肤类化妆品对皮肤再次清洁，该步可软化角质、平衡pH值，帮助收缩毛孔，提高肌肤的柔软感。可以用化妆棉蘸取产品，重复擦拭，直到化妆棉上没有污垢及残留化妆的痕迹为止。

4. 均衡营养

使用皮肤需要的平衡营养类化妆品可以给皮肤补充必要的水分和养分，充分滋润皮肤，保持皮肤的柔软光滑。通常采用指腹轻轻地以朝上和朝外的方式涂抹，并给予适当的按摩。

5. 保护

利用滋润、隔离类化妆品保护皮肤避免环境中有害物质的伤害，给予皮肤光滑、匀称的光彩，具体可以采用隔离霜、防晒霜、BB霜、CC霜等产品。

第二节　洁肤类化妆品

要让皮肤健康和美丽，首先要保持皮肤清洁卫生。皮肤暴露在空气中，空气中飘浮着污物、尘埃、细菌等，加上角质层的老化、自身皮脂腺分泌的油脂、汗腺分泌的汗液等混杂在一起附着于皮肤表面形成污垢，会堵塞皮脂腺和汗腺，影响皮肤正常生理功能的发挥，引起皮肤病变，因此，要经常保持皮肤的清洁。特别是喜欢化妆的女性和户外工作者，更应注重皮肤的清洁。

洁肤类化妆品是一类清洁皮肤污垢及油脂，让皮肤干净、舒服的化妆品，具有迅速祛除皮肤污垢、性能温和、刺激性小等特点。

随着生活水平的提高，目前消费者对产品的需求不再仅仅停留于有效的内容物性能，而是对产品的稳定性及外包装也有着更高的要求，要求产品稳定性好、容易使用、外观漂亮、携带方便。目前市场上比较流行的洁肤产品见表 3-1。

表 3-1　市场常见的洁肤产品

产品品牌	代表产品	产品品牌	代表产品
多芬 Dove™	沐浴露	力士 Lux™	沐浴乳
棕榄 Palmolive®	沐浴露	碧柔 Biore®	洗面奶
妮维雅 Nivea®	洁面膏	玉兰油 Olay®	沐浴乳

一、洁肤用化妆品的分类

根据对人体不同部位的清洁用途，目前市场上常见的洁肤产品大致分为：洁面用品、沐浴用品和洁手用品。

1. 洁面用品

人体面部在正常的生理状态下，经常分泌一层极薄的皮脂，以保持肌肤光泽、润滑，为了保持面部皮肤健康和良好的外观，需要经常清除面部皮肤上的污物、皮脂、死细胞和外皮以及美容化妆品的残留物。

面部清洁，不是单纯的清洗，必须考虑到人体皮肤的生理作用，在尽可能不影响皮肤生理作用的条件下有效地清除皮肤上的污物，将安全、效果、护理结合起来。根据物理状态、化学组成和功能作用，洁面用品可分为乳化型、泡沫型及特殊剂型产品。

2. 沐浴用品

沐浴用品是用于清洁皮脂与空气中尘埃混合形成的皮垢及汗液水分挥发后残留于身体皮肤上的盐分、尿素等产物，同时具有一定护肤作用的化妆品。

目前市场上流行的是表面活性剂泡沫型和皂基泡沫型两类沐浴剂，通常亦称

沐浴露。沐浴露不仅能清洁肌肤，更注重沐浴所带来的清凉舒爽、滋润柔滑的感受。优质的沐浴露泡沫丰富、易冲洗、性质温和、气味愉悦，兼有滋润、护肤等作用。

3. 洁手用品

人的多数活动是靠手来完成的，手接触的物体十分复杂，因此也决定了手上污物的复杂性，所以洁手用品要求具有较强的去污力，特殊情况下要求有些特定的成分可以起到消毒、杀菌的作用。根据化学组成和功能分类，洁手用品可分为普通型和消毒型产品。

二、洁肤类化妆品常用原料

洁肤类化妆品的基本原料有：油脂、表面活性剂、保湿剂和去离子水。

1. 油脂

清洁产品中常用的油脂原料主要有以下几种：合成油脂包括辛酸/癸酸甘油三酯（GTCC）、肉豆蔻酸异丙酯（IPM）、棕榈酸异丙酯（IPP）等；脂肪酸有十二酸、十四酸、十六酸、十八酸等；脂肪醇有十六/十八醇、十六醇、十八醇等；矿物油脂为液体石蜡、凡士林等。

2. 表面活性剂

在洁肤类产品中常用的表面活性剂有：阴离子表面活性剂、两性离子表面活性剂、非离子表面活性剂。

常用阴离子表面活性剂有：月桂醇聚醚硫酸酯钠（AES）、烷基磷酸酯盐等。

常用两性离子表面活性剂有：椰油酰胺甜菜碱（CAB）、月桂酰基肌氨酸盐、咪唑啉等。

常用非离子表面活性剂有：烷基酰醇胺（6501）、失水山梨醇脂肪酸酯（司盘）等。

3. 保湿剂

有甘油、丙二醇、芦巴胶、三甲基甘氨酸钠等。

三、洁肤类化妆品的配方与分析

1. 洁面用品

（1）乳化型洁面产品

① 清洁霜　清洁霜是一种半固体膏状制品，其主要作用是帮助去除聚积在皮肤上的异物，如油污、皮屑、化妆色料等，特别适宜干性皮肤人群使用。清洁霜的清洁原理是利用产品中表面活性剂的润湿、渗透、乳化作用去污，另外是利用产品中油性成分的相似相溶性，对皮肤上的油污、化妆色料等进行溶解，达到去污的作用。配方实例及分析分别见表3-2、表3-3。

产品特点：

a. 油分含量高，以油性成分为溶剂；

b. 性质温和，用后滋润，无紧绷感；

c. 比较适合化妆人群及干性皮肤人群使用。

表 3-2　清洁霜配方实例

中文名称	INCI 名称	质量分数/%
蜂蜡	BEESWAX	6
石蜡	PARAFFIN	5
矿脂	PETROLATUM	3
矿油	MINERAL OIL	26
鲸蜡醇	CETYL ALCOHOL	2
鲸蜡醇磷酸酯钾	POTASSIUM CETYL PHOSPHATE	2.5
羟乙基纤维素	HYDROXYETHYLCELLULOSE	0.3
丙二醇	PROPYLENE GLYCOL	6
三乙醇胺	TRIETHANOLAMINE	0.2
防腐剂	PRESERVATIVES	适量
香精	FRAGRANCE	适量
水	AQUA	余量

表 3-3　清洁霜配方实例分析

配方相	组成	原料类型	用途
A 方 （油相）	蜂蜡	蜡	增稠、溶解
	石蜡	蜡	增稠、溶解
	矿脂	矿物油脂	溶解
	矿油	矿物油脂	溶解
	鲸蜡醇	脂肪醇	滋润、乳化
	鲸蜡醇磷酸酯钾	乳化剂	乳化
B 方 （水相）	水	溶剂	溶解
	羟乙基纤维素	增稠剂	调节黏度
	丙二醇	保湿剂	保湿
C 方	三乙醇胺	中和剂	调节酸碱度
D 方	防腐剂	防腐剂	防腐
	香精	香料	赋香

② 清洁乳　一般称为洗面奶。其去污原理与清洁霜相同，但其配方组分中油脂含量比清洁霜少，一般在 10%～25%，通常为 O/W 型。洗面奶的黏稠度比清洁霜低，市场上基本用软管装。相对于清洁霜，目前消费者更青睐于清洁乳。配方实例见表 3-4。

产品特点：

a. 性质温和，刺激性小；

b. 洗后滋润，少紧绷感；

c. 适合干性或敏感肌肤人群使用。

表 3-4　清洁乳配方实例

中文名称	INCI 名称	质量分数/%
矿油	MINERAL OIL	8
肉豆蔻酸异丙酯	ISOPROPYL MYRISTATE	5
鲸蜡硬脂醇	CETEARYL ALCOHOL	5
硬脂酸	STEARIC ACID	3
羟苯丙酯	PROPYLPARABEN	0.1
卡波姆	CARBOMER	0.2
甘油	GLYCERIN	5
月桂醇硫酸酯铵	AMMONIUM LAURYL SULFATE	1
羟苯甲酯	METHYLPARABEN	0.2
鲸蜡醇磷酸酯钾	POTASSIUM CETYL PHOSPHATE	2
三乙醇胺	TRIETHANOLAMINE	0.3
防腐剂	PRESERVATIVES	适量
香精	FRAGRANCE	适量
水	AQUA	余量

③ 泡沫型洁面产品　泡沫型洁面产品通常有皂基体系和表面活性体系两种。

a. 皂基洁面乳　皂基洁面乳是由酸碱皂化而得的膏状体，适用于油性和中性皮肤，对于过敏肤质、青春痘化脓肤质、碱性过敏者不适用。此类洁面乳具有丰富的泡沫和优良的洗涤力。

产品特点：

ⅰ. 呈碱性，pH 值为 8.5～10.5，刺激性较大；

ⅱ. 泡沫丰富，洗后清爽，无"肥皂"的紧绷感；

ⅲ. 脱脂力强，适用于油性和中性皮肤人群使用。

在皂基洁面乳中部分脂肪酸与碱形成表面活性剂，构成了洁面膏体系的骨

架，产品的稳定性以及清洁能力、泡沫效果、珠光外观、刺激性等都取决于脂肪酸的选择和配比。配方实例及分析分别见表 3-5、表 3-6。

表 3-5　皂基洁面乳配方实例

中文名称	INCI 名称	质量分数/%
氢氧化钾	POTASSIUM HYDROXIDE	5.5
EDTA 四钠	TETRASODIUM EDTA	0.1
甘油	GLYCERIN	16
肉豆蔻酸	MYRISTIC ACID	13
棕榈酸	PALMITIC ACID	6
硬脂酸	STEARIC ACID	10
PEG-150 二硬脂酸酯	PEG-150 DISTEARATE	1.8
羟苯甲酯	METHYLPARABEN	0.2
羟苯丙酯	PROPYLPARABEN	0.1
月桂醇聚醚磷酸钾	POTASSIUM LAURETH PHOSPHATE	5
椰油酰胺丙基甜菜碱	COCAMIDOPROPYL BETAINE	5
DMDM 乙内酰脲	DMDM HYDANTOIN	适量
香精	FRAGRANCE	适量
水	AQUA	余量

表 3-6　皂基洁面乳配方实例分析

配方相	组成	原料类型	用途
	肉豆蔻酸	脂肪酸	皂化、去污
	棕榈酸	脂肪酸	皂化、去污
A 方	硬脂酸	脂肪酸	皂化、去污
（油相）	PEG-150 二硬脂酸酯	增稠剂	黏度调节
	羟苯甲酯	防腐剂	防腐
	羟苯丙酯	防腐剂	防腐
	水	溶剂	溶解
B 方	氢氧化钾	中和剂	皂化
（水相）	EDTA 四钠	螯合剂	螯合硬水离子
	甘油	保湿剂	保湿
C 方	月桂醇聚醚磷酸钾	表面活性剂	去污
	椰油酰胺丙基甜菜碱	表面活性剂	去污

配方相	组成	原料类型	用途
D方	DMDM乙内酰脲	防腐剂	防腐
	香精	香料	赋香

配制工艺：

ⅰ. 将A方物料依次加入油相缸中，搅拌加热至85℃，过滤加入生产缸中。快速搅拌，将缸中的物料缓慢加入生产缸中（加料速度必须缓慢，一般30min左右加完，同时注意控制温度在80～82℃）。

ⅱ. 将B方物料依次加入水相缸中，搅拌至充分溶解（注：不可用热水）。

ⅲ. 将C方物料依次加入生产缸中，搅拌至完全溶解。在80～82℃保温30min后开启冷却水缓慢降温。

ⅳ. 45℃加入D方物料，搅拌均匀，继续降温。43℃停止降温，缓慢搅拌至珠光完全析出，取样检测，合格，出料。

b. 表面活性剂型洁面乳　近年来，随着人们生活水平的提高，对产品多样化选择的追求，很多公司致力于发展新型温和的表面活性剂类洁面乳。市售的很多洁面乳往往都会选择一种表面活性剂作为主要的清洁成分，同时复配多种其他表面活性剂。主要清洁原理是：通过产品中表面活性剂对皮肤油脂的渗透、乳化而达到清洁去污作用。这类产品对水溶性污垢的清洁能力比较强。配方实例见表3-7。

产品特点：

ⅰ. 具有良好的去污力，特别是对水溶性污垢有优秀的去污表现；

ⅱ. 性质温和，对皮肤刺激性小，适合干性和中性皮肤使用；

ⅲ. 洗后比较柔滑，无油腻感。

表 3-7　表面活性剂型洁面乳配方实例

中文名称	INCI 名称	质量分数/%
EDTA二钠	DISODIUM EDTA	0.1
月桂醇聚醚硫酸酯钠	SODIUM LAURETH SULFATE	5
月桂醇聚醚磷酸钾	POTASSIUM LAURETH PHOSPHATE	20
椰油酰胺丙基甜菜碱	COCAMIDOPROPYL BETAINE	8
乙二醇二硬脂酸酯	GLYCOL DISTEARATE	2
鲸蜡硬脂醇	CETEARYL ALCOHOL	0.3
甘油	GLYCERIN	5
丙烯酸(酯)类共聚物	ACRYLATES COPOLYMER	5
防腐剂	PRESERVATIVES	适量

续表

中文名称	INCI 名称	质量分数/%
香精	FRAGRANCE	适量
水	AQUA	余量

（2）特殊洁面产品

① 卸妆水　随着生活水平的提升，化妆已不再是舞台上的专利，防晒、粉底、彩妆甚至大气中的灰尘及细菌等都在加重肌肤压力，因此有着清洁效果、成分滋润的卸妆水应运而生。常见的卸妆水一般不含油分，根据不同的配方分为弱清洁和强力清洁两大类。前者用来卸淡妆，使用后感觉十分清爽；后者适合卸浓妆，但容易使肌肤干燥，问题肌肤不宜长期使用。配方实例见表3-8。

表 3-8　卸妆水配方实例

中文名称	INCI 名称	质量分数/%
甘油	GLYCERIN	8
羟乙基纤维素	HYDROXYETHYLCELLULOSE	0.1
PEG-40 氢化蓖麻油	PEG-40 HYDROGENATED CASTOR OIL	5
PEG-15 甘油月桂酸酯	PEG-15 GLYCERYL LAURATE	10
防腐剂	PRESERVATIVES	适量
香精	FRAGRANCE	适量
水	AQUA	余量

② 卸妆油　传统的卸妆油是纯油性质地，利用"油溶油"的原理，溶解皮肤表面的油脂、污垢，达到清洁的作用。不过清洗掉这些油又是一件比较麻烦的事，为使产品使用简单方便，一种在油脂中添加乳化剂的卸妆产品应运而生。通常大家还是称其为"卸妆油"，产品遇水即乳化，使用后感觉滋润不油腻，同时容易涂抹、揉搓，使用后用纸巾或水清理干净，适合中度化妆的卸妆，或在特殊情况下临时使用。配方实例见表3-9。

表 3-9　卸妆油配方实例

中文名称	INCI 名称	质量分数/%
丁羟基甲苯	BHT	0.1
辛酸/癸酸甘油三酯	CAPRYLIC/CAPRIC TRIGLYCERIDE	25
肉豆蔻酸异丙酯	ISOPROPYL MYRISTATE	15
PEG-20 甘油三异硬脂酸酯	PEG-20 GLYCERYL TRIISOSTEARATE	8
油橄榄(OLEA EUROPAEA)果油	OLEA EUROPAEA (OLIVE) FRUIT OIL	4

续表

中文名称	INCI 名称	质量分数/%
香精	FRAGRANCE	适量
矿油	MINERAL OIL	余量

③ 清洁面膜 清洁面膜是集洁肤、护肤、养肤和美容于一体的面部皮肤用化妆品。其用法是均匀涂敷于面部皮肤上，经过一定时间，涂层干燥后在皮肤表面逐渐形成一层膜状物，然后将该层薄膜洗掉，从而达到洁肤、护肤、养肤的效果。由于面膜对皮肤的吸附和黏结作用，在剥离或洗去时，可使皮肤上的分泌物、皮屑和污垢等随面膜一起被去除，给人带来干净的感觉。目前面膜的使用早已从美容院走向家庭，越来越受到女士们的喜爱。配方实例见表 3-10。

产品特点：

a. 多功能，集洁肤、护肤、养肤于一体；

b. 性质温和、用后滋润、无紧绷感；

c. 比较合适干性皮肤人群使用。

表 3-10 清洁面膜配方实例

中文名称	INCI 名称	质量分数/%
矿油	MINERAL OIL	12
聚二甲基硅氧烷	DIMETHICONE	2.5
硬脂醇聚醚-2	STEARETH-2	1.8
硬脂醇聚醚-21	STEARETH-21	1.2
甘油硬脂酸酯	GLYCERYL STEARATE	2
鲸蜡硬脂醇	CETEARYL ALCOHOL	4
硬脂酸	STEARIC ACID	0.5
尿囊素	ALLANTOIN	0.2
黄原胶	XANTHAN GUM	0.2
硅酸铝镁	ALUMINA MAGNESIUM METASILICATE	0.4
甘油	GLYCERIN	2.5
二氧化钛	TITANIUM DIOXIDE	2
蒙脱土	MONTMORILLONITE	8
甘油	GLYCERIN	3
炭黑	CARBON BLACK	0.1
氧化铝/水合硅石	ALUMINA / HYDRATED SILICA	12
防腐剂	PRESERVATIVES	适量

续表

中文名称	INCI 名称	质量分数/%
香精	FRAGRANCE	适量
水	AQUA	余量

2. 沐浴用品

目前市场上比较流行的沐浴用品分为表面活性剂泡沫型和皂基泡沫型。

（1）表面活性剂泡沫型沐浴露　以表面活性剂为主，辅以其他助剂和添加剂制成，具有滋润皮肤、去除污垢、改善人体气味等作用。配方实例及分析分别见表 3-11 和表 3-12。

产品特点：

① 温和、刺激性小，肤感柔滑、滋润；

② 可塑性强，方便制作出不同外观的产品（常见的有透明状、珠光状、乳霜状等外观的产品）；

③ 生产制造工艺简单，相对能耗低。

表 3-11　表面活性剂体系沐浴露配方实例

中文名称	INCI 名称	质量分数/%（透明状）	质量分数/%（珠光状）	质量分数/%（乳霜状）
EDTA 二钠	DISODIUM EDTA	0.05	0.05	0.05
月桂醇聚醚硫酸酯钠	SODIUM LAURETH SULFATE	15	15	15
月桂醇聚醚磷酸钾	POTASSIUM LAURETH PHOSPHATE	5	5	5
椰油酰胺丙基甜菜碱	COCAMIDOP ROPYL BETAINE	6	6	6
椰油酰胺 DEA	COCAMIDE DEA	2	2	2
甘油	GLYCERIN	5	5	5
PCA 钠	SODIUM PCA	1	1	1
乙二醇二硬脂酸酯	GLYCOL DISTEARATE	—	2	—
鲸蜡硬脂醇	CETEARYL ALCOHOL	—	0.3	—
苯乙烯/丙烯酸(酯)类共聚物	STYRENE/AC RYLATES COPOLYMER	—	—	0.6
甲基氯异噻唑啉酮/甲基异噻唑啉酮	METHYLCHL OROISOTHIA ZOLINONE/ METHYLISOTH IAZOLINONE	适量	适量	适量
香精	FRAGRANCE	适量	适量	适量
柠檬酸	CITRIC ACID	适量	适量	适量
氯化钠	SODIUM CHLORIDE	适量	适量	适量
水	AQUA	余量	余量	余量

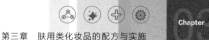

表 3-12　表面活性剂体系沐浴露配方实例分析

配方相	组成	原料类型	用途
A 方	水	溶剂	溶解
	EDTA 二钠	螯合剂	去除硬水离子
	月桂醇聚醚硫酸酯钠	表面活性剂	去污
	月桂醇聚醚磷酸钾	表面活性剂	去污
	椰油酰胺丙基甜菜碱	表面活性剂	去污
	椰油酰胺 DEA	表面活性剂	去污
	甘油	保湿剂	保湿
	PCA 钠	保湿剂	保湿
B 方	乙二醇二硬脂酸酯	油脂	遮光
	鲸蜡硬脂醇	油脂	润肤
C 方	苯乙烯/丙烯酸(酯)类共聚物	聚合物	遮光
	水	溶剂	溶解
D 方	甲基氯异噻唑啉酮/甲基异噻唑啉酮	防腐剂	防腐
	香精	香料	赋香
E 方	柠檬酸	有机酸	调节 pH 值
	氯化钠	增稠剂	调节黏度

配制工艺：

① 将 A 方物料依次加入生产缸中，搅拌至完全溶解。

②（珠光状）将 B 方物料加入生产缸中，开启加热至 85℃，保温 30min（注意：控制温度在 80～85℃）。开启降温水，缓慢降温至 40℃，（呈乳霜状）将 C 方物料混合均匀后加入生产缸中，搅拌均匀。

③ 将 D 方物料加入生产缸中，搅拌均匀。

④ 根据 pH 值、黏度要求，适量加入 E 方物料，搅拌均匀，出料。

（2）皂基体系沐浴露　市场上大部分皂基体系沐浴露是以皂基为主要表面活性剂，使用后给肌肤带来清爽、自然的感觉，尤其适合于油性皮肤及暑天容易出汗的人使用。该体系沐浴露生产工艺相对比较复杂、体系稳定性较难控制、成本偏高。配方实例见表 3-13。

产品特点：

① 清洁力强，残留少，易冲洗；

② 肤感清爽，比较适合夏季及男士使用。

表 3-13　皂基体系沐浴露配方实例

中文名称	INCI 名称	质量分数/%
EDTA 二钠	DISODIUM EDTA	0.05
月桂酸	LAURIC ACID	10
肉豆蔻酸	MYRISTIC ACID	2
硬脂酸	STEARIC ACID	4
甘油	GLYCERIN	10
氢氧化钾	POTASSIUM HYDROXIDE	3
乙二醇二硬脂酸酯	GLYCOL DISTEARATE	2
椰油酰胺 MEA	COCAMIDE MEA	1.5
月桂醇聚醚硫酸酯钠	SODIUM LAURETH SULFATE	3
椰油酰胺丙基羟基磺基甜菜碱	COCAMIDOPROPYL HYDROXYSULTAINE	18
椰油酰胺 DEA	COCAMIDE DEA	1
马来酸改性蓖麻油	CASTORYL MALEATE	0.5
防腐剂	PRESERVATIVES	适量
香精	FRAGRANCE	适量
水	AQUA	余量

3. 洁手用品

(1) 普通型洁手用品　市场上常见的普通型洁手用品通常是以表面活性剂为主，辅以其他助剂和添加剂制成的清洁产品，俗称洗手液。优质的洗手液去污力强、易冲洗、性质温和、气味愉悦，同时具有保护手部皮肤等作用。配方实例见表 3-14。

表 3-14　洗手液配方实例

中文名称	INCI 名称	质量分数/%（透明状）	质量分数/%（珠光状）	质量分数/%（乳霜状）
EDTA 二钠	DISODIUM EDTA	0.05	0.05	0.05
月桂醇聚醚硫酸酯钠	SODIUM LAURETH SULFATE	10	10	10
椰油酰胺丙基甜菜碱	COCAMIDOPR OPYL BETAINE	5	5	5
椰油酰胺 DEA	COCAMIDE DEA	1.5	1.5	1.5
甘油	GLYCERIN	3	3	3
乙二醇二硬脂酸酯	GLYCOL DISTEARATE	—	2	—
鲸蜡硬脂醇	CETEARYL ALCOHOL	—	0.3	—

续表

中文名称	INCI 名称	质量分数/%（透明状）	质量分数/%（珠光状）	质量分数/%（乳霜状）
苯乙烯/丙烯酸(酯)类共聚物	STYRENE/ACR YLATES COPOLYMER	—	—	0.5
防腐剂	PRESERVATIVES	适量	适量	适量
香精	FRAGRANCE	适量	适量	适量
柠檬酸	CITRIC ACID	适量	适量	适量
氯化钠	SODIUM CHLORIDE	适量	适量	适量
水	AQUA	余量	余量	余量

（2）消毒型洗手液　随着人们生活水平的提高，特别是每年春季流行病毒传染阶段，人们对卫生要求的高度重视，目前市场上出现了一些带有杀菌等特殊功能的产品，如抗菌洗手液。配方实例见表 3-15。

表 3-15　抗菌洗手液实例

中文名称	INCI 名称	质量分数/%
EDTA 二钠	DISODIUM EDTA	0.05
月桂醇聚醚硫酸酯钠	SODIUM LAURETH SULFATE	10
椰油酰胺丙基甜菜碱	COCAMIDOPROPYL BETAINE	6
椰油酰胺 DEA	COCAMIDE DEA	2
甘油	GLYCERIN	3
氯二甲酚	CHLOROXYLENOL	0.5
聚乙二醇-400	PEG-400	2
香精	FRAGRANCE	适量
防腐剂	PRESERVATIVES	适量
水	AQUA	余量

第三节　护肤类化妆品

皮肤是人体自然防御体系的第一道防线，皮肤健康，防御能力就强。皮肤表面分泌的皮脂与汗液形成皮脂膜乳化体，该膜不但可使皮肤柔软、光滑、富有弹性，还由于它的微酸性可防止细菌等物质的侵入。皮脂膜会随着年龄增大、季节变化、环境污染和过多接触碱性物质等因素而被破坏，皮肤变得粗糙、皲裂，出现老化或各种问题。若想让皮肤健康和美丽，必须对皮肤进行长期关心、保护或修复，使用护肤类化妆品可以对天然保护膜进行弥补或修缮，增进皮肤的健康、美观。

　　社会经济的不断进步和物质生活的极大丰富使得护肤品不再是过去只有富人才能拥有的东西，已经走进了平常百姓家。市场上的护肤产品琳琅满目，在此仅列举几款，见表3-16。

表 3-16　市场上常见的护肤类化妆品

产品品牌	代表产品	产品品牌	代表产品
玉兰油	玉兰油多效修护眼霜	旁氏	无暇透白水润霜
欧莱雅	清润全日保湿水精华凝露	大宝	SOD蜜
自然堂	活泉加倍保湿霜	相宜本草	红景天幼白精华乳

　　该类化妆品按照产品剂型基本可分为三大类：水剂类、乳化类、凝胶类。水剂类化妆品包含香水类化妆品和化妆水类化妆品，乳化类化妆品包含润肤膏霜和润肤乳液，凝胶类化妆品包含护肤啫喱。日常生活中，人们接触最多的是乳化类化妆品，因此，在此重点介绍乳化类化妆品。

一、化妆水类化妆品

　　水剂类产品统称为化妆水，一般呈透明或半透明液状。通常是在清洁完脸部之后使用，可给皮肤的角质层补充或保持水分，使皮肤柔软，调整面部皮肤的生理作用。

　　理想的化妆水性能要求是符合皮肤生理，保持皮肤健康，使用后给肌肤带来舒爽感，具有优异的保湿效果，并具备美好的外观。

　　市场上常见的化妆水按其使用目的和功能主要可分为如下几类：

　　柔软性化妆水——以保持皮肤柔软、润湿为目的，常称为柔肤水；

　　收敛性化妆水——抑制皮肤分泌过多油分，收敛而调整皮肤，常称为爽肤水、收敛水；

　　保湿用化妆水——用于干燥肌肤，特别适用于空调、日晒等环境下的肌肤，对皮肤有保湿补水的功效，常称为保湿水；

　　须后水——抑制剃须后所造成的刺激，使皮肤产生清凉的感觉；

　　洁肤用化妆水——对简单的化妆及脸部污垢等具有一定的清洁作用。

　　柔肤水、爽肤水、收敛水、保湿水其实区别不是太大，只不过爽肤水和收敛水适合天气较热，面部较爱出油的季节使用；柔肤水和保湿水是为了吸收营养或美容前做准备阶段使用的，更适合干燥的季节使用。

　　1. 化妆水类化妆品的原料构成

　　化妆水的基本功能是保湿、柔软、清洁、杀菌、消毒、收敛等，所用原料大多与功能有关，因此不同使用目的的化妆水，其所用原料种类和用量也有差异。

一般常用的构成原料有：水分、酒精、保湿剂、润肤剂和柔软剂、增溶剂、收敛剂和其他添加剂，在此只介绍一些特定的成分。

酒精：酒精是化妆水的常见原料，在收敛水中用量较大。其主要作用为杀菌、消毒，赋予制品用于皮肤后清凉的感觉。

润肤剂和柔软剂：常用的有橄榄油、芦荟油、甘油聚醚-26、麦芽寡糖葡糖苷、尿囊素等，不仅是良好的皮肤滋润剂，而且还具有一定的保湿和改善使用感的作用。

增溶剂：在化妆水中一般会含有非水溶性的香料或油类等物质，影响制品的外观和性能，因此需使用具有增溶效果的表面活性剂，如 PEG-40 氢化蓖麻油、聚山梨醇酯-20 等。

收敛剂：常用的收敛剂有金属盐类收敛剂，如苯酚磺酸锌、硫酸锌、氯化锌、明矾、氯化铝、硫酸铝、苯酚磺酸铝等。目前市场也出现了具有收敛作用的植物提取物，如金缕梅提取液。

此外，还有为赋予制品用后清凉感觉而加入的薄荷脑，可防止金属离子催化氧化作用的离子螯合剂 EDTA，赋予产品美好外观的色素，为防止产品褪色或防晒的紫外线吸收剂，赋香的香精等。有时为了提高产品价值，还会添加营养物质，如维生素 E、葡聚糖、多肽类物质等功能性添加剂。

2. 化妆水配方实例与分析

（1）柔软性化妆水　柔软性化妆水主要是给皮肤角质层补充适度的水分及保湿，因此，配方的关键是具备保湿、柔软功能。产品的 pH 值对皮肤的柔软性也有影响，一般认为弱碱性对角质层的柔软效果较好，适用于干性皮肤者，或皮脂分泌较少的中老年人，适宜秋冬季节使用。配方实例见表 3-17。

表 3-17　柔肤水配方实例

中文名称	INCI 名称	质量分数/%
甘油	GLYCERIN	4
丁二醇	BUTYLENE GLYCOL	6
PCA 钠	SODIUM PCA	2
PEG-40 氢化蓖麻油	PEG-40 HYDROGENATED CASTOR OIL	0.2
甘油聚醚-26	GLYCERETH-26	2
尿囊素	ALLANTOIN	0.2
三乙醇胺	TRIETHANOLAMINE	0.05
防腐剂	PRESERVATIVES	适量
香精	FRAGRANCE	适量
水	AQUA	余量

（2）收敛性化妆水 顾名思义，收敛水主要以收敛作用为主，它能有效地收敛毛孔和汗孔，对过多的油脂质及汗液等的分泌具有抑制作用，使皮肤显得清爽、细腻。通常在早晨洗完脸之后，护肤、化妆前使用，可以收敛粗大毛孔，防止尘埃进入毛孔内。适宜油性皮肤者使用。

此类化妆水配方中一般最常见的有效成分是收敛剂、酒精等，配方的关键是收敛效果是否达到要求，产品 pH 值大多呈弱酸性。配方实例见表 3-18。

表 3-18 收敛性化妆水配方实例

中文名称	INCI 名称	质量分数/%
甘油	GLYCERIN	3
丁二醇	BUTYLENE GLYCOL	3
硫酸锌	ZINC SULFATE	0.3
北美金缕梅提取物	HAMAMELIS VIRGINIANA (WITCH HAZEL) EXTRACT	5
乙醇	ALCOHOL	6
薄荷醇	MENTHOL	0.1
乳酸	LACTIC ACID	0.5
防腐剂	PRESERVATIVES	适量
香精	FRAGRANCE	适量
水	AQUA	余量

（3）保湿用化妆水 保湿用化妆水的配方组成与柔软性化妆水基本相似，从功效上更注重于对皮肤的保湿补水。对于干燥肌肤，特别是在空调、日晒等环境下的肌肤，最为适用。一般包装小巧，携带方便，随时随地皆可使用，是目前最受年轻女性欢迎的化妆品。

保湿用化妆水最常见的保湿成分有甘油、山梨醇、天然保湿因子、黏多糖类、丙二醇、保湿的植物提取液等。在配方设计上，一般会采用多种保湿成分的复配，达到多层保湿。产品 pH 值大多为弱酸性，与皮肤表面的 pH 值相近。配方实例及其分析分别见表 3-19 和表 3-20。

表 3-19 保湿化妆水配方实例

中文名称	INCI 名称	质量分数/%
尿囊素	ALLANTOIN	0.2
丙二醇	PROPYLENE GLYCOL	3
丁二醇	BUTYLENE GLYCOL	3
甜菜碱	BETAINE	2

续表

中文名称	INCI 名称	质量分数/%
PEG-40 氢化蓖麻油	PEG-40 HYDROGENATED CASTOR OIL	0.5
透明质酸钠	SODIUM HYALURONATE	0.05
芦荟提取物	ALOE YOHJYU MATSU EKISU	3
双（羟甲基）咪唑烷基脲/碘丙炔醇丁基氨甲酸酯	DIAZOLIDINYL UREA / IODOPROPYNYL BUTYLCARBAMATE	适量
香精	FRAGRANCE	适量
水	AQUA	余量

表 3-20 保湿化妆水配方实例分析

配方相	组成	原料类型	用途
A 方	水	溶剂	溶解
	尿囊素	修复剂	促进皮肤愈合
	丙二醇	保湿剂	滋润、保湿
	丁二醇	保湿剂	滋润、保湿
	甜菜碱	保湿剂	滋润、保湿
B 方	PEG-40 氢化蓖麻油	增溶剂	溶解
	香精	香料	赋香
C 方	透明质酸钠	保湿剂	保湿
	芦荟提取物	植物提取液	保湿、延缓衰老、收敛、防过敏等
	双（羟甲基）咪唑烷基脲/碘丙炔醇丁基氨甲酸酯	防腐剂	防腐

配制工艺：

① 将 A 方依次加入水相缸中，搅拌至充分溶解。

② 在一干净的预配缸中，将 B 方混合搅拌至完全透明，将其缓慢加入生产缸中，搅拌至完全溶解透明。

③ 将 C 方依次加入生产缸中，搅拌至完全溶解。取样检测，合格，出料。

（4）须后水 剃须类化妆品是男士使用的化妆品，须后水用于消除剃须后脸部的紧绷及不舒服的感觉，并防止细菌感染。通常在配方中会添加适量的酒精及薄荷脑，使产品具有收敛、清凉功效，同时还会在产品中添加季铵盐类杀菌剂，如溴化十六烷基三甲基铵、氯化十二烷基二甲基苄基铵等，其用量通常不超过 0.1%，用以预防剃须后皮肤损伤引起的细菌感染。配方实例见表 3-21。

表 3-21 须后水配方实例

中文名称	INCI 名称	质量分数/%
水	AQUA	余量
尿囊素	ALLANTOIN	0.2
甘油	GLYCERIN	2
丙二醇	PROPYLENE GLYCOL	3
北美金缕梅提取物	HAMAMELIS VIRGINIANA (WITCH HAZEL) EXTRACT	4
乙醇	ALCOHOL	12
薄荷醇	MENTHOL	0.2
苯扎氯铵	BENZALKONIUM CHLORIDE	0.08
防腐剂	PRESERVATIVES	适量
香精	FRAGRANCE	适量

（5）洁肤用化妆水　洁肤用化妆水是以清洁皮肤为目的的水剂产品，不仅具有洁肤作用，而且还具有柔软、保湿之功效，产品一般会含有多元醇及温和的表面活性剂。对某些与皮肤紧贴性好的，而且难以卸去的妆必须采用洁肤专用的卸妆水。配方实例见表 3-22。

表 3-22　洁肤化妆水配方实例

中文名称	INCI 名称	质量分数/%
丙二醇	PROPYLENE GLYCOL	10
聚山梨醇酯-20	POLYSORBATE-20	2
PEG-40 氢化蓖麻油	PEG-40 HYDROGENATED CASTOR OIL	1.0
乙醇	ALCOHOL	5
三乙醇胺	TRIETHANOLAMINE	0.1
防腐剂	PRESERVATIVES	适量
香精	FRAGRANCE	适量
水	AQUA	余量

二、乳化类化妆品

市面上化妆品品种繁多，但以乳化类化妆品产量最大，是皮肤保护和营养的最常见产品剂型，常见的品种有润肤霜、润肤乳、抗皱霜、按摩霜、防晒霜、眼霜等。

1. 乳化机理

乳化体是由两种完全互不相溶的液体所组成的两相体系，是一种液体以球状

微粒分散于另一种液体中所组成的多相分散体系。一般以分散成小球状的液体存在，而且被另一液相所包围的相称为分散相或内相，包围在外面的液体称为连续相或外相。

典型的乳化体系有油包水（W/O）型和水包油（O/W）型。油包水（W/O）型是外相为非水溶性的，内相为水相；水包油（O/W）型是内相为非水溶性的，外相为水，但油、水两相不一定是单一的组分，可以包含多种组分。

当油和水混合时，在激烈的搅拌下可形成一种暂时的乳化体系，但由于表面张力很大，两相会很快地分离，要制得均匀稳定的乳化体，除了必须加强机械搅拌以达到快速、均匀分散的目的外，还必须加入合适的乳化剂，提高乳化体的稳定性。必须指出的是：乳化过程中由于体系界面积急剧增加，界面张力使得体系能量升高，是一种非自发过程；相反，液珠凝结、体系界面积减少、能量下降是自发过程，所以，乳状液是热力学不稳定体系。

（1）亲水亲油值（HLB值）　HLB值是人为衡量表面活性剂（本节即指乳化剂）亲水或亲油强弱的数据。HLB值从1～40之间，其值越大代表亲水性越强，其值越小代表亲油性越强。在实际制备乳化体系时，HLB值具有重要的参考价值。一般而言，选择HLB值高的乳化剂，它与水之间的界面张力比它与油之间的界面张力小，因此就使油相成为内相，容易制得O/W型乳化体系；而选择HLB值低的乳化剂容易生成W/O型的乳状液。

HLB值理论指出，不同的油相被乳化时有着不同的HLB值，当选择的乳化剂和油相所需HLB值一致时，才可获得最好的乳化效果。乳化剂HLB值见表3-23。

表3-23　乳化剂HLB值

HLB值的范围	应用领域	HLB值的范围	应用领域
1.5～3.0	消泡剂	8.0～13.0	O/W型乳化剂
3.0～6.0	W/O型乳化剂	13.0～15.0	洗涤剂
7.0～9.0	润湿剂	15.0～18.0	增溶剂

（2）乳化体系的稳定性　一般市面上的化妆品保质期是3年，所以对乳化型化妆品的稳定性要求会在3年以上。影响乳化体系稳定性的因素有以下几个方面。

① 界面张力　界面张力就是突破两个不相混溶的液体界面的力。为了得到乳状液，就要把一种液体高度分散于另一种液体中，这就大大增加了体系的界面积，也就是要对体系做功，一般可采用强烈的搅拌或均质，但也就增加了体系的总能量。从热力学观点来说，乳化体系是不稳定的，所以降低界面张力，有利于提高乳化体系的稳定性。加入乳化剂是有效降低界面张力的办法之一。

② 界面膜的强度　在油-水体系中加入乳化剂可降低界面张力，同时乳化剂

在界面发生吸附形成界面膜，此膜具有一定的强度，对分散相液珠有保护作用，使其在相互碰撞时不易聚结。当乳化剂浓度增加到一定程度后，界面膜即由比较紧密排列的定向吸附分子组成，膜的强度也较大，乳状液珠聚结时所受到的阻力增大，故所形成的乳状液稳定性也较好，所以乳化剂的加入量是乳化效果的基本保证之一。

使用混合乳化剂，能提高界面膜的强度，由此提高乳化的效率，增强乳状液的稳定性。用混合乳化剂所得乳状液比单一乳化剂所得的乳状液更为稳定。

③ 界面电荷　大部分稳定的乳状液液滴都带有电荷，界面电荷的来源主要有：电离、吸附、摩擦接触。

界面电荷对乳状液的稳定作用表现在：由于液珠带同种电荷的排斥作用防止液珠聚结；同时界面电荷密度越大，表示界面膜分子排列越紧密，膜的强度也相应越大。

从稳定理论上讲，电荷是乳状液稳定的第一道防线，膜是第二道防线。

④ 黏度　乳状液连续相黏度越大，则分散相液珠的运动速度越慢，碰撞强度也因此减弱，则不易发生聚析，有利于乳状液的稳定。在产品开发中，经常将能溶于连续相的高分子物质作为增稠剂，提高黏度，以提高乳状液的稳定性。

⑤ 液滴粒子的大小和均匀度　不同大小粒子的溶解度和它们的半径之间有一定的关系。在同一物系中，如存在大粒子和小粒子，小粒子因溶解度大就会发生溶解或扩散，产生了被大粒子吸收的过程，从而使小粒子消失，大粒子变大，体系就会更不稳定。因此，乳化体系的分散相颗粒分布范围越窄，体系稳定性越高。

（3）乳化体系不稳定性的表现　乳化体系的不稳定性表现为分层、变型和破乳。从热力学的观点来看，所有的乳化体系最终都是要破坏的。只是破坏的形式、时间不同而已。

① 分层　乳化体系的分层实际不是真正的破坏，而是分成了两种浓度的乳化体系。在一层中分散相比原来多了，而在另一层中则分散相比原来少了。产生分层的因素有：液滴大小、内外相的黏度及电解质。

② 变型　乳化体系的变型是指在某种因素作用下，乳化体从 O/W 型转变成 W/O 型，或从 W/O 型转变成 O/W 型，即外相转变成内相，内相转变成外相。不管是那种变型，对已经制备好的乳化体系来说都是不希望发生的。产生变型的因素有：相体积的变化，温度、乳化剂、电解质的影响。

③ 破乳　与分层不同，破乳是使乳化体系的两相达到完全分离，分层、变型和破乳可同时发生。

破乳的过程分为两步：第一步为絮凝，分散相的液珠聚集成团；第二步为聚结，絮凝团中的液滴相互合并成为一个大液珠，最后聚沉或上浮分离。

（4）乳化剂的选择　当化妆品配方中各组成大致确定后，可先计算油相所需要的 HLB 值，选择与之吻合的乳化剂。当油相为一混合物时，其所需乳化剂 HLB 值也像混合乳化剂的 HLB 值一样，具有加和性。

选择乳化剂时应注意：在乳化体系中，一般选择混合乳化剂，少用单一的乳化剂；当选用两种乳化剂复配成混合乳化剂时，HLB 值不要相差过大，一般以不超过 5 为宜；混合乳化剂中各组分用量要主次有别，以保证乳化体系的稳定性；尽量选择乳化效率高的乳化剂。

2. 乳化类化妆品的主要原料构成

乳化类化妆品的主要原料构成有：油脂与蜡、保湿剂、乳化剂、去离子水、香精和防腐剂。

3. 乳化类产品的制备流程

图 3-2 是乳化类产品的制备流程，分为前料预处理、均质乳化、产品后处理三个主要过程。

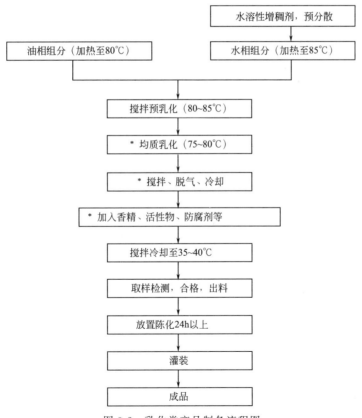

图 3-2　乳化类产品制备流程图

加注"＊"为工艺关键控制点

4. 乳化类产品配方实例与分析

（1）润肤霜　典型的润肤霜不含或少含特殊功能的添加剂，在配方设计上不强调特殊功能，是选用传统的油脂、保湿剂和乳化剂的 O/W 型体系，主要作用在于恢复和维持皮肤的滋润、柔软和弹性，以滋润、保湿为主要功能。市场上的润肤霜大部分都可用于脸部、手和身体，在使用上没有明确限制，同时价位相对较低，受大众消费者欢迎，在当今护肤品市场占有相当的份额。配方实例及其分析分别见表 3-24 和表 3-25。

产品特点：

① 质地柔软，易于涂抹；

② 使用范围广，没有具体的区域限制；

③ 具有滋润皮肤作用，对皮肤开裂具有一定的愈合作用。

表 3-24　润肤霜配方实例

中文名称	INCI 名称	质量分数/%
辛酸/癸酸甘油三酯	CAPRYLIC/CAPRIC TRIGLYCERIDE	5
霍霍巴（SIMMONDSIA CHINENSIS）籽油	SIMMONDSIA CHINENSIS（JOJOBA）SEED OIL	3
矿脂	PETROLATUM	2
矿油	MINERAL OIL	4
鲸蜡硬脂醇	CETEARYL ALCOHOL	3.2
甘油硬脂酸酯/PEG-100 硬脂酸酯	GLYCERYL STEARATE / PEG-100 STEARATE	3
羟苯丙酯	PROPYLPARABEN	0.1
卡波姆	CARBOMER	0.3
羟苯甲酯	METHYLPARABEN	0.2
甘油	GLYCERIN	5
三乙醇胺	TRIETHANOLAMINE	0.3
甜菜碱	BETAINE	1.0
双（羟甲基）咪唑烷基脲/碘丙炔醇丁基氨甲酸酯	DIAZOLIDINYL UREA/ IODOPROPYNYL BUTYLCARBAMATE	适量
香精	FRAGRANCE	适量
水	AQUA	余量

表 3-25　润肤霜配方实例分析

配方相	组成	原料类型	用途
A 方 (油相)	辛酸/癸酸甘油三酯	油脂	滋润、皮肤调理
	霍霍巴(SIMMONDSIA CHINENSIS)籽油	油脂	滋润、皮肤调理
	矿脂	油脂	滋润
	矿油	油脂	滋润、保湿
	鲸蜡硬脂醇	油脂(脂肪醇)	润肤
	甘油硬脂酸酯/PEG-100 硬脂酸酯	乳化剂	乳化
	羟苯丙酯	防腐剂	防腐
B 方 (水相)	水	溶剂	溶解
	卡波姆	增稠剂	调节黏度
	甘油	保湿剂	保湿
	羟苯甲酯	防腐剂	防腐
C 方	三乙醇胺	中和剂	调节 pH 值
D 方	甜菜碱	表面活性剂	保湿、皮肤调理
	双(羟甲基)咪唑烷基脲/碘丙炔醇丁基氨甲酸酯	防腐剂	防腐
	香精	香料	赋香

配制工艺：

① 将 A 方物料依次加入油相锅中，搅拌均匀，加热至 80℃，搅拌至完全溶解，为 A 方，保温备用。

② 将 B 方物料依次加入水相锅中开启均质至完全分散，加热至 85℃，搅拌至完全溶解，为 B 方。

③ 开启均质，将组分 A 缓慢加入到组分 B 中，均质 10min，然后搅拌冷却至 60℃，加入 C 方组分，搅拌均匀，继续降温。

④ 降温到 45℃，加入 D 方物料搅拌均匀，继续冷却至 40℃，出料。

（2）润肤乳液　润肤乳液是一种液态乳化类化妆品，有良好的润肤作用，也有保湿效果，能为皮肤补充水分、滋润皮肤、补充营养。

在经历过膏霜状护肤品的涂抹困难及厚重感后，现在越来越多的消费者喜欢液态的乳化产品，还有些含有营养添加剂的润肤乳液逐渐被当作晚霜使用。配方实例及其分析分别见表 3-26 和表 3-27。

产品特点：

① 油分含量较低；

② 质地细腻，肤感轻盈不油腻；

③ 乳液状态，易于涂抹。

表 3-26　润肤乳液配方实例

中文组成	INCI 名称	质量分数/%
碳酸二辛酯	DICAPRYLYL CARBONATE	4
甲基葡糖倍半硬脂酸酯	METHYL GLUCOSE SESQUISTEARATE	0.8
PEG-20 甲基葡糖倍半硬脂酸酯	PEG-20 METHYL GLUCOSE SESQUISTEARATE	1.2
鲸蜡硬脂醇	CETEARYL ALCOHOL	0.6
辛酸/癸酸甘油三酯	CAPRYLIC/CAPRIC TRIGLYCERIDE	4
角鲨烷	SQUALANE	3
聚二甲基硅氧烷	DIMETHICONE	2
生育酚乙酸酯	TOCOPHERYL ACETATE	0.3
霍霍巴（SIMMONDSIA CHINENSIS）籽油	SIMMONDSIA CHINENSIS (JOJOBA) SEED OIL	1.0
红没药醇	BISABOLOL	0.2
卡波姆	CARBOMER	0.18
黄原胶	XANTHAN GUM	0.05
丁二醇	BUTYLENE GLYCOL	5
甘油	GLYCERIN	3
卵磷脂	LECITHIN	0.8
三乙醇胺	TRIETHANOLAMINE	0.15
透明质酸钠	SODIUM HYALURONATE	0.05
双(羟甲基)咪唑烷基脲/碘丙炔醇丁基氨甲酸酯	DIAZOLIDINYL UREA / IODOPROPYNYL BUTYLCARBAMATE	适量
香精	FRAGRANCE	适量
水	AQUA	余量

表 3-27　润肤乳液配方实例分析

配方相	组成	原料类型	用途
A 方（油相）	碳酸二辛酯	油脂	润肤
	甲基葡糖倍半硬脂酸酯	乳化剂	乳化
	PEG-20 甲基葡糖倍半硬脂酸酯	乳化剂	乳化
	鲸蜡硬脂醇	油脂（脂肪醇）	润肤
	辛酸/癸酸甘油三酯	油脂	滋润、皮肤调理
	角鲨烷	油脂	润肤
	聚二甲基硅氧烷	油脂（硅油）	润肤
	生育酚乙酸酯	功能性原料	抗氧化、抗衰老
	霍霍巴（SIMMONDSIA CHINENSIS）籽油	油脂	滋润、皮肤调理
	红没药醇	功能性原料	消炎、调理皮肤

续表

配方相	组成	原料类型	用途
B方 (水相)	水	溶剂	溶解
	卡波姆	增稠剂	调节黏度
	黄原胶	增稠剂	调节黏度
	丁二醇	保湿剂	保湿
	甘油	保湿剂	保湿
	卵磷脂	乳化剂	乳化
C方	三乙醇胺	中和剂	调节 pH 值
D方	透明质酸钠	保湿剂	保湿
	防腐剂	防腐剂	防腐
	香精	香料	赋香

配制工艺：

① 将 A 方原料依次加入油相锅中，搅拌均匀，加热至 80℃，搅拌至完全溶解，为 A 方，保温备用。

② 将 B 方原料依次加入水相锅中搅拌至完全分散，加热至 85℃，搅拌至完全溶解，为 B 方。

③ 开启均质，将组分 A 缓慢加入到组分 B 中，均质 10min，然后搅拌冷却至 60℃，加入 C 方原料，搅拌均匀，继续降温。

④ 降温 45℃，加入 D 方原料，搅拌均匀，继续冷却至 40℃，出料。

（3）抗皱霜　抗皱霜是具有延缓衰老功能的用于皮肤抗衰老护理的乳化类化妆品。在配方设计上主要强调的是解决皮肤干燥、延缓皱纹、保持皮肤弹性等功能，可在传统滋润霜配方基础上添加抗衰老类添加剂，这类添加剂在本教材的第二章内容中已有详细介绍。

产品特点：

① 细腻，肤感比较滋润，含有活性成分；

② 适宜衰老性皮肤、年纪较大的人群使用；

③ 有很好的延缓皮肤衰老，调理、修护皮肤的作用。

专业线容大生物技术有限公司"金纳斯"品牌的抗衰老产品主要使用的是"细胞生长因子"，其提供细胞生长环境、模拟细胞生长环境、提供细胞生长所需营养使肌肤自我修复和再生，并补充人体皮肤所需的营养成分，使人体皮肤得以进行正常的新陈代谢，保持各类营养物质、油分、水分平衡，提高人体皮肤质量，减少皱纹的产生。其产品配方及分析分别见表 3-28、表 3-29。

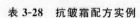

表 3-28　抗皱霜配方实例

中文组成	INCI 名称	质量分数/%
向日葵(HELIANTHUS ANNUUS)籽油	HELIANTHUS ANNUUS (SUNFLOWER) SEED OIL	7
聚二甲基硅氧烷	DIMETHICONE	5
鲸蜡醇	CETYL ALCOHOL	4.5
氢化聚异丁烯	HYDROGENATED POLYISOBUTYLENE	3
牛油果树(BUTYROSPERMUM PARKII)果油(乳木果油)	BUTYROSPERMUM PARKII(SHEA BUTTER)OIL	3
甘油硬脂酸酯 SE	GLYCEROL STEARATE SE	3
微晶蜡	MICROCRYSTALLINE WAX	1.5
鳄梨(PERSEA GRATISSIMA)油	PERSEA GRATISSIMA (AVOCADO) OIL	0.8
氢化卵磷脂	HYDROGENATED LECITHIN	1
生育酚乙酸酯	TOCOPHEROL ACETATE	0.3
泛醌(辅酶 Q_{10})	UBIQUINONE	1
抗坏血酸四异棕榈酸酯	ASCORBYL TETRAISOPALMITATE	0.3
椰油基葡糖苷	COCO-GLUCOSIDE	1.5
甘油	GLYCERIN	10
1,3-丁二醇	BUTYLENE GLYCOL	6
甜菜碱	BETAINE	4.5
尿囊素	ALLANTOIN	0.3
海藻糖	TREHALOSE	2
硫代牛磺酸	THIOTAURINE	0.2
羟脯氨酸硅烷醇 C(甲基硅烷醇、羟脯氨酸、天冬氨酸酯)	HYDROXYPROLILANE CN®	0.25
透明质酸钠	SODIUM HYALURONIC	0.2
酵母菌发酵溶胞产物滤液	SACCHAROMYCES FERMENT LYSATE FILTRATE	0.2
墨西哥薯蓣(DIOSCOREA MEXICANA)根提取物	DIOSCOREA MEXICANA ROOT EXTRACT	0.3
柑橘(CITRUS RETICULATA)果皮提取物	CITRUS RETICULATA (TANGERINE) EXTRACT	0.3
野大豆(GLYCINE SOJA)提取物	GLYCINE SOJA (SOYBEAN) EXTRACT	0.4
软骨素硫酸钠	SODIUM CHONDROITIN SULFATE	0.2

续表

中文组成	INCI 名称	质量分数/%
海岸松树皮提取物（碧萝芷®）	PYCNOGENOL®	0.1
柠檬酸钠	SODIUM CITRATE	0.05
苯氧乙醇	PHENOXYETHANOL	0.1
寡肽-1（rhEGF）	OLIGOPEPTIDE -1	0.2
去离子水	DEIONIZED WATER	余量

表 3-29　抗皱霜配方实例分析

配方相	组成	原料类型	用途
A 方（油相）	向日葵（HELIANTHUS ANNUUS）籽油（太阳花籽油）	油脂	润肤
	聚二甲基硅氧烷	油脂（硅油）	润肤
	鲸蜡醇	油脂（脂肪醇）	赋形剂
	氢化聚异丁烯	油脂	润肤
	牛油果树（BUTYROSPERMUM PARKII）果油（乳木果油）	油脂	润肤
	甘油硬脂酸酯 SE	乳化剂	乳化剂
	微晶蜡	固体蜡	增稠剂
	鳄梨（PERSEA GRATISSIMA）油	油脂	润肤
	氢化卵磷脂	乳化剂	润肤
	生育酚乙酸酯	功能性原料	抗氧化、抗衰老
	泛醌（辅酶 Q_{10}）	功能性原料	抗氧化、抗衰老
	抗坏血酸四异棕榈酸酯	功能性原料	抗氧化、美白
	椰油基葡糖苷	乳化剂	乳化剂
B 方（水相）	去离子水	溶剂	溶解
	甘油	保湿剂	保湿
	1,3-丁二醇	保湿剂	保湿
	甜菜碱	保湿剂	保湿
	尿囊素	添加剂	消炎
	海藻糖	保湿剂	保湿
	硫代牛磺酸	功能性原料	抗氧化

续表

配方相	组成	原料类型	用途
C方	羟脯氨酸硅烷醇C(甲基硅烷醇、羟脯氨酸、天冬氨酸酯)	功能性原料	增加皮肤弹性
	透明质酸钠	保湿剂	保湿
	酵母菌发酵溶胞产物滤液	功能性原料	修复受损细胞,刺激胶原蛋白生成
	墨西哥薯蓣(DIOSCOREA MEXICANA)根提取物(美洲获尾草提取物)	功能性原料	平衡荷尔蒙
	柑橘(CITRUS RETICULATA)果皮提取物	功能性原料	美白、抗氧化
	野大豆(GLYCINE SOJA)提取物	功能性原料	解毒
	软骨素硫酸钠	保湿剂	保湿
	海岸松树皮提取物(碧萝芷®)	功能性原料	抗氧化、抗衰老
	柠檬酸钠	缓冲剂	缓冲
	苯氧乙醇	防腐剂	防腐
	寡肽-1(rhEGF)	功能性原料(细胞生长因子)	刺激细胞生长活性

配制工艺:

① 将A方原料依次加入油相锅中,搅拌均匀,加热至80℃,搅拌至完全溶解,为A方,保温备用。

② 将B方原料依次加入水相锅中搅拌至完全分散,加热至85℃,搅拌至完全溶解,为B方。

③ 开启均质,将组分A缓慢加入到组分B中,均质10min,然后搅拌冷却,继续降温。

④ 降温40℃,加入C方原料,搅拌均匀,继续冷却至35℃,出料。

(4) 按摩霜 按摩霜是按摩皮肤的润滑产品,具有滋润、润滑皮肤,促进皮肤新陈代谢和血液循环作用,使皮肤健康红润,感觉舒适。配方实例见表3-30。

产品特点:

① 质地细腻,油分含量较高;

② 易于涂抹、按摩。

表3-30 按摩霜配方实例

中文组成	INCI名称	质量分数/%
聚二甲基硅氧烷	DIMETHICONE	10
辛酸/癸酸甘油三酯	CAPRYLIC/CAPRIC TRIGLYCERIDE	8

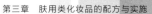
续表

中文组成	INCI 名称	质量分数/%
矿油	MINERAL OIL	10
鲸蜡硬脂醇	CETEARYL ALCOHOL	3
碳酸二辛酯	DICAPRYLYL CARBONATE	6
山梨坦硬脂酸酯	SORBITAN STEARATE	2
聚山梨醇酯-60	POLYSORBATE-60	2
甘油硬脂酸酯	GLYCERYL STEARATE	1.8
卡波姆	CARBOMER	0.3
尿囊素	ALLANTOIN	0.2
山梨(糖)醇	SORBITOL	3
甘油	GLYCERIN	3
三乙醇胺	TRIETHANOLAMINE	0.2
甘油聚甲基丙烯酸酯	GLYCERYL POLYMETHACRYLATE	1.0
防腐剂	PRESERVATIVES	适量
香精	FRAGRANCE	适量
水	AQUA	余量

（5）眼霜　眼霜是特别针对眼部皮肤设计的一款产品，可减低黑眼圈、眼袋，同时可改善眼部皮肤，防止眼部周围皱纹生长。配方实例见表 3-31。

产品特点：

① 清爽、易吸收，适用于眼部周围皮肤；

② 预防和改善眼部周围的皮肤问题。

表 3-31　眼霜配方实例

中文组成	INCI 名称	质量分数/%
角鲨烷	SQUALANE	5
鲸蜡硬脂醇	CETEARYL ALCOHOL	3
辛酸/癸酸甘油三酯	CAPRYLIC/CAPRIC TRIGLYCERIDE	3
聚二甲基硅氧烷	CYCLOPENTASILOXANE	3
霍霍巴(SIMMONDSIA CHINENSIS)籽油	SIMMONDSIA CHINENSIS (JOJOBA) SEED OIL	5
鲸蜡硬脂醇麦秸苷类/鲸蜡硬脂醇	CETEARYL WHEAT STRAW GLYCOSIDES / CETEARYL ALCOHOL	3
甘油硬脂酸酯	GLYCERYL STEARATE	1.2

续表

中文组成	INCI 名称	质量分数/%
生育酚乙酸酯	TOCOPHERYL ACETATE	0.5
卡波姆	CARBOMER	0.3
丁二醇	BUTYLENE GLYCOL	3
甘油	GLYCERIN	3
三乙醇胺	TRIETHANOLAMINE	0.2
乙酰基六肽-8	ACETYL HEXAPEPTIDE-8	1
葡聚糖	DEXTRAN	3
透明质酸钠	SODIUM HYALURONATE	0.05
防腐剂	PRESERVATIVES	适量
香精	FRAGRANCE	适量
水	AQUA	余量

其他防晒霜等乳化产品在本书第六章中有详细介绍，此处不再赘述。

三、凝胶型护肤霜

也称为护肤啫喱，外观通透，清爽感强。主要用高分子聚合物为凝胶剂，配合多种保湿成分，具有补水、保湿、滋润、美白等功效。配方实例及分析分别见表 3-32 和表 3-33。

产品特点：

① 清爽、不油腻；

② 含有多种保湿成分，滋润皮肤；

③ 凝胶状态，皮肤容易吸收，但如果产品 pH 值偏碱性，则不宜长期使用。

表 3-32　护肤啫喱配方实例

中文组成	INCI 名称	质量分数/%
丁二醇	BUTYLENE GLYCOL	5
甘油	GLYCERIN	3
卡波姆	CARBOMER	0.3
麦芽寡糖葡糖苷	MALTOOLIGOSYL GLUCOSIDE	2
三乙醇胺	TRIETHANOLAMINE	0.2
甘油聚甲基丙烯酸酯	GLYCERYL POLYMETHACRYLATE	3
透明质酸钠	SODIUM HYALURONATE	0.05
海藻糖	TREHALOSE	2

续表

中文组成	INCI 名称	质量分数/%
葡聚糖	DEXTRAN	3.2
双(羟甲基)咪唑烷基脲/碘丙炔醇丁基氨甲酸酯	DIAZOLIDINYL UREA / IODOPROPYNYL BUTYLCARBAMATE	适量
香精	FRAGRANCE	适量
水	AQUA	余量

表 3-33　护肤啫喱配方实例分析

配方相	组成	原料类型	用途
A 方	水	溶剂	溶解
	甘油	保湿剂	保湿
	卡波姆	增稠剂	调节黏度
B 方	丁二醇	保湿剂	保湿
	麦芽寡糖葡糖苷	保湿剂	保湿
	甘油聚甲基丙烯酸酯	保湿剂	滋润、皮肤调理
	透明质酸钠	保湿剂	保湿
C 方	三乙醇胺	中和剂	调节 pH 值
D 方	海藻糖	保湿剂	保湿
	葡聚糖	保湿剂	保湿、皮肤调理
	双(羟甲基)咪唑烷基脲/碘丙炔醇丁基氨甲酸酯	防腐剂	防腐
	香精	香料	赋香

配制工艺：

① 将 A 方依次加入水相缸中，搅拌至充分溶解；

② 然后将 B 方依次加入水相缸中，搅拌均匀；

③ 之后将 C 方依次加入水相缸中，搅拌至均匀；

④ 最后将 D 方依次加入水相缸中，搅拌均匀；出料。

第四节　典型产品的配制与 DIY

一、典型产品配制（润肤霜）

1. 配制原理

根据乳化原理，将油相和水相在乳化剂的作用下制得乳化膏体。以甘油硬脂酸酯/PEG 100 硬脂酸酯为乳化剂，合成油脂及矿物油脂为主要润肤剂。

2. 配制配方

配制配方见表 3-34。

表 3-34　润肤霜产品配制配方

配方相	中文名称	INCI 名称	质量分数/%
A 方（油相）	辛酸/癸酸甘油三酯	CAPRYLIC/CAPRIC TRIGLYCERIDE	5
	霍霍巴（SIMMONDSIA CHINENSIS）籽油	SIMMONDSIA CHINENSIS (JOJOBA) SEED OIL	1.5
	矿脂	PETROLATUM	2
	矿油	MINERAL OIL	4
	鲸蜡硬脂醇	CETEARYL ALCOHOL	3.2
	甘油硬脂酸酯/PEG-100 硬脂酸酯	GLYCERYL STEARATE/PEG-100 STEARATE	3
	羟苯丙酯	PROPYLPARABEN	0.1
B 方（水相）	水	AQUA	余量
	卡波姆	CARBOMER	0.3
	羟苯甲酯	METHYLPARABEN	0.2
	甘油	GLYCERIN	5
C 方	三乙醇胺	TRIETHANOLAMINE	0.3
D 方	甜菜碱	BETAINE	1.0
	双(羟甲基)咪唑烷基脲/碘丙炔醇丁基氨甲酸酯	DIAZOLIDINYL UREA / IODOPROPYNYL BUTYLCARBAMATE	0.2
	香精	FRAGRANCE	0.1

3. 配制步骤

（1）取一个 100mL 烧杯，将 A 方物料依次加入，边搅拌边加热至 80℃，搅拌至完全溶解，为组分 A，保温备用。

（2）取一个 150mL 烧杯，加入去离子水、卡波姆，开启均质至卡波姆完全分散。加入羟苯甲酯、甘油，加热至 85℃，搅拌至完全溶解，为组分 B。

（3）开启均质，将组分 A 缓慢加入到组分 B 中，均质 5min。然后缓慢搅拌冷却至 60℃，加入 C 方物料，搅拌均匀，继续降温。

（4）在 45℃，依次加入 D 方物料，搅拌均匀，继续冷却至 40℃，出料。

二、典型产品 DIY（芦荟保湿化妆水）

1. 配制原理

利用天然芦荟的黏液作为主要保湿成分，配合甘油、丙二醇等协同保湿。制作出一款蕴涵天然成分的保湿化妆水，特别适用于长期处于空调房的女性。

2. 配制配方

配制配方见表 3-35。

表 3-35　芦荟保湿化妆水配制配方

配方相	中文名称	INCI 名称	质量分数/%
A 方	水	AQUA	余量
	甘油	GLYCERIN	3
	丙二醇	PROPYLENE GLYCOL	3
	甜菜碱	BETAINE	2
B 方	芦荟提取液	ALOE YOHJYU MATSU EKISU	20
C 方	防腐剂	PRESERVATIVES	0.1
	香精/增溶剂	FRAGRANCE/ SOLUBILIZER	0.1

3. 使用器材

大、小碗各一个，小刀片一把，电子秤一台，筷子一双，带喷头的小瓶子一个，滤布一张。

4. 配制步骤

① 选取新鲜芦荟叶数片，将其清洗干净后剥开表皮，用小刀片将芦荟黏液轻轻刮下，见图 3-3，存放于干净的小碗中，备用。

② 取一个可装 200g 水的碗，加入蒸馏水、甘油、丙二醇、甜菜碱，用干净的筷子将其搅拌至完全溶解透明。

③ 将刚才准备好的芦荟黏液，加入碗中，搅拌至完全均匀。

④ 将防腐剂、香精/增溶剂，加入碗中，搅拌至完全均匀。

⑤ 用滤布过滤后装入小瓶中，产品制作完成。

5. 注意事项

① 芦荟必须是新鲜的，现做现用。

② 配制过程中，原料必须充分搅拌。

③ 物料必须准确称量。

图 3-3　芦荟处理

肤用类化妆品的配方与实施

　　某著名国产护肤品品牌自 1985 年诞生至今，适应了不同时期、不同层次的消费需求，伴随中国消费者走过了 20 多年，是一个家喻户晓、深受消费者喜爱的护肤品品牌。现对其中的抗衰老产品组分进行如下分析。

中文名称	INCI 名称	原料类型	用途
水	AQUA	溶剂	溶解
矿油	MINERAL OIL	油脂	润肤
甘油	GLYCERIN	保湿剂	保湿
鲸蜡硬脂醇	CETEARYL ALCOHOL	油脂（脂肪醇）	润肤
聚二甲基硅氧烷	DIMETHICONE	油脂（硅油）	润肤
月桂醇磷酸酯钾	POTASSIUM LAURYL PHOSPHATE	乳化剂	乳化
超氧化物歧化酶（SOD）	SUPEROXIDE DISMUTASE	抗氧化剂	抗氧化
人参根提取物	PANAX GINSENG ROOT EXTRACT	功能性原料	抗衰
膜荚黄芪根提取物	ASTRAGALUS MEMBRANACEUS ROOT EXTRACT	功能性原料	抗衰
甘油硬脂酸酯	GLYCERYL STEARATE	乳化剂	乳化
EDTA 二钠	DISODIUM EDTA	螯合剂	去除硬水离子
香精	FRAG RANCE	香料	赋香
羟苯甲酯	METHYLPARABEN	防腐剂	防腐
羟苯丙酯	PROPYLPARABEN	防腐剂	防腐
DMDM 乙内酰脲	DMDM HYDANTOIN	防腐剂	防腐

 本章小结

　　本章在介绍皮肤的构成和作用基础上介绍了不同剂型的洁、护肤类化妆品，其中洁肤类化妆品包括洁面用化妆品（清洁乳霜、表面活性剂类等乳化型洁面产品，卸妆水、油、面膜等特殊剂型洁面产品）、沐浴用化妆品（表面活性剂泡沫型和皂基泡沫型产品）、洁手用化妆品（普通型和消毒型洁手用品）；护肤类化妆品包括化妆水（柔软性、收敛性、保湿用化妆水及须后水、洁肤用化妆水）、乳化类化妆品（润肤霜和乳液、抗皱霜、按摩霜、眼霜）、凝胶型护肤产品。另外还重点介绍了乳化与乳化制备流程。对各种洁、护肤化妆品组成成分的种类及其在配方中所起的作用做了全面的阐述，同时给出了相应的一些配方实例和相应的制作方法。

思考题

1. 简述皮肤的类型。

2. 皮肤护理要做好哪些步骤？

3. 简述乳化体系的制备流程。

4. 乳化型洁面产品具有哪些共性？乳化型洁面产品有哪些常用的原料？

5. 结合所学知识，设计一款沐浴露的配方，说明配方中各成分所起到的作用，并写出其制作工艺。

6. 简述影响乳化体系稳定的因素。

7. 乳化类润肤霜、润肤乳有哪些特点？

8. 结合所学知识，设计一款滋润霜的配方，并说明配方中各成分所起到的作用，并写出其制作工艺。

第四章 发用类化妆品的配方与实施

人体不同部位的毛发分布形式完全不同,毛发主要是头发、眉毛、睫毛、汗毛和腋毛等。头发有一定的防御和保持体温的功能,但对于人类来说,更重要的是毛发可以作为人的"第二性征",并且有很强的修饰功能,具有可塑性、选择性和装饰性等特点,对人类头面部、肩颈部以至整个体态具有协调作用。人的头发多少受遗传因素影响,但日常护理不当以及头发的各种疾病也会造成头发伤害或头发脱落,因而会不同程度地影响人的容貌和精神。

毛发用化妆品是用来清洁、保护、营养和美化人们头发的化妆品。它在化妆品中占有重要地位,其产品品种繁多,有着广阔的消费市场。本章将毛发用化妆品分为洗发用品、护发用品、整发用品和剃须用品四节予以介绍。

第一节　洗发用品

洗发用品主要用于洗净附着在头皮和头发上的人体分泌的油脂、汗垢、头皮上脱落的细胞以及灰尘、微生物和不良气味等，保持头皮和头发的清洁及头发的美观。

洗发用品一般包括肥皂、香皂、香波，本节讲述的洗发用品主要是各种洗发香波。香波是英语"shampoo"一词的音译，原意是洗发。

20 世纪 30 年代初期，人们主要是以肥皂、香皂清洗头皮和头发；其后用椰子油皂制成液体香波。这些都是以皂类为基料的洗发用品，洗后头发会有些发黏、发脆，不易梳理。40 年代初期以月桂醇硫酸钠为基料制成的液体乳化型香波和膏状乳化型香波问世。以后随着科学技术的发展，各种性能优良的表面活性剂的开发及在香波中的应用，使香波的抗硬水性、温和性等有了较大提高。60 年代以后，香波已不仅仅是一种头皮和头发的清洁剂，而逐渐向洗发、护发、养发等多功能方向发展。我国自己生产的洗发香波是在 60 年代初问世的，当时有代表性的产品是海鸥洗头膏。近十多年来，洗发香波发展很快，已逐渐成为人们日常生活中不可缺少的洗发用品。

近来，人们特别重视洗发香波对眼睛和皮肤的低刺激性以及是否会损伤头皮和头发。由于洗头次数的增多和对头发保护意识的增强，对香波不再要求脱脂力过强，而要求性能温和，同时具有洗发、护发功能的调理香波，以及集洗发、护发、去屑、止痒等多功能于一身的多功能香波成为市场流行的主要品种，许多香波选用有疗效的中草药或水果、植物的提取液作为添加剂，或采用天然油脂加工而成的表面活性剂作为洗涤发泡剂等，以提高产品的性能，顺应"回归大自然"的世界潮流。

理想的香波在品质上应具有以下特点：

① 泡沫细密、丰富且有一定的稳定度；

② 去污力适中，不致过分脱脂；

③ 使用方便，易于清洗；

④ 性能温和，对皮肤和眼睛无刺激性，洗后头发滑爽、柔软而有光泽，不产生静电，易于梳理；

⑤ 能赋予头发自然感和保持头发良好的发型，能保护头发，促进新陈代谢；

⑥ 洗后头发留有芳香，还有去屑、止痒、抑制皮脂过度分泌等功能。

一、洗发香波的原料组成

现代香波的原料主要是以合成表面活性剂为主体，再加入各种添加剂复配而成。随着表面活性剂工业的发展，香波原料逐步改进、更新和多样化，原料品种有数百至上千种，现仅介绍一些常见的基本原料。

1. 洗涤剂（去污、发泡剂）

在香波原料中用作洗涤剂成分的有阴离子、非离子和两性离子表面活性剂，一些阳离子表面活性剂也可作为洗涤的原料，但去污发泡仍以阴离子型为主，利用它们的渗透、乳化和分散作用将污垢从头发、头皮中除去。

2. 稳泡剂

是指具有延长和稳定泡沫作用，使泡沫保持长久性能的表面活性剂。

3. 增稠剂

是用来提高香波黏稠度的添加剂。

4. 澄清剂

是用来保持或提高透明香波的透明度，常用的有乙醇、丙二醇，新型的如脂肪醇柠檬酯等。

5. 赋脂剂

是用来护理头发，使头发光滑、流畅。多为油脂、醇、酯类原料，常用的有橄榄油、高级醇、高级脂肪酸酯、羊毛脂及其衍生物和硅油等。

6. 螯合剂

是用以防止或减少硬水中钙、镁等离子沉积，降低表面活性剂活性的一种添加剂。

7. 防腐剂及抗氧化剂

防腐剂是用来防止香波受霉菌或细菌等微生物污染以致腐败变质；抗氧化剂是用来防止香波中某些成分因氧化反应使产品酸败的一类原料。

8. 珠光剂或珠光浆

是使香波产生珠光的原料。在香波中加入蜡状不溶物分散其中，则可形成带有闪光与珠光效果的香波。常用的珠光剂有乙二醇硬脂酸酯、聚乙二醇硬脂酸酯，十六醇、十八醇也可配制珠光香波。珠光浆使用更方便，常用于冷配香波中。

9. 香精与色素

香波中添加的香精对香波产品具有重要意义，必须依据产品的要求进行精心选择和设计，香波的特质香气往往是品牌的象征。

香波可配制成无色透明香波及白色乳状珠光香波，此外可添加合适的色素使香波具有宜人悦目的色彩，蓝、绿色为首选的色调。

香精和色素的选取，必须符合化妆品卫生标准的规定，选用安全的原料。

10. 去屑止痒剂

头皮屑（头屑）是头皮新陈代谢的产物，头皮表层细胞的不完全角化和卵状

糠疹癣菌的寄生是头屑增多的主要原因。头屑的产生为微生物的生长和繁殖创造了有利条件，头屑刺激头皮，引起瘙痒，加速表皮细胞的异常增殖。因此抑制细胞角化速度，从而降低表皮新陈代谢的速度和杀菌是防治头屑的主要途径。去屑止痒剂品种很多，如水杨酸或其盐、十一碳烯酸衍生物、硫化硒、六氯化苯羟基喹啉、聚乙烯吡咯烷酮-碘络合物以及某些季铵化合物，具有杀菌止痒等功能，目前使用效果比较明显的有吡啶硫酮锌、十一碳烯酸衍生物和 Octopirox、甘宝素等。

11. 护发、养发添加剂

为使香波具有护发、养发功能，通常加入各种护发、养发添加剂，可以通过香波基质渗入毛发，赋予头发光泽，保持长久润湿感，弥补梳发等操作带来的物理性损伤和减少头发发尖的分裂开叉，润滑角质层而不使头发结缠，并能在头发中累积，长期重复使用可增加吸收，如维生素类、氨基酸类、中草药提取液等。

二、洗发产品的配方实例

液状香波是目前市场上流行的主体，其特点是使用方便、包装美观、深受消费者喜爱。液状香波按外观分为透明型和珠光型两类。

1. 透明液状香波

透明液状香波具有外观透明、泡沫丰富、易于清洗等特点，在整个香波市场上占有一定比例。由于要保持香波的透明度，因此在原料的选用上受到很大限制，通常原则是选用浊点较低的原料，以便产品即使在低温时仍能保持透明，不出现沉淀、分层等现象。配方实例及其分析分别见表 4-1、表 4-2。

表 4-1 透明香波配方实例

中文名称	INCI 名称	质量分数/%
月桂醇聚氧乙烯醚硫酸钠（AES）	SODIUM LAURETH SULFATE	14
醇醚磺基琥珀酸单酯二钠（MES）	DISODIUM LAURETH SULFOSUCCINATE	10
十二烷基二甲基甜菜碱	LAURYL BETAINE	4.5
月桂酸二乙醇酰胺	LAURAMIDE MEA	2
氯化钠	SODIUM CHLORIDE	0.7
柠檬酸	CITRIC ACID	0.3
防腐剂	PRESERVATIVES	适量
香精	FRAGRANCE	适量
水	AQUA	余量

表 4-2　透明香波配方实例分析

配方相	组成	原料类型	用途
A 方	月桂醇聚氧乙烯醚硫酸钠（AES）	表面活性剂	去污
	醇醚磺基琥珀酸单酯二钠（MES）	表面活性剂	去污
	十二烷基二甲基甜菜碱	表面活性剂	去污
	月桂酸二乙醇酰胺	表面活性剂	稳泡、增稠
	水	溶剂	溶解
B 方	氯化钠	增稠剂	调节黏度
C 方	柠檬酸	pH 调节剂	调 pH
D 方	防腐剂	防腐剂	防腐
	香精	香料	赋香

配制工艺：

① 将 AES 溶于热水中，需注意的是，由于 AES 的浓度高（70%）很黏稠，溶解会较慢，溶解方式应是将 AES 慢慢加入水中（而不是将水加入 AES 中），使其全部溶解之后依次加入 A 中的醇醚磺基琥珀酸单酯二钠、十二烷基二甲基甜菜碱、月桂酸二乙醇酰胺。

② 待 A 方完全溶解均匀后，加入 D 方中的防腐剂、香精等。

③ 加入 C 方调整香波的 pH 值至所需范围。

④ 再用 B 方调整香波的黏稠度，配制即完成。

该配方使用了 AES 和 MES 合理复配并使用了两性离子表面活性剂，因此刺激性较低，洗涤去污效果好。

2. 液状乳浊香波

液状乳浊香波包括乳浊香波和珠光香波两种。由于乳浊香波外观呈不透明状，具有遮盖性，因此原料的选择范围较广，可加入多种对头发、头皮有益的物质，其配方结构可在液体透明香波配方基础上加入遮光剂而成。虽然对香波的洗涤性和泡沫性稍有影响，但可改善香波的调理性和润滑性。乳浊香波中加入各种护发、养发添加剂即构成调理、去屑止痒等多功能香波。

（1）乳浊香波　配方实例见表 4-3。

表 4-3　乳浊香波配方实例

中文名称	INCI 名称	质量分数/%
月桂醇聚氧乙烯醚硫酸钠（AES）	SODIUM LAURETH SULFATE	28
椰油酰胺丙基甜菜碱	COCAMIDOPROPYL BETAINE	10
羟乙基羊毛脂	HYDROXYLATED LANOLIN	1

续表

中文名称	INCI 名称	质量分数/%
羊毛脂	LANOLIN	1
聚乙二醇硬脂酸酯	PEG STEARATE	1
氯化钠	SODIUM CHLORIDE	0.5
柠檬酸	CITRIC ACID	0.3
防腐剂	PRESERVATIVES	0.4
香精	FRAGRANCE	适量
色素	PIGMENT	适量
水	AQUA	余量

（2）珠光香波 配方实例见表4-4。

表 4-4 珠光香波配方实例

中文名称	INCI 名称	质量分数/%
月桂醇聚氧乙烯醚硫酸钠（AES）	SODIUM LAURETH SULFATE	12
十二烷基二甲基甜菜碱	LAURYL BETAINE	5
6501	COCAMIDE DEA ACETYLATED	2
水溶性羊毛脂	HYDROGENATED LANOLIN	1
乙二醇双硬脂酸酯	GLYCOL DISTEARATE	1
氯化钠	SODIUM CHLORIDE	0.5
柠檬酸	CITRIC ACID	0.3
防腐剂	PRESERVATIVES	0.4
香精	FRAGRANCE	适量
色素	PIGMENT	适量
水	AQUA	余量

第二节 护发用品

护发化妆品是指具有滋润头发、使头发亮泽等作用的日用化学制品，主要品种有护发素、发乳、焗油膏等。

一、护发素

护发素也称为润丝，其作用是使洗发后头发恢复柔软性和光泽，防止头发干燥，消除静电，使头发易梳理，减少洗发及机械损伤，化学、电烫和染发等带给头发的伤害，并得到一定程度的修复，对头发具有极好的调理和保护作用。

护发素必备的功能有：

① 能改善干梳和湿梳性能；

② 具有抗静电作用；

③ 能赋予头发光泽；

④ 能保护头发表面，增加头发的立体感。

护发素品种繁多，可按不同形态、不同功能或不同的使用方法进行分类。

按照形态，护发素可分为透明液体、稠乳液和膏体、凝胶状、气雾剂型和发膜型等。

按照功能，护发素可分为正常头发用护发素、干性头发用护发素、受损头发用护发素、头屑性头发用护发素、定型作用的护发素、防晒护发素和染发护发素等。

按照使用方法，护发素可分为用后需冲洗型护发素和免洗型护发素。

1. 护发素的配方组成

护发素主要成分为阳离子表面活性剂、油性成分、胶性成分等。

（1）主体成分　一般护发素中多以阳离子表面活性剂为主体，它能吸附于毛发，形成单分子吸附膜。这种膜赋予头发柔软性及光泽，使头发富有弹性，并阻止产生静电，使梳理十分方便。

（2）保湿剂　保湿剂如甘油、丙二醇、聚乙二醇、山梨醇等，有保湿、调理、调节制品黏度及降低冰点等作用。

（3）富脂剂　主要是油性原料，可补充脱脂后头发油分之不足，起到护发、改善梳理性、增加柔润性和光泽性等作用，并对产品起到增稠作用。

（4）乳化剂　以脱脂力弱、刺激性小以及和其他原料配伍性好的非离子表面活性剂为主，起乳化作用，同时可起到护发、护肤、柔滑和滋润作用。

（5）特殊添加剂　考虑到护发素的多效性，往往在配方中加入一些具有特殊功能和效果的添加剂，以增强或提高产品的使用价值和应用范围，增进产品的护发、养发、美发效果，改善头发的梳理性、光泽性等。添加剂的品种很多，可根据要求，有针对性地选择一些特殊添加剂，制出具有多种功效的护发素。

2. 护发素产品的配方实例

（1）乳化护发素　乳化护发素是最常用的日常护发产品。其是以水作为载体和连续相，以阳离子表面活性剂和直链的脂肪醇为最基本的成分，是一种 O/W 型乳化体。在高温的水中，阳离子表面活性剂和直链脂肪醇可形成层状液晶相，冷却时又变成层状晶体胶网，层状晶体胶网保证产品具有足够的黏度，从而获得良好的使用感。典型配方及其分析分别见表 4-5、表 4-6。

表 4-5　滋润型乳化护发素配方实例

中文名称	INCI 名称	质量分数/%
角鲨烷	SQUALANE	1
聚氧乙烯(20)油醇醚	POLYOXYETHY-LEN E(20)OLEYL ETHER	4
单硬脂酸甘油酯	GLYCERYL STEARATE	2
单硬脂酸乙二醇酯	PEG-40 HYDROGENATED CASTOR OIL	2
聚氧乙烯(20)失水山梨醇单油酸酯	POLYOXYETHY-LEN E(20) SORBAITAN MONOLAURATE	2
十六烷基三甲基氯化铵	GLYCERETH-26	1
聚乙烯吡咯烷酮羧酸钠	SODIUM PCA	0.1
透明质酸	HYALURONATE	0.05
防腐剂	PRESERVATIVES	0.2
香精	FRAGRANCE	适量
水	AQUA	余量

表 4-6　滋润型护发素配方实例分析

配方相	组成	原料类型	用途
A 方	角鲨烷	油脂与蜡	滋润
	聚氧乙烯(20)油醇醚	表面活性剂	助溶解
	单硬脂酸甘油酯	表面活性剂	乳化
	单硬脂酸乙二醇酯	表面活性剂	助乳化
	聚氧乙烯(20)失水山梨醇单油酸酯	表面活性剂	乳化
	十六烷基三甲基氯化铵	表面活性剂	乳化
B 方	聚乙烯吡咯烷酮羧酸钠	保湿剂	保湿
	水	溶剂	溶解
C 方	透明质酸	功能性添加剂	保湿、增加弹性,调节质感
	防腐剂	防腐剂	防腐杀菌
	香精	香精	赋香

配制工艺：

① 将 B 方加入水中，搅拌溶解，加热至 75℃。

② A 方各成分混合加热至 75℃，把 A 方加入 B 方，搅拌。

③ 待温度冷却至 50℃时加入防腐剂、香精，冷却至室温即可。

（2）透明型护发素　配方实例见表 4-7。

表 4-7　透明型护发素配方实例

配方相	中文名称	INCI 名称	质量分数/%
A 方	1227	BENZALKONIUM CHLORIDE	3
	丙二醇	PROPYLENE GLYCOL	8
	水	AQUA	余量
	乙醇	ALCOHOL	12
B 方	吐温 20	POLYOXYETHY-LENE(20) SORBAITAN MONOLAURATE	1
	香精	FRAGRANCE	适量
C 方	防腐剂	PRESERVATIVES	适量

（3）含植物提取液的护发素　见表 4-8。

表 4-8　含植物提取液的护发素配方实例

配方相	中文名称	INCI 名称	质量分数/%
A 方	单硬脂酸甘油酯	GLYCERYL STEARATE	3
	双十八烷基二甲基氧化胺	DISTEARYLDIMONIUM CHLORIDE	3
	丹宁酸	TANNIC ACID	0.1
B 方	常春藤提取液	HEDERA HELIX (IVY) EXTRACT	0.3
	水	AQUA	余量
C 方	防腐剂	PRESERVATIVES	0.2
	香精	FRAGRANCE	适量

二、发乳

发乳是一种光亮、均匀、稠度适宜、洁白的油-水乳化体系。其主要作用是用于补充头发油分和水分的不足，使头发光亮、柔软，并有适当的整发效果。发乳在使用时头发不发黏、感觉滑爽，且容易清洗，可以制成 O/W 型或 W/O 型，还可根据需要，制成具有去屑、止痒、防止脱发等功效的功能性发乳。

1. 发乳的配方组成

发乳的配方中主要含有油分、水分和乳化剂，另外还有香精、防腐剂及其他添加剂。

（1）油性成分　油性成分对头发的滋润、光泽和定型效果有很大影响。低黏度和中等黏度的白油常被作为发乳油性成分的主体。另外为提高发乳的稠度，增

加乳化体系的稳定性，增进修饰头发的效果，可加入凡士林、高碳醇及各种固态蜡类；加入羊毛脂及其衍生物和其他动植物油脂，可以改进油腻的感觉，增进头发的吸收。

（2）乳化剂　乳化剂的选择至关重要，可影响膏体的细腻程度及稳定性，一般采用两种或两种以上的乳化剂配合使用，其中以脂肪酸的三乙醇胺皂作为乳化剂最为普遍。

（3）胶质类原料　加入胶质类原料如黄蓍树胶粉、聚乙烯吡咯烷酮等，不仅可以增加发乳的黏度，有利于乳化体系的稳定，同时可以改进发乳固定发型的效果。

（4）特殊添加剂　添加水解蛋白、人参、当归等营养性添加剂，主要是为了使发乳具有消炎、杀菌、去屑、止痒等功效，也可以加入中草药提取液制成疗效性发乳。

（5）防腐剂和抗氧化剂　防止油脂酸败和细菌的侵入。

2. 发乳的配方实例

（1）O/W 型发乳　由于外相是水，敷用于头发后能使头发变软而具有可塑性，易于梳理成型，部分水分挥发后，残留的油脂均匀地分布在发干形成油层薄膜，封闭了发干吸收的水分，同时显现出油润和光亮。配方实例见表 4-9。

表 4-9　O/W 型发乳配方实例

配方相	中文名称	INCI 名称	质量分数/%
A 方	Brij721(聚氧乙烯-21 硬脂醇醚)	STEARETH-21	2
	十六醇	HEXADECYL ALCOHOL	3
	十八醇	STEARYL ALCOHOL	3
B 方	十六烷基二甲基苄基氯化铵	BENZYLHEXADECYL DIMETHYLAMMONIUM CHLORIDE	0.5
	丙二醇	PROPYLENE GLYCOL	2
	水	AQUA	余量
C 方	柠檬酸	CITRIC ACID	0.2
D 方	防腐剂	PRESERVATIVES	0.2
	香精	FRAGRANCE	适量

（2）W/O 型发乳　W/O 型发乳的特点是油分足，使用后光亮持久；缺点是油腻感强，易使头发粘边，不易清洗，由于头发吸收的水分少，自然梳理成型性能不如 O/W 型。配方实例见表 4-10。

表 4-10　W/O 型发乳配方实例

配方相	中文名称	INCI 名称	质量分数/%
A 方	蜂蜡	BEES WAX	4
	凡士林	VASELLINE	8
	白油	MINERAL OIL	30
	肉豆蔻酸异丙酯	ISOPROPYL MYRISTATE	3
	十六醇	HEXADECYL ALCOHOL	2
	单硬脂酸甘油酯	GLYCERYL STEARATE	4.5
	吐温 60	POLYOXYETHY-LEN E(60) SORBAITAN MONOLAURATE	4
B 方	硼砂	SODIUM BORATE	0.5
	水	AQUA	余量
C 方	防腐剂	PRESERVATIVES	0.2
	香精	FRAGRANCE	适量

三、焗油膏

焗油的英文是 hot oil，原意是热的油，是近十几年流行的、改善发质的护发用品，焗油的意思是通过蒸汽将油分和各种营养成分渗入发质内和发根，起到养发、护发的作用，其效果优于一般的护发素。

焗油产品多半是液体或膏状的，焗油膏在使用时，将其均匀地涂抹在头发上，然后通过加热器散发蒸汽（或用热毛巾包裹头发），使焗油膏的营养成分渗透到头发内部，给头发补充脂质成分，修复损伤的头发，对头发进行护理。另外还有免蒸焗油膏，即使用时不需要加热的一种焗油膏。

焗油膏的主要成分是渗透性强、不油腻的动植物性油脂，如貂油、霍霍巴油等以及对头发有优良护理作用的硅油及阳离子聚合物，还常加入一些皮肤助渗剂成分。配方实例见表 4-11。

表 4-11　焗油膏的配方实例

配方相	中文名称	INCI 名称	质量分数/%
A 方	油醇	OLEYL ALCOHOL	6.4
	单硬脂酸甘油酯	GLYCERYL STEARATE	2.5
	玉米胚芽油	CORN OIL	15
	二甲基硅油	DIMETHICONE	3

续表

配方相	中文名称	INCI 名称	质量分数/%
B 方	甘油	GLYCERIN	5
	吐温 20	POLYOXYETHY-LENE(20)SORBAITAN MONOLAURATE	2
	水	AQUA	余量
C 方	丝肽蛋白	SILK PEPTIDE	2
	防腐剂	PRESERVATIVES	0.2
	香精	FRAGRANCE	适量

第三节　整发用品

整发用品是以美化发型为主要目的的化妆品，也称为头发修饰化妆品。整发用品是为了使头发保持天然、健康和美观的外表，光亮而不油腻，使头发易于修饰和定型，并具有一定程度的调理作用，不受或少受日常各种活动和所处各种环境的影响。主要品种有摩丝、喷发胶及发用凝胶等。

好的整发用品应具备如下性能：

① 用后能保持好的发型，且不受温度、湿度等变化的影响；

② 良好的使用性能，在头发上铺展性好，没有黏滞感；

③ 用后头发具有光泽，易于梳理，且没有油腻的感觉，对头发的修饰应自然；

④ 具有一定的护发、养发效果；

⑤ 具有令人愉快舒适的香气；

⑥ 对皮肤和眼睛的刺激性低，使用安全；

⑦ 使用后应易于被水或香波清洗。

一、喷发胶

喷发胶是气溶胶式发用化妆品，是采用喷雾方法将定型物质呈雾状均匀散布在梳理好的头发上，在头发表面立即形成一层薄膜，该薄膜具有一定的透明性、强韧性、耐水且光滑，利用发间的相互黏合，起到保持和固定发型的作用。喷发胶能增强头发光泽，应不受周围环境与日常活动的影响，且易被香波等洗去。

1. 喷发胶的配方组成

喷发胶的主要原料有成膜剂、溶剂、中和剂、增塑剂和抛射剂等。

（1）成膜剂　成膜剂可以是水溶性的，也可以是非水溶性的。非水溶性的主要成分是天然虫胶等。纯虫胶制品具有不受雨和潮湿的影响，发型保持时间长等优点，但易使头发较为僵硬，没有柔顺的感觉，且不易被水洗去。因此，已被性能优越的合成树脂所代替。

水溶性的主要成分是合成树脂类，如聚乙烯吡咯烷酮、丙烯酸树脂、PVP/VA共聚物等高分子化合物。它们能在头发上形成柔软性的薄膜，使头发易于梳理成型，且易被水洗去。因此，现代的定发制品几乎全是采用此类物质作为成膜剂。

(2) 溶剂　溶剂的作用是溶解成膜聚合物，使其能在头发上黏附。主要的溶剂有：乙醇、异丙醇、丙酮、戊烷和水。喷发胶的溶剂大多采用乙醇，但这类喷发胶由于含有大量乙醇，可引起头发和皮肤的脱水和脱脂而使头发干枯，且乙醇组分使这类喷发胶的成本较高；另外由于乙醇易燃，使喷发胶的存贮具有危险性，因此，要寻求不含乙醇而以水或以醇/水系统来代替。不过不含乙醇的喷发胶也存在快干性较差，即头发需要较长时间才干燥成膜，膜的硬度也较差及水对容器具有锈蚀性等问题。现在一些新的成膜聚合物对水和乙醇都具有很好的溶解性，其溶液黏度低，且有良好的成膜性和膜的坚韧性，可配制成不含乙醇的喷发胶，除了乙醇外，常用的其他溶剂还有异丙醇、丙酮、戊烷和水等。

(3) 中和剂　中和剂的作用是将酸性聚合物的羧基基团中和，以提高树脂在水中的溶解性。中和度要适当，中和度愈大，愈易从头发上洗脱，但抗湿性就愈差，与烃类抛射剂的相容性就愈低。常使用的中和剂有：氨甲基丙醇(AMP)、三乙醇胺（TEA）、三异丙醇胺（TIPA）、二甲基硬脂酸胺（DMA）。

(4) 抛射剂　现在常用的抛射剂为烃类：丙烷、正丁烷、异丁烷，还有二甲醚（DM）及压缩气体（二氧化碳和空气）。

(5) 添加剂　喷发胶中所需的添加剂可有香精及增塑剂，增塑剂的作用是改良喷发胶聚合物膜在头发上的感觉，使其柔软、自然，用作增塑剂的有：二甲基硅氧烷、月桂基吡咯烷酮、$C_{12\sim15}$醇乳酸酯、己二酸二异丙酯、乳酸鲸蜡酯等。

2. 喷发胶的配方实例。配方实例及其分析分别见表 4-12、表 4-13。

表 4-12　喷发胶的配方实例

配方相	中文名称	INCI 名称	质量分数/%
A 方	PVM/MA 共聚物	PVM/MA COPOLYMER	4.5
	氨乙基丙醇	AMINOETHYL PROPANEDIOL	0.09
	乙醇	ALCOHOL	余量
B 方	十二烷基聚氧乙烯醚	LAURETH POLYOXYETHYLENE ETHER	0.1
	氨基硅油	AMODIMETHICONE	0.1
	吐温 20	POLYOXYETHY-LENE(20) SORBAITAN MONOLAURATE	0.03

续表

配方相	中文名称	INCI 名称	质量分数/%
C 方	防腐剂	PRESERVATIVES	0.2
	香精	FRAGRANCE	适量

喷发胶：原液（50%）+抛射剂（二甲醚）（50%）

表 4-13　喷发胶的配方实例分析

配方相	组成	原料类型	用途
A 方	PVM/MA 共聚物	聚合物	成膜剂
	氨乙基丙醇	醇类溶剂	溶解
	乙醇	醇类溶剂	溶解
B 方	氨基硅油	油脂	保湿
	吐温 20	表面活性剂	乳化、增溶
	十二烷基聚氧乙烯醚	表面活性剂	溶解助剂
C 方	防腐剂	防腐剂	防腐杀菌
	香精	香精	赋香

配制工艺：

① 将氨乙基丙醇溶解于乙醇中，在搅拌下缓缓加入 PVM/MA 共聚物，继续搅拌至聚合物完全溶解，为 A 方。

② 逐一加入 B 方中的吐温 20、十二烷基聚氧乙烯醚、氨基硅油，搅拌均匀。

③ 在上述混合物中加入 C 方，过滤，灌装、加压即可。

二、摩丝

摩丝的英文 Mousse 字意是"奶油冻"，在化妆品中摩丝是一种气溶胶泡沫状润发定发产品，当使用它时喷射出"奶油"泡沫状物质，故以其形而得名摩丝。摩丝的特点是具有丰富的、细腻的、量少而体积很大的乳白色泡沫，很容易在头发上涂布均匀并迅速破泡，使头发光滑、润湿、易梳理，便于定型、造型，使用摩丝后的头发显得光泽而具有活力和新鲜感。

1. 摩丝的配方组成

主要原料有成膜剂、发泡剂、溶剂、增塑剂和抛射剂等。

（1）成膜剂　现多采用合成的水溶性高分子化合物作为摩丝的成膜剂，喷发胶的成膜剂原料也都可作为摩丝的成膜剂，另外适宜于配制摩丝的成膜剂还有聚季铵盐-28、聚乙烯甲酰胺（PVF）等。

（2）发泡剂　常用的发泡剂一般选用脂肪醇聚氧乙烯醚类及山梨醇聚氧乙烯

醚类等非离子表面活性剂，除了具有发泡作用外，还与树脂有良好的相容性。

（3）溶剂　摩丝中的溶剂主要是水。

（4）抛射剂　摩丝所使用的抛射剂主要是液化石油气，有丙烷、丁烷等，最常用的是异丁烷，近年来较推崇二甲醚。抛射剂的用量较少，当其压力较低时，可产生较稠密的泡沫。

（5）添加剂　摩丝中常添加各种有亮发、润发、调理等作用的添加剂，改良摩丝树脂在头发上的感觉，使头发更柔软、光泽，还可护理头发。常用的添加剂有硅油及其衍生物、羊毛脂衍生物、骨胶水解蛋白及甲基聚氧乙烯（聚氧丙烯葡萄糖）醚等，同时还添加少量的香精，使摩丝具有芳香的气味。

2. 摩丝的配方实例

配方实例见表 4-14。

表 4-14　摩丝的配方实例

中文名称	INCI 名称	质量分数/%
PVP/VA 共聚物	PVP/VA COPOLYMER	1
聚季铵盐-16	POLYQUATERNIUM-16	5
脂肪醇聚氧乙烯醚	FATTY ALCOHOL-POLYOXY ETYYLENE ETHER	0.1
壬基酚聚氧乙烯醚	NONYLPHENOL POLYOXYETHYLENE ETHER	0.05
乙醇	ALCOHOL	10
防腐剂	PRESERVATIVES	0.2
香精	FRAGRANCE	适量
去离子水	AQUA	余量
喷射剂(丙烷：丁烷=40：60)		10

三、发用凝胶及啫喱水

发用凝胶也称为发用啫喱膏。它是一种透明非流动性凝胶体，是一种干性修饰固定发型的美发化妆品。涂抹后，在头发上形成一层透明胶膜，使头发更具有光泽和富有弹性，而且它可赋予各种彩色外观，为消费者所喜欢。这种发用凝胶的功用与喷发胶、摩丝的作用类同，但它的黏着力较弱，容易用水洗去。定型啫喱水的组成与发用凝胶相似，但不含胶凝剂，呈黏稠液状或无黏度液体。

1. 发用凝胶的配方组成

发用凝胶的原料主要有成膜剂、凝胶剂、中和剂、溶剂和添加剂等。

（1）成膜剂　各种聚合物一般来说都可作为发用凝胶的成膜剂，在选用时依据发用凝胶的特点及要求进行选取，另如羟乙基纤维素及阳离子纤维素醚也都可

选用。

（2）凝胶剂 目前凝胶产品的凝胶剂主要是丙烯酸聚合物类产品。实际上凝胶剂也是一种增稠剂，如 Carbopol 系列产品，此外还有丙烯酸酯与亚甲基丁二酸酯共聚物，以及 Aculyn 系列产品，由它们配制的凝胶非常清晰透明，具有弹性的流变性和良好的定型能力。

（3）中和剂 发用凝胶常用的中和剂为三乙醇胺、氢氧化钠及甲基丙醇（AMP）等。

（4）溶剂 发用凝胶所采用的溶剂是水，其用量都比较大，使得凝胶在成本上较为低廉。

（5）添加剂 发用凝胶的添加剂常有增溶剂，通常为非离子表面活性剂，使水和聚合物混溶，使凝胶澄清；由于紫外线有破坏凝胶的作用，故在凝胶中常添加紫外线吸收剂，如 4-二苯甲酮；由于金属离子也会破坏凝胶，故在凝胶中常添加螯合剂，如常选用 EDTA 2Na；另在凝胶中常添加香精、色素和防腐剂。

2. 发用凝胶及啫喱水的配方实例

（1）发用凝胶 配方实例见表 4-15。

表 4-15 发用凝胶的配方实例

中文名称	INCI 名称	质量分数/%
PVP/VA 共聚物	PVP/VA COPOLYMER	2.5
卡波-940	CARBOMER-940	0.5
三乙醇胺	TRIETHANOLAMINE	0.9
乙醇	ALCOHOL	15
氢化蓖麻油	HYDROGENATED CASTOR OIL	0.6
防腐剂	PRESERVATIVES	0.2
香精	FRAGRANCE	适量
去离子水	AQUA	余量

（2）啫喱水 配方实例见表 4-16。

表 4-16 啫喱水的配方实例

中文名称	INCI 名称	质量分数/%
甘油	GLYCERIN	2
乙醇	ALCOHOL	30
三乙醇胺	TRIETHANOLAMINE	0.4
聚乙二醇	PEG	0.7

续表

中文名称	INCI 名称	质量分数/%
防腐剂	PRESERVATIVES	0.2
香精	FRAGRANCE	适量
去离子水	AQUA	余量

第四节　剃须用品

剃须膏是剃须前用于软化须毛使之易于剔除的用品，同时还有减轻皮肤受剃刀机械摩擦、表皮少受损伤的作用。剃须膏类制品可分为泡沫剃须膏和无泡沫剃须膏两类。

一、泡沫剃须膏

泡沫剃须膏是一类 O/W 型乳化膏体，传统的泡沫剃须膏都采用皂基乳化的方式，采用脂肪酸盐作为乳化剂，此时，脂肪酸皂和未被中和的脂肪酸均可产生丰富、细微的泡沫，故配方中脂肪酸的含量很大，一般为 35％～50％。中和脂肪酸的碱常用氢氧化钠或氢氧化钾，若用三乙醇胺，则膏体质地柔软、易变色。另外配方中还需有保湿剂，多用甘油、丙二醇；配方中添加润肤剂成分可以减少剃须对皮肤的刺激，滋润皮肤，常加入的有凡士林、羊毛脂、单甘酯等。现新型的泡沫剃须膏多采用非离子表面活性剂作为乳化剂，且都选用极温和的表面活性剂作起泡清洁剂，配方中除添加保湿剂、润肤剂外，还添加对皮肤有调理作用的调理剂及活性物质，如天然植物及中草药提取物等成分。配方实例及其分析分别见表 4-17、表 4-18。

表 4-17　泡沫剃须膏的配方实例

中文名称	INCI 名称	质量分数/%
甘油	GLYCERIN	10
棕榈油	PALM OIL	5
软脂酸	SODIUM PCA	5
氢氧化钾	POTASSIUM HYDROXIDE	7
硬脂酸	STEARIC ACID	25
氢氧化钠	SODIUM HYDROXIDE	1.5
防腐剂	PRESERVATIVES	0.2
抗氧化剂	FRAGRANCE	适量

续表

中文名称	INCI 名称	质量分数/%
香精	AQUA	适量
去离子水		余量

表 4-18　泡沫剃须膏的配方实例分析

配方相	中文名称	原料类型	用途
A 方	甘油	保湿剂	保湿
	棕榈油	油脂与蜡	皂化原料
B 方	氢氧化钾	碱/中和剂	中和皂化原料
	氢氧化钠	碱/中和剂	中和皂化原料
C 方	软脂酸	油脂与蜡	皂化原料
	硬脂酸	油脂与蜡	皂化原料
	抗氧化剂	抗氧化剂	抗氧化
D 方	防腐剂	防腐剂	防腐杀菌
	香精	香精	赋香
E 方	去离子水	溶剂	溶解

配制工艺：

① 将 A 方加热至 85℃，然后加入 B 方和一部分 E 方水溶液进行皂化，温度控制在 85～90℃。

② 将 C 方加热至 80℃，加入①皂化液中进一步皂化。

③ 加入剩下的 E 方部分的热水（60℃），至皂化完全后，冷却至 45℃后加入 D 方。

该配方可防止皮肤粗糙，缓和刺激，刮后肤感舒服；泡沫丰富，极易被水清洗。

二、无泡剃须膏

无泡剃须膏是与泡沫剃须膏比较而言的，它类同于一般护肤膏霜，在使用时免除了毛刷，也不需用水清洗，只需将剃须残余物擦去即可，这给使用带来了方便。配方与泡沫剃须膏相比，减少了可产生泡沫的脂肪酸盐和表面活性剂的含量，为使剃须润滑、舒适，配方中增加了润肤剂含量，多选用优质的矿物油、植物油脂及脂肪酸酯，如白油、橄榄油、棕榈酸异丙酯、辛酸/癸酸甘油三酯等，多采用非离子表面活性剂为乳化剂。配方中常添加具有护理、调理皮肤功效的多种调理剂、活性物质、植物精华素及中草药制剂等，使产品减少刺激性，具有护肤和修复受损伤皮肤的作用。配方实例见表 4-19。

表 4-19 无泡剃须膏的配方实例

中文名称	INCI 名称	质量分数/%
硬脂酸	STEARIC ACID	22
肉豆蔻酸异丙酯	ISOPROPYL MYRISTATE	2.5
辛酸/癸酸甘油三酯	CAPRYLIC/CAPRIC TRIGLYCERIDE	2.5
三乙醇胺	TRIETHANOLAMINE	2
甘油	GLYCERIN	4.5
防腐剂	PRESERVATIVES	0.2
香精	FRAGRANCE	适量
去离子水	AQUA	余量

三、剃须水

剃须水是针对使用电动剃须刀而设计的。电动剃须与手动剃须具有不同的特性和要求,电动剃须时需毛硬挺,皮肤绷紧,这样才便于电动剃须。剃须水配方中的组分主要是具有收缩皮肤作用的乙醇及助溶剂,具有护肤、修复受损皮肤,预防和减少皮肤炎症及具有清凉作用的各种添加剂。配方实例见表 4-20。

表 4-20 剃须水的配方实例

中文名称	INCI 名称	质量分数/%
红没药醇	BISABOLOL	0.1
己二酸二异丙酯	DIISOPROPYL ADIPATE	2
薄荷脑	HAKKA	0.1
乙醇	ALCOHOL	70
去离子水	AQUA	余量

第五节　典型产品的配制与 DIY

一、典型产品配制(洗发水)

1. 配制原理

根据表面活性剂的复配原理,将洗涤去污剂、调理剂及富脂剂等进行复配,制得黏度适当的液状洗发水。以阳离子瓜尔胶、硅油系列为调理剂,季戊四醇双硬脂酸酯等为主要富脂剂。

2. 配制配方

洗发水典型配制配方见表 4-21。珠光型洗发水配方见表 4-22。

表 4-21　洗发水典型配制配方

配方相	中文名称	INCI 名称	质量分数/%
A 方(油相)	辛酸/癸酸甘油三酯	CAPRYLIC/CAPRIC TRIGLYCERIDE	5
	霍霍巴(SIMMONDSIA CHINENSIS)籽油	SIMMONDSIA CHINENSIS (JOJOBA) SEED OIL	1.5
	矿脂	PETROLATUM	2
	矿油	MINERAL OIL	4
	鲸蜡硬脂醇	CETEARYL ALCOHOL	3.2
	甘油硬脂酸酯/PEG-100 硬脂酸酯	GLYCERYL STEARATE/PEG-100 STEARATE	3
	羟苯丙酯	PROPYLPARABEN	0.1
B 方(水相)	水	AQUA	余量
	卡波姆	CARBOMER	0.3
	羟苯甲酯	METHYLPARABEN	0.2
	甘油	GLYCERIN	5
C 方	三乙醇胺	TRIETHANOLAMINE	0.3
D 方	甜菜碱	BETAINE	1.0
	双(羟甲基)咪唑烷基脲/碘丙炔醇丁基氨甲酸酯	DIAZOLIDINYL UREA / IODOPROPYNYL BUTYLCARBAMATE	0.2
	香精	FRAGRANCE	0.1

表 4-22　珠光型洗发水配方

配方相	中文名称	INCI 名称	质量分数/%
A 方	水	AQUA	余量
	C-14-S 阳离子瓜尔胶	CATIONIC GUAR	0.3
B 方	EDTA-2Na	DISODIUM EDTA	0.1
	K12 铵盐	AMMONIUM LAURETH SULFATE	6.0
	AES 铵盐	AMMONIUM LAURETH SULFATE	9.0
	椰油酰胺丙基甜菜碱	COCAMIDOPROPYL BETAINE	2.0
	柠檬酸	CITRIC ACID	0.28
	椰油基双乙醇酰胺	COCAMIDE DEA ACETYLATED	3.1
C 方	珠光双酯	GLYCOL DISTEARATE	1.0

续表

配方相	中文名称	INCI 名称	质量分数/%
D 方	二硬脂基醚	DISTEARYL ETHER PENTAERYTHRITYL	0.5
	季戊四醇双硬脂酸酯	DISTEARATE STEARAMIDOPROP	0.2
	硬脂酰胺丙基二甲基胺	YL DIMETHYLAMINE SODIUM	0.3
E 方	月桂酰两性乙酸钠	LAUROAMPHOACE TATE DIMETHICONOL AND	2.0
	乳化硅油	TEA-DODECYLBEN ZENESULFONATE	2.0
	氨基硅油乳液	AMODIMETHICONE	0.5
F 方	防腐剂	PRESERVATIVES	适量
	香精	FRAGRANCE	适量

3. 配制步骤

① 取一个 200mL 烧杯，将阳离子瓜尔胶在搅拌下加入水中，分散均匀后缓慢加入 EDTA-2Na，加热至 75～80℃，待阳离子瓜尔胶充分溶胀后为 A 方，依次加入 B 方各组分，搅拌分散均匀，并保温于该温度。

② 搅拌下将 C 方加入上述溶液中，分散均匀后，保温一定的时间，至溶液呈半透明状态。

③ 取一 150mL 烧杯，加入 D 方各组分，加热至 75～80℃，搅拌熔解，搅拌下加入至步骤②的溶液中，保温几分钟后开始冷却。

④ 待冷却至 45～50℃，搅拌下加入 E 方，继续搅拌均匀。

⑤ 继续冷却至 40℃加入 F 组分，搅拌均匀即可。

二、典型产品 DIY（护发素）

1. 配制配方

利用橄榄油作为主要护发成分，配合乳化硅油、聚季铵盐等进行调理。制作出一款蕴涵天然成分的护发素，特别适用于烫染头发后发质受损的女性。配方实例见表 4-23。

表 4-23　护发素配方

配方相	中文名称	INCI 名称	质量分数/%
A 方	水	AQUA	余量
	聚季铵盐-37	POLYQUATERNIUM-37	1
B 方	乳化硅油	DIMETHICONOL AND TEA-DODECYLBENZEN ESULFONATE	5
	橄榄油	OLIVE OIL	2

续表

配方相	中文名称	INCI 名称	质量分数/%
C 方	防腐剂	PRESERVATIVES	0.1
	香精	FRAGRANCE	0.1

2. 使用器材

烧杯一个（可用碗代替），电子秤一台，筷子一双，小瓶子一个，食用橄榄油。

3. 配制步骤（见图 4-1）

① 取 200mL 烧杯，加入聚季铵盐-37，然后加入水搅拌均匀。

② 依次加入乳化硅油、橄榄油，搅拌均匀。

③ 称取防腐剂 0.1g，水溶性香精 0.1g，加入碗中，搅拌至完全均匀，产品制作完成。

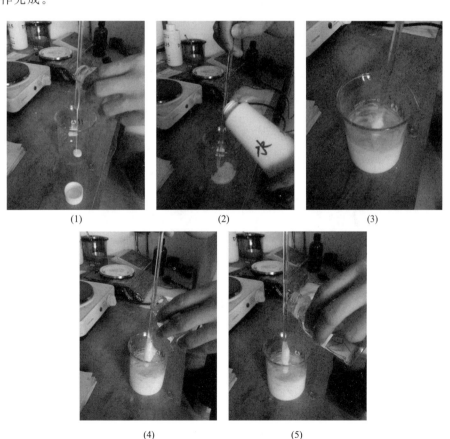

图 4-1 护发素配制步骤

发用化妆品的配方与实施

对市场上某著名化妆品有限公司生产的去屑洗发水产品组分分析如下。

中文名称	INCI 名称	原料类型	用途
水	AQUA	溶剂	溶解
月桂醇硫酸酯钠	SODIUM LAURYL SULFATE	表面活性剂	去污
月桂醇聚醚硫酸酯钠	SODIUM LAURETH SULFATE	表面活性剂	去污
氯化钠	SODIUM CHLORIDE	增稠剂	调节黏度、增稠
乙二醇二硬脂酸酯	PEG STEARATE	珠光剂	提供珠光
聚二甲基硅氧烷	DIMETHICONE	赋脂剂	富脂、光滑
碳酸锌	ZINC CARBONATE	螯合剂	去除硬水离子
二甲苯磺酸钠	SODIUM XYLENESULFONATE	表面活性剂	增溶、减黏、调理
吡啶硫酮锌	BISPYRITHIONE	去屑止痒剂	去屑止痒
椰油酰胺丙基甜菜碱	COCAMIDOPROPYL BETAINE	表面活性剂	去污
盐酸	HYDROCHLORIC ACID	无机酸	pH 调节
苯甲酸钠	SODIUM BENZOATE	防腐剂	防腐杀菌
碱式碳酸镁	MAGNESIUM CARBONATE HYDROXIDE	螯合剂	去除硬水离子
瓜尔胶羟丙基三甲基氧化铵	GUAR HYDROXYPROPYL TRIMONIUM CHLORIDE	表面活性剂	调理
甲基氯异噻唑啉酮	METHYLCHLOROI SOTHIAZOLINONE	防腐剂	防腐杀菌
甲基异噻唑啉酮	METHYLISOTHIAZ OLINONE	防腐剂	防腐杀菌

本章主要介绍了不同剂型的洗/护类发用品、整发类及剃须类用品，包括洗发类化妆品（透明型洗发香波、液状乳浊香波）、护发用化妆品（护发素、发乳、焗油膏）、整发用化妆品（喷发胶、摩丝、发用凝胶和啫喱水）及剃须用化妆品（泡沫剃须膏、无泡剃须膏和剃须水）等产品。介绍各类发用品的原料组成，并给出了相应的一些配方实例，简述了相应的制作方法。

思考题

1. 常用于洗发水中的表面活性剂有哪些？简要说明其配方组成。

2. 护发素有哪些类型？对应的主要成分和作用是什么？

3. 护发化妆品的作用是什么？其主要种类有哪些？

4. 理想的香波应满足什么要求？

第五章 美容类化妆品的配方与实施

知识目标

1. 理解各种美容类化妆品的作用及对产品的一些要求。
2. 掌握各种美容类化妆品中常用的功效成分及其作用。
3. 了解一些产品的配方及制作方法。
4. 了解各种美容类化妆品的常见形态。

能力目标

1. 能够结合本章所学知识初步设计出唇膏、粉饼、眼影、指甲油等产品配方。
2. 通过唇膏制作的实训，掌握唇膏的制作方法，提高制作配方的基本能力。

美容即美化容貌，俗称化妆，所使用的化妆品称为美容类化妆品。美容类化妆品主要用来美化和修饰面部、眼部、唇部及指甲等部位，掩盖缺陷、赋予色彩、增加立体感、美化容貌，使人们的容颜更加秀丽俊俏，有时还兼有护肤和补充营养的作用。美容类化妆品又称之为彩妆化妆品，可分为四类：面部化妆品，如粉底、香粉、粉饼、胭脂等；眼部用化妆品，如眼影、眼线、睫毛膏、眉笔等；唇部用化妆品，如唇膏、唇线笔等；指甲用化妆品，如指甲油、指甲油去除剂等。

随着生活水平的提高和社会文明的进步，人们对美容化妆越来越重视，美容类化妆品已成为日常生活中不可缺少的一部分。合理地使用一些美容化妆品，可以使人

在自然美的基础上通过适当的妆饰，显示出独特的韵味来，由此给人以美的享受。

第一节 面部用化妆品

面部用化妆品是指用于脸部（包括颈部）的美容化妆品，主要包括香粉类（粉底、香粉、粉饼、香粉蜜等）、胭脂类（胭脂、胭脂膏、胭脂水等）。

美容类化妆品的成分中含有大量粉类原料，在本书的第二章已有详细的介绍，如具有遮盖瑕疵作用的钛白粉和氧化锌，具有吸收汗液油脂作用的沉淀碳酸钙、碳酸镁、胶态高岭土、淀粉和硅藻土等，具有黏附作用的硬脂酸锌、硬脂酸镁和硬脂酸铝等，具有滑爽作用的滑石粉、二氧化硅、氧化铝球状粉体以及尼龙、聚乙烯、聚苯乙烯等球状粉料和为了调和皮肤颜色的赭石、褐土、铁红、铁黄、群青等。

一、粉底

粉底是指化妆前打底用的化妆品，它能使香粉在皮肤上牢固附着，又能遮盖面部原来的肤色，改善皮肤的质感，使化妆色泽谐调靓丽。这类化妆品常用的剂型有乳液型、膏霜型两种。

1. 粉底霜

一般有两种：一种不含粉质，配方与雪花膏相似，遮盖力较差；另一种加入二氧化钛及氧化锌等粉质原料，有较好的遮盖力，能掩盖面部皮肤表面的某些缺陷。在粉底霜中，还可以适当地加入一些色素或颜料，使其色泽接近于皮肤的自然色彩。粉底霜一般采用阴离子型和非离子型表面活性剂。配方实例见表5-1。

表 5-1 粉底霜配方实例

中文组成	INCI 名称	质量分数/%
矿油	MINERAL OIL	25
硬脂酸	STEARIC ACID	4
鲸蜡醇	CETYL ALCOHOL	2
甘油硬脂酸酯	GLYCERYL STEARATE	2.5
三乙醇胺	TRIETHANOLAMINE	10
二氧化钛	TITANIUM DIOXIDE	48
色素	PIGMENT	适量
防腐剂	PRESERVATIVES	适量
香精	AROMA	适量
水	AQUA	余量

制作方法：将粉料与少量油料混合，分散后，与油相成分混合，加热融化。将水相成分混合，加热。将水相加入油相，进行乳化，均质后，加入香精，搅拌冷却，包装。

2. 粉底乳液

由乳液和粉料组成，其稳定性低于乳液。粉底乳液中使用的乳化剂多为非离子型表面活性剂。配方实例及其分析分别见表 5-2、表 5-3。

表 5-2　粉底乳液配方实例

中文组成	INCI 名称	质量分数/%
二氧化钛	TITANIUM DIOXIDE	6
硅酸镁	MAGNESIUM SILICATE	6
氧化铝/水合硅石	ALUMINA/HUDRATED SILICA	3
硬脂酸	STEARIC ACID	2
鲸蜡醇	CETYL ALCOHOL	0.3
矿油	MINERAL OIL	20
聚氧乙烯油酸酯	POLYOXYETHYLENE OLEATE	1
失水山梨醇三油酸酯	SORBITAN OLEATE	1
丙二醇	PROPYLENE GLYCOL	5
聚乙二醇-400	PEG-400	5
三乙醇胺	TRIETHANOLAMINE	1
硅酸铝镁	MAGNISIUM ALUMINOMETASILICATE	0.5
色素	PIGMENT	适量
防腐剂	PRESERVATIVES	适量
香精	AROMA	适量
水	AQUA	余量

表 5-3　粉底乳液配方实例分析

配方相	组成	原料类型	用途
A 方（预混）	二氧化钛	粉料	遮盖
	硅酸镁	粉料	滑爽
	氧化铝/水合硅石	粉料	吸收
	硅酸铝镁	粉料	滑爽
	色素	色素	调色
B 方（油相）	鲸蜡醇	油脂	赋形、滋润
	矿油	油脂	滋润、保湿、调节膏体外观
	硬脂酸	油脂	与三乙醇胺中和形成表面活性剂、赋形

续表

配方相	组成	原料类型	用途
C方（水相）	失水山梨醇三油酸酯	表面活性剂	乳化、分散、润湿
	丙二醇	保湿剂	滋润、保湿
	聚乙二醇-400	聚合物	赋形
	三乙醇胺	碱剂	中和硬脂酸
	聚氧乙烯油酸酯	表面活性剂	乳化、分散、润湿
	水	溶剂	溶解、载体
D方（其他）	防腐剂	防腐剂	杀菌防腐
	香精	香精	赋香

配制工艺：

① 将粉料和色素混合，粉碎成粉末为 A 方。

② 再将其余油性组分混合，加热溶解，保持 70℃，以此为 B 方。

③ 将其他水溶性成分溶于水成 C 方。

④ 将 A 方加入 C 方，分散均匀，加热至 70℃，将此部分加入 B 方中，进行乳化。

⑤ 当乳化分散均匀后，搅拌冷却至 45℃加 D 方中的防腐剂、香精，搅拌均匀，取样检测，合格，出料。

3.BB 霜

BB 霜是 Blemish Balm 的简称，主要作用是遮瑕、调整肤色、防晒、细致毛孔，同时打造出裸妆效果（Nude Look）的感觉，实现了粉底、隔离、遮瑕、护肤等多重功效，不易堵塞毛孔，具有很好的修饰肤色的功效。满足了很多女性的护肤美容需求，同时使用简便，已经成为女性必备的化妆品产品之一。BB 霜配方实例见表 5-4。

产品特点：

① 膏体细腻、易涂、易晕染；

② 有一定的遮瑕、覆盖能力；

③ 用后面部肌肤显得自然、均匀透明、有光泽。

表 5-4 BB 霜配方实例

中文组成	INCI 名称	质量分数/%
聚二甲基硅氧烷	DIMETHICONE	15
肉豆蔻酸异丙酯	ISOPROPYL MYRISTATE	5
带有颜色的粉体	COLORED POWDER	8

续表

中文组成	INCI 名称	质量分数/%
鲸蜡基	CETYL PEG/PPG-10/1	4.5
PEG/PPG-10/1 聚二甲基硅氧烷	DIMETHICONE	
氢化蓖麻油	HYDROGENATED CASTOR OIL	0.5
地蜡	OZOKERITE	0.5
氯化钠	SODIUM CHLORIDE	1
丁二醇	BUTYLENE GLYCOL	12
环五聚二甲基硅氧烷/环己硅氧烷	CYCLOPENTASILOXANE/CYCLOHEXASILOXANE	3
防腐剂	PRESERVATIVES	适量
香精	FRAGRANCE	适量
水	AQUA	余量

二、香粉

香粉是用于面部化妆的制品，可掩盖面部皮肤表面的缺陷，改变面部皮肤的颜色，柔和脸部曲线，形成满脸光滑柔软的自然感觉，且可预防紫外线的辐射。香粉的作用主要为：能遮盖住皮肤本色，使其呈现粉底的颜色；很好地吸收皮肤分泌排出的皮脂、汗液，使妆面持久；能紧贴皮肤，效果自然，不易脱妆；分布均匀，无拖滞感。

1. 香粉的分类

香粉依其遮盖力的强弱可分为轻度、中度和重度三种。轻度遮盖力香粉的遮盖力最弱，重度的遮盖力最强。对皮肤的吸附性来讲，轻度遮盖力香粉吸附性最强，而重度最弱。不同类型的香粉适用于不同类型的皮肤和不同的气候条件。油性皮肤应采用吸收性较好的香粉；而干性皮肤应选用吸收性较差的香粉，如加脂香粉，脂肪物的加入使粉料颗粒外面均匀地涂布了脂肪，由此降低了粉的吸收性能。炎热潮湿的地区或季节，皮肤容易出汗，宜选用吸收性较好的香粉，而寒冷干燥的地区或季节，皮肤容易干燥开裂，宜选用吸收性较差的香粉。

2. 香粉配方实例

配方实例及其分析分别见表 5-5、表 5-6。

表 5-5　香粉配方实例

中文名称	INCI 名称	质量分数/%
二氧化钛	TITANIUM DIOXIDE	5

续表

中文名称	INCI 名称	质量分数/%
氧化锌	ZINC OXIDE	14
氧化铝/水合硅石	ALUMINA/HUDRATED SILICA	10
碳酸钙	CALCIUM CARBONATE	5
碳酸镁	MAGNESIUM CARBONATE	9
硅酸镁	MAGNESIUM SILICATE	48
硬脂酸锌	ZINC STEARATE	8
颜料	PIGMENT	适量
香精	AROMA	适量

表 5-6　香粉配方实例分析

配方相	组成	原料类型	用途
A 方（预混）	二氧化钛	粉料	遮盖
	氧化锌	粉料	遮盖
	碳酸钙	粉料	吸收
	碳酸镁	粉料	吸收
	硬脂酸锌	粉料	黏附
B 方（预混）	氧化铝/水合硅石	粉料	滑爽
	硅酸镁	粉料	滑爽
	颜料	颜料	着色
C 方	香精	香精	赋香

配制工艺：

① 分别将 A 方和 B 方中各成分混合、研磨。

② 将研磨混合好的 A 方和 B 方混合、研磨。

③ 加入香精，混合均匀。

三、粉饼

粉饼和香粉具有相同的使用功效，是目前最常用的扑粉产品。简单地说粉饼就是将香粉压制成饼状的形式，和香粉相比，粉饼使用时不易飞扬，家居使用、出差旅游携带均很方便。

粉饼除了具有香粉的主要成分外，还要求粉饼具有适度的机械强度，使用时不会破裂或崩碎，并且用粉扑取粉时，应较容易附着在粉扑上，然后可均匀地涂抹在脸上，不会结团、不感油腻。通常粉饼中都添加较大量的胶态高岭土、氧化锌和硬脂酸金属盐，以改善其压制性能。另外，还必须加入足够的黏合剂，常用的黏合剂有水溶性胶黏剂（如黄蓍树胶粉、阿拉伯树胶、羧甲基纤维素等）和油溶性黏合剂（如单甘酯、十六十八醇、羊毛脂及其衍生物、石蜡、地蜡、矿物油等）。采用水溶性胶黏剂压制成的粉饼遇水会产生水迹，而油溶性黏合剂具有抗水性。作粉底用的粉饼应含有较多的油溶性黏合剂，以防止汗水的影响。粉饼也可用加脂香粉压制成型。甘油、山梨醇以及其他滋润剂的加入能使粉饼保持一定水分不致干裂。另外，为防止氧化酸败现象的发生，最好加些防腐剂和抗氧化剂。配方实例见表 5-7。

表 5-7　粉饼配方实例

中文名称	INCI 名称	质量分数/%
硅酸镁	MAGNESIUM SILICATE	45
氧化铝/水合硅石	ALUMINA/HUDRATED SILICA	15
氧化锌	ZINC OXIDE	12
硬脂酸锌	ZINC STEARATE	5
羧甲基纤维素	CARBOXYMETHYL CELLULOSE	1
海藻酸钠	SODIUM ALGINATE	0.5
乙醇	ETHANOL	2.5
碳酸镁	MAGNESIUM CARBONATE	5
沉淀碳酸钙	CALCIUM CARBONATE	10
颜料	PIGMENT	适量
防腐剂	PRESERVATIVES	适量
香精	AROMA	适量
水	AQUA	余量

四、香粉蜜

香粉蜜是一种浆状型化妆品，又称为液态粉底或粉底蜜。它既具有香粉那样的遮盖力，又有保护、滋润皮肤的作用。液态粉底又可以分为水基型液态粉底和油基型液态粉底。这种产品也可在涂敷香粉之前作为粉底使用，能增强香粉的遮盖力。

水基型液态粉底是将粉料悬浮于甘油、亲水性胶体溶液或酒精溶液中所制成的，是具有流动性的浆状物。静止时粉体会沉降分层，使用时需要摇动，使粉料均匀悬浮于溶液中。因其含水分较多，所以遮盖力较弱，适合肤色浅的人及夏季使用。配方实例见表 5-8。

液态粉底配方中主要含有粉类、甘油、水、胶质等。常用的胶质有黄蓍树胶粉、羧甲基纤维素和胶性黏土等。

油基型液态粉底是将粉料悬浮于轻质油脂（如脂肪酸酯类、挥发性硅油等）中制成的，是具有流动性的浆状物。静止时油层会析出，需轻摇均匀后，方可使用。这种粉底油分含量高，易于涂抹，与皮肤亲和性好，不易溃妆，适合于干性皮肤及冬季使用。配方实例见表5-9。

表 5-8　香粉蜜配方实例（水基型液态粉底）

中文名称	INCI 名称	质量分数/%
硅酸镁	MAGNESIUM SILICATE	10
氧化铝/水合硅石	ALUMINA/HUDRATED SILICA	8
碳酸钙	CALCIUM CARBONATE	4
甘油	GLYCERIN	5
黄原胶	XANTHAN GUM	0.1
颜料	PIGMENT	适量
防腐剂	PRESERVATIVES	适量
香精	AROMA	适量
水	AQUA	余量

表 5-9　香粉蜜配方实例（油基型液态粉底）

中文名称	INCI 名称	质量分数/%
二氧化钛	TITANIUM DIOXIDE	15
氧化铝/水合硅石	ALUMINA/HUDRATED SILICA	25
氧化铁	IRON OXIDE	3
微晶蜡	CERA MICROCRISTALLINA	4
矿油	MINERAL OIL	5
失水山梨醇倍半油酸酯	HALF AS MANY SORBITAN OLEATE	2
香精	AROMA	适量
环四聚二甲基硅氧烷	CYCLOTETRASILOXANE	余量

五、胭脂

胭脂是涂敷在面部，使面颊具有立体感，呈现红润、艳丽、明快、健康的化妆品。胭脂有多种剂型，与粉饼相似的粉质块状胭脂，习惯上称之为胭脂；制成膏状的称之为胭脂膏；液状的称为胭脂水等。

胭脂是由颜料、粉料、黏合剂、香精等混合后，经压制成为圆形面微凸的饼状粉块，载于金属底盘，然后以金属、塑料或纸盒装盛，是市场上最受欢迎的一种化妆品。优质的胭脂应该柔软细腻，不易破碎；色泽鲜明，颜色均匀一致，表面无白点或黑点；容易涂敷，使用粉底霜后敷用胭脂，易混合协调；遮盖力好，易黏附皮肤；对皮肤无刺激性；香味纯正、清淡；容易卸妆，在皮肤上不留痕迹等。

胭脂的原料大致和香粉相同，只是色料比香粉多，香精用量比香粉少，为了压制成型，还必须加入适量黏合剂，选用的黏合剂基本与粉饼相同，包括水溶性黏合剂（黄蓍树胶、阿拉伯树胶、羧甲基纤维素、聚乙烯吡咯烷酮等）、油溶性黏合剂（矿物油、矿脂、脂肪酸酯类、羊毛脂及其衍生物等）、乳化型黏合剂（硬脂酸、三乙醇胺、水和矿物油或单硬脂酸甘油酯、水和矿物油配合使用，也可采用失水山梨醇的酯类）、粉类黏合剂（硬脂酸锌、硬脂酸镁等）。配方实例见表 5-10。

表 5-10　胭脂配方实例

中文名称	INCI 名称	质量分数/%
硅酸镁	MAGNESIUM SILICATE	60
氧化铝/水合硅石	ALUMINA/HUDRATED SILICA	10
氧化锌	ZINC OXIDE	10
硬脂酸锌	ZINC STEARATE	5
碳酸镁	MAGNESIUM CARBONATE	6
矿脂	PETROLEUM	2
矿油	MINERAL OIL	2
硅油	SILICONE OIL	1
羊毛脂	LANOLIN	1
色淀颜料	LAKE PIGMENTS	3
防腐剂	PRESERVATIVES	适量
香精	AROMA	适量

六、胭脂膏

胭脂膏是用油脂和颜料为主要原料调制而成，具有组织柔软、外表美观、敷用方便的优点，且具有滋润性。胭脂膏有两种类型：一类是油膏型，用油脂、蜡和颜料制成油膏状；另一类是膏霜型，用油脂、蜡、颜料、乳化剂和水制成乳化状。

油膏型胭脂膏的基料可以采用矿物油和蜡类，价格便宜，能在 40℃ 以上保持稳定，但敷用时会感到油腻。目前多采用脂肪酸的低碳酸酯类如棕榈酸异丙酯等，用巴西棕榈蜡提高稠度。由于采用的酯类都是低黏度的油状液体，因此能在皮肤上形成一层不黏腻而透气的薄膜。但油膏型胭脂膏有渗小油珠的倾向，尤其当温度变化时更明显，对此配方中适量加入蜂蜡、地蜡、羊毛脂以及植物油等可抑制这种情况的发生。另外，由于此类产品中油脂成分较多，为避免油脂酸败，需加抗氧化剂。配方实例见表 5-11。

　　乳化型胭脂膏与油膏型胭脂膏相比，具有少油腻感、涂敷容易等优点。乳化型胭脂膏是在膏霜配方的基础上加入颜料配制而成。配方实例及分析分别见表 5-12、表 5-13。

表 5-11　胭脂膏配方实例（油膏型）

中文名称	INCI 名称	质量分数/%
二氧化钛	TITANIUM DIOXIDE	4.2
氧化铝/水合硅石	ALUMINA/HUDRATED SILICA	24
红色氧化铁	RED IRON OXIDE	0.5
橙黄色 203	ORANGE NUMBER 203	0.3
地蜡	OZOKERITE	8
矿脂	PETROLEUM	20
矿油	MINERAL OIL	23
合成巴西棕榈蜡	SYNTHETIC CARNAUBA	6
羊毛脂酸异丙酯	ISOPROPYL LANOLATE	3
肉豆蔻酸异丙酯	ISOPROPYL MYRISTATE	10
抗氧化剂	ANTIOXIDANT	适量
香精	AROMA	适量

表 5-12　胭脂膏配方实例（乳化型）

中文名称	INCI 名称	质量分数/%
硬脂酸	STEARIC ACID	16
甘油硬脂酸酯	GLYCERYL STEARATE	4
羊毛脂	LANOLIN	1
甘油	GLYCERIN	8
三乙醇胺	TRIETHANOLAMINE	0.5
颜料	PIGMENT	8
防腐剂	PRESERVATIVES	适量
香精	AROMA	适量
水	AQUA	余量

表 5-13　胭脂膏配方实例分析（乳化型）

配方相	组成	原料类型	用途
A方（油相）	硬脂酸	油脂	与三乙醇胺中和形成表面活性剂、赋形
	甘油硬脂酸酯	表面活性剂	乳化、分散、润湿
	羊毛脂	油脂	滋润、保湿
B方（水相）	三乙醇胺	碱剂	中和硬脂酸
	水	溶剂	溶解
C方（预混）	颜料	颜料	调色
	甘油	油脂	保湿、分散
D方（其他）	防腐剂	防腐剂	杀菌防腐
	香精	香精	赋香

配制工艺：

① 将 A 方和 B 方分别加热到 75℃、80℃。

② 在搅拌状态下，将 B 方倒入 A 方，继续搅拌。

③ 当温度降到 60℃时，加入 C 方，继续搅拌。

④ 冷却至 45℃时加入 D 方中的防腐剂、香精，搅匀后即可灌装。

七、胭脂水

胭脂水是流动性液态产品，有悬浮体和乳化体两种形态。

悬浮体胭脂水是将颜料悬浮于水、甘油和其他液体中，极易发生沉淀，使用时需摇匀。为了提高分散体的稳定性，需加入各种悬浮剂，如羧甲基纤维素、聚乙烯吡咯烷酮、聚乙烯醇、单硬脂酸甘油酯或丙二醇酯等。配方实例及其分析分别见表 5-14、表 5-15。

乳化体胭脂水是将颜料悬浮于乳液状的乳化体中，由于乳化体黏度低，也容易产生分离现象，一般可通过添加羧甲基纤维素、胶性黏土或其他增稠剂来调整。配方实例见表 5-16。

表 5-14　胭脂水配方实例（悬浮体）

中文名称	INCI 名称	质量分数/%
甘油	GLYCERIN	7
聚乙烯醇	POLYVINYL ALCOHOL	5
氧化锌	ZINC OXIDE	4
硬脂酸锌	ZINC STEARATE	18
颜料	PIGMENT	3

续表

中文名称	INCI 名称	质量分数/%
防腐剂	PRESERVATIVES	适量
香精	AROMA	适量
水	AQUA	余量

表 5-15　胭脂水配方实例（悬浮体）分析

配方相	组成	原料类型	用途
A 方（预混）	甘油	保湿剂	保湿、溶解
	聚乙烯醇	聚合物	增稠、成膜
	氧化锌	粉料	遮盖
	硬脂酸锌	粉料	黏附
	颜料	颜料	着色
B 方	水	溶剂	分散、载体
C 方	防腐剂	防腐剂	杀菌、防腐
	香精	香精	赋香

配制工艺：

① 将 A 方和部分水混合成浆状，研磨。

② 将研磨成浆状的 A 方加入到 B 方中，混合搅拌。

③ 添加 C 方的防腐剂、香精，继续搅拌，分散均匀。

表 5-16　胭脂水配方实例（乳化体）

中文名称	INCI 名称	质量分数/%
硬脂酸	STEARIC ACID	2
甘油硬脂酸酯	GLYCERYL STEARATE	2
羊毛脂	LANOLIN	2
肉豆蔻酸异丙酯	ISOPROPYL MYRISTATE	9
羧甲基纤维素钠	SODIUM CARBOXYMETHYL CELLULOSE	0.3
丙二醇	PROPYLENE GLYCOL	4
三乙醇胺	TRIETHANOLAMINE	1
矿油	MINERAL OIL	3
硅酸镁	MAGNESIUM SILICATE	4
二氧化钛	TITANIUM DIOXIDE	5
颜料	PIGMENT	1

续表

中文名称	INCI 名称	质量分数/%
防腐剂	PRESERVATIVES	适量
香精	AROMA	适量
水	AQUA	余量

第二节　唇部用化妆品

唇部用化妆品是在唇部涂上色彩、赋予光泽、防止干裂、增加魅力的化妆品。主要有棒状唇膏（通常称之为唇膏）、液态唇膏和唇线笔。唇部用化妆品无论是唇膏还是唇线笔因其直接涂于唇部易进入口中，所以对其安全性要求很高，应对人体无毒性、对黏膜无刺激性等。

一、唇膏

棒状唇膏是唇膏最常见的形式，是涂敷于唇部表面，使其具有艳丽健康的色彩并对唇部起到滋润保护作用的化妆品。

唇膏分为三种类型，原色唇膏、变色唇膏和无色唇膏。

原色唇膏是最普遍的一种类型，有各种不同的颜色，常见的有大红、桃红、橙红、玫瑰红、朱红等。

变色唇膏是一种比较有趣的产品，这种唇膏的颜色为浅橙色，涂抹到唇部时，很快会变成深浅不同的红色，其变色原理是：该色素的 pH 值为 3.0～4.0，当处于 pH 值为 5.0 的介质时，会变色，而嘴唇的 pH 值正好在 5.0 左右，所以当涂得薄时，会变成浅红色；涂得厚时，则变成玫瑰红色，故而得名变色唇膏。

无色唇膏则是不加任何色素，其主要作用是滋润柔软嘴唇、防裂、增加光泽，主要是冬季干燥的情况下使用。

1. 唇膏的主要成分及其作用

唇膏的主要成分包括色素、脂蜡基、滋润性物质和香精等。

色素是唇膏的最主要成分，由于在进食时会带入体内，所以一定要注意其安全性。通常使用的有可溶性染料和不溶性颜料两类，二者可以合用或单独使用。

（1）唇膏的基质组分　唇膏的基质是由油、脂、蜡类原料组成的，亦称蜡基，是唇膏的骨架。除对染料的溶解性外，还必须有一定的触变特性，就是有一定的柔软性，能轻易地涂于唇部并形成均匀的薄膜，使嘴唇润滑而有光泽，无太多油腻感，亦无干燥不适的感觉，不会向外化开。同时成膜应经得起季度不同的温度的变化。为此，合理地选择油、脂、蜡类原料是非常重要的。常用的几种油

脂有：精制蓖麻油、可可脂、羊毛脂及其衍生物、鲸蜡、鲸蜡醇、单硬脂酸甘油酯、肉豆蔻酸异丙酯、地蜡、巴西棕榈蜡、小烛树蜡、蜂蜡、凡士林、卵磷脂、蜡状二甲基硅氧烷等。

（2）唇膏用香精　唇膏直接与人的嘴唇接触，唇膏用香精与其他化妆品不同，总有少量会摄入人体，因此对香精使用的安全性应特别注意，一般应选用食品级香精。香精的作用是遮盖油脂的气味，不仅秀气宜人，而且味道口感要好，以芳香甜美适口为主。消费者对唇膏的喜爱与否，气味的好坏是一项重要因素。

唇膏选用的香精常为淡花香和流行混合香型，玫瑰醇和酯类较常使用，香型如玫瑰、茉莉、紫罗兰、橙花以及水果香等。也常选用无萜烯类香精，如茴香、肉桂、柠檬和红橘油。

2. 唇膏配方实例

不同唇膏配方实例及其分析分别见表 5-17～表 5-20。

表 5-17　唇膏配方实例（原色唇膏）

中文名称	INCI 名称	质量分数/%
蓖麻油	CASTOR OIL	40
合成巴西棕榈蜡	SYNTHETIC CARNAUBA	7
羊毛脂	LANOLIN	15
蜂蜡	BEESWAX	8
地蜡	OZOKERITE	12
甘油硬脂酸酯	GLYCERYL STEARATE	8
溴酸红	BROMATE RED	2
颜料	PIGMENT	8
抗氧化剂	ANTIOXIDANTS	适量
香精	AROMA	适量

表 5-18　唇膏配方实例（原色唇膏）分析

配方相	组成	原料类型	用途
A 方（油相）	合成巴西棕榈蜡	油脂	构成唇膏的蜡基
	地蜡	油脂	构成唇膏的蜡基
	羊毛脂	油脂	滋润、保湿
	蜂蜡	油脂	构成唇膏的蜡基
	抗氧化剂	抗氧化剂	防止油脂氧化
B 方（预混）	甘油硬脂酸酯	表面活性剂	乳化、分散
	溴酸红	染料	染色

续表

配方相	组成	原料类型	用途
C方（预混）	颜料	颜料	遮盖、调色
	蓖麻油	油脂	溶解、分散染料颜料
D方（其他）	香精	香精	赋香

配制工艺：

① 将溴酸红溶于 70℃ 的单甘酯中，必要时加蓖麻油充分溶解，制得染料部分 B 方。

② 将烘干磨细的不溶性颜料与液体油脂原料（蓖麻油）混合均匀制成 C 方。

③ 将上述 B、C 方混合到一起，搅拌。

④ 将羊毛脂和蜡类在另一容器中加热成 A 方，经过滤后加入③，慢速搅拌，不使色淀颜料下沉，并加入 D 方，然后注入模型，急剧冷却、脱模，最后过火烘面抛光，获得产品。

表 5-19　唇膏配方实例（变色唇膏）

中文名称	INCI 名称	质量分数/%
蓖麻油	CASTOR OIL	33.5
合成巴西棕榈蜡	SYNTHETIC CARNAUBA	6
羊毛脂	LANOLIN	27
蜂蜡	BEESWAX	8
可可籽脂	THEOBROMA CACAO SEED BUTTER	12
甘油硬脂酸酯	GLYCERYL STEARATE	5
溴酸红	BROMATE RED	0.2
棕榈酸异丙酯	ISOPROPYL PALMITATE	8
抗氧化剂	ANTIOXIDANTS	适量
香精	AROMA	适量

表 5-20　唇膏配方实例（无色唇膏）

中文名称	INCI 名称	质量分数/%
蓖麻油	CASTOR OIL	10
合成巴西棕榈蜡	SYNTHETIC CARNAUBA	10
羊毛脂	LANOLIN	4.7
鲸蜡	CETYL	10
矿脂	PETROLEUM	18

续表

中文名称	INCI 名称	质量分数/%
甘油硬脂酸酯	GLYCERYL STEARATE	15
环聚二甲基硅氧烷	CYCLOMETHICONE	8
角鲨烷	SQUALANE	4
矿油	MINERAL OIL	20
尿囊素	ALLANTOIN	0.1
生育酚乙酸酯	TOCOPHERYL ACETATE	0.2
抗氧化剂	ANTIOXIDANTS	适量
防腐剂	PRESERVATIVES	适量
香精	AROMA	适量

3. 乳化体唇膏

传统唇膏主要是以油脂、蜡等油性原料为主体，即为不含水的油性唇膏，但近年来从唇膏对嘴唇的护理和保湿作用考虑，研制出含油性原料、色素、水、保湿剂及乳化剂，经过乳化作用而制得的乳化体唇膏。这种乳化体唇膏含有水分和保湿剂，对唇部皮肤具有一定的保湿和护肤作用，乳化体唇膏通常是 W/O 型乳化体。配方实例见表 5-21。

表 5-21　唇膏配方实例（乳化体唇膏）

中文名称	INCI 名称	质量分数/%
蓖麻油	CASTOR OIL	30
合成巴西棕榈蜡	SYNTHETIC CARNAUBA	2
羊毛脂	LANOLIN	8
地蜡	OZOKERITE	4
异硬脂酸二甘油酯	ISOSTEARATE TWO GLYCERIDES	32
矿油	MINERAL OIL	8
溴酸红	BROMATE RED POLYOXYETHYLEN	2
聚氧乙烯(25)聚氧丙烯十四烷醚	E(25)POLY PROPYLENE TETRADECANE ETHER OXYGEN	1
二氧化钛	TITANIUM DIOXIDE	5
甘油	GLYCERIN	2
丙二醇	PROPYLENE GLYCOL	1
防腐剂	PRESERVATIVES	适量
香精	AROMA	适量
水	AQUA	余量

二、液态唇膏

液态唇膏是将成膜剂、溶剂、增塑剂、色素及香精溶于酒精的一种酒精溶液，当酒精挥发后，留下一层光亮鲜艳的薄膜。成膜剂如乙基纤维素、醋酸纤维素、硝酸纤维素、聚乙烯醇和聚乙酸乙烯酯等，能够在嘴唇上形成薄膜；增塑剂是用来改善成膜的可塑性，即增加柔韧性和减少收缩，常用的有甘油、邻苯二甲酸二丁酯、山梨醇和乙二酸二辛酯等；溶剂则主要采用酒精、异丙醇、石油醚等。液体唇膏是用瓶装的，一般用小刷子刷涂，因此携带和使用都不如一般唇膏方便。配方实例见表 5-22。

表 5-22　液态唇膏配方实例

中文名称	INCI 名称	质量分数/%
乙酸纤维素	CELLULOSE ACETATE	2
己二酸二辛酯	DIOCTYL ESTER OF ADIPIC ACID	1
安息香酊	BENZOIN TINCTURE	1.5
异丙醇	ISOPROPYL ALCOHOL	41.5
乙醇	ALCOHOL	54
色素	PIGMENT	适量
香精	AROMA	适量

三、唇线笔

唇线笔是为使唇形轮廓更为清晰饱满，给人以富有感情、健康有活力的感觉而使用的唇部美容用化妆品。是将油脂、蜡和颜料混合熔化，加入色素，混合均匀，经研磨后注入模型，制成笔芯，然后黏合在木杆中，制成铅笔状。使用时，可用刀片把笔头削尖，要求笔芯软硬适度、描画容易、不易断裂，一般唇线笔以质地柔软、色彩自然者为佳。

表 5-23　唇线笔配方实例

中文名称	INCI 名称	质量分数/%
蓖麻油	CASTOR OIL	56
合成巴西棕榈蜡	SYNTHETIC CARNAUBA	4
氢化羊毛脂	HYDROGENATED LANOLIN	6
蜂蜡	BEESWAX	10
合成小烛树蜡	SYNTHETIC CANDELILLA WAX	7
微晶蜡	CERA MICROCRISTALLINA	4

续表

中文名称	INCI 名称	质量分数/%
地蜡	OZOKERITE	3
颜料	PIGMENT	10
抗氧化剂	ANTIOXIDANTS	适量
防腐剂	PRESERVATIVES	适量
香精	AROMA	适量

第三节　眼部用化妆品

　　眼部化妆品指用于眼睑、眼角、睫毛和眉毛等眼睛周围处的化妆品。涂敷化妆后，达到修饰、弥补缺陷等作用，使眼睛明亮秀美、活泼传神。眼部化妆品按施用部位不同，可分为眼影、眼线、睫毛膏、眉笔等。

一、眼影

　　眼影是用来涂敷于眼窝周围的上下眼皮和外眼角处，形成阴影，塑造眼睛轮廓，增加立体感和神秘感，使眼睛美丽有神的化妆品。眼影的质量要求是：易于涂描，涂抹后不显油光；遇汗遇水不化开；对眼部无刺激性。产品有饼状、膏状和液状。

　　1. 眼影粉饼

　　眼影粉饼是最常见的眼影产品，其组成基本和胭脂相同。主要有滑石粉、硬脂酸锌、高岭土、碳酸钙、无机颜料、珠光颜料、防腐剂、黏合剂等。配方实例及其分析分别见表 5-24、表 5-25。

表 5-24　眼影粉饼配方实例

中文名称	INCI 名称	质量分数/%
氧化铝/水合硅石	ALUMINA/HUDRATED SILICA	46
二氧化钛	TITANIUM DIOXIDE	5
蜂蜡	BEESWAX	2
硬脂酸十六酯	STEARIC ACID ESTER OF 16	5
甘油硬脂酸酯	GLYCERYL STEARATE	5
珠光颜料	PEARL PIGMENT	16
黄色氧化铁	YELLOW IRON OXIDE	6
红色氧化铁	RED IRON OXIDE	8
黑色氧化铁	BLACK IRON OXIDE	6

续表

中文名称	INCI 名称	质量分数/%
防腐剂	PRESERVATIVES	适量
香精	AROMA	适量

表 5-25　眼影粉饼配方实例分析

配方相	组成	原料类型	用途
A方(预混)	氧化铝/水合硅石	粉料	顺滑
	二氧化钛	粉料	遮盖
	珠光颜料	粉料	调色
	黄色氧化铁	颜料	调色
	红色氧化铁	颜料	调色
	黑色氧化铁	颜料	调色
B方(预混)	蜂蜡	油脂	黏合、滋润
	硬脂酸十六酯	油脂	黏合、滋润
	甘油硬脂酸酯	油脂	黏合、滋润
C方(其他)	防腐剂	防腐剂	杀菌防腐
	香精	香精	赋香

配制工艺：

① 将 A 方中各成分混合、研磨。

② 将 B 方中各成分混合加热至熔化。

③ 将 A 方、B 方混合，加入香精、防腐剂，继续搅拌混合至均匀。

④ 研磨，过筛，压制成型。

2. 眼影膏

眼影膏是一种使用比较方便的产品，其配方组成基本与胭脂膏相同。主要包括油脂和蜡，如凡士林、矿物油、地蜡、羊毛脂及其衍生物、硬脂酸等，它们是眼影膏的构架成分。凡士林能增加制品表面光泽，起黏合作用；矿物油能调节制品稠度和硬度，也可增加光泽；地蜡则帮助吸收矿物油，使其不外析；硬脂酸则起乳化作用。除此以外，眼影膏还含有颜料，包括无机颜料、珠光颜料等，起赋色作用。眼影膏配方实例及其分析分别见表 5-26、表 5-27。

表 5-26　眼影膏配方实例

中文名称	INCI 名称	质量分数/%
矿脂	PETROLEUM	15

续表

中文名称	INCI 名称	质量分数/%
硬脂酸	STEARIC ACID	8
羊毛脂	LANOLIN	5
棕榈酸异丙酯	ISOPROPYL PALMITATE	5
丁二醇	BUTYLENE GLYCOL	2
三乙醇胺	TRIETHANOLAMINE	2
氧化铝/水合硅石	ALUMINA/HUDRATED SILICA	2.5
硅酸镁	MAGNESIUM SILICATE	10
无机颜料	INORGANIC PIGMENTS	8
防腐剂	PRESERVATIVES	适量
香精	AROMA	适量
水	AQUA	余量

表 5-27　眼影膏配方实例分析

配方相	组成	原料类型	用途
A 方（油相）	矿脂	油脂	滋润、保湿、调节膏体外观
	硬脂酸	油脂	与三乙醇胺中和形成表面活性剂、赋形
	羊毛脂	油脂	滋润、保湿
	棕榈酸异丙酯	油脂	滋润、保湿、调节膏体外观
B 方（预混）	硅酸镁	粉料	滑爽
	氧化铝/水合硅石	粉料	遮盖、吸收
	无机颜料	颜料	调色
	丁二醇	保湿剂	保湿、分散
C 方（水相）	水	溶剂	溶解、载体
	三乙醇胺	碱剂	与硬脂酸中和
D 方（其他）	防腐剂	防腐剂	杀菌防腐
	香精	香精	赋香

配制工艺：

① 将 A 方、C 方分别加热到 75℃和 80℃。

② 将 B 方与部分水混合、研磨至均匀。

③ 在搅拌状态下，将 C 方倒入 A 方中，继续搅拌。

④ 当温度降到 60℃时，加入研磨混合均匀的 B 方，继续搅拌。

⑤ 冷却至 45℃时加入香精、防腐剂，搅拌均匀后即可灌装。

3. 眼影液

眼影液又称眼影水，是以水为介质，将色素分散于水中。为使制得的悬浮液稳定，需加增稠剂，有些增稠剂如聚乙烯吡咯烷酮又能在皮肤表面形成薄膜，对颜料有黏附作用。配方实例见表 5-28。

表 5-28　眼影液配方实例

中文名称	INCI 名称	质量分数/%
聚乙烯吡咯烷酮	PVP	2
硅酸铝镁	MAGNISIUM ALUMINOMETASILICATE	2.5
颜料	PIGMENT	10
防腐剂	PRESERVATIVES	适量
香精	AROMA	适量
水	AQUA	余量

二、眼线

眼线是用以描画睫毛边缘处，突出眼睛轮廓，衬托睫毛，加深眼睛印象，增加魅力的眼部化妆品。

眼线制品有固态（眼线笔）和液态（眼线液）两种。其中固态眼线笔是由颜料、油、高分子物质和黏合剂压制成型制得笔芯，要求有一定的柔软性，硬度可由加入蜡的量和熔点来调节。眼线液有薄膜型和乳剂型两种，前者涂描眼睑处，干燥后形成一韧性薄膜，且具有剥离性，优点是易于卸妆；后者则无剥离性，卸妆时需用化妆水、清洁霜洗除，且抗泪水与汗水性能较差，但它有使用时无异物感的优点。

近年来，一些眼线液产品采用水作为介质，无油脂和蜡成分，主要用虫胶做成膜剂，用三乙醇胺溶解虫胶，三乙醇胺的虫胶皂是水溶性的，不像油/水乳剂型的眼线液需要加入相当一部分的油脂和蜡。不同配方实例见表 5-29～表 5-32。

表 5-29　眼线配方实例

中文名称	INCI 名称	质量分数/%
合成小烛树蜡	SYNTHETIC CANDELILLA WAX	7
地蜡	OZOKERITE	5
羊毛脂	LANOLIN	5
2-辛基十二烷醇	2-OCTYL DODECANOL	5

续表

中文名称	INCI 名称	质量分数/%
甘油硬脂酸酯	GLYCERYL STEARATE	4
微晶蜡	CERA MICROCRISTALLINA	5
氢化植物油	HYDROGENATED VEGETABLE OILS	2.5
矿油	MINERAL OIL	26
二氧化钛-云母	TITANIUM DIOXIDE MICA	25
颜料	PIGMENT	10
防腐剂	PRESERVATIVES	适量
丁羟茴醚	BHA	适量

表 5-30 眼线液配方实例（薄膜型）一

中文名称	INCI 名称	质量分数/%
硅酸铝镁	MAGNISIUM ALUMINOMETASILICATE	2.5
烷基苯基聚醚硫酸盐	ALKYL PHENYL POLYETHER SULFATE	2
氧化铁色素	IRON OXIDE PIGMENT	10
苯乙烯—丁二烯共聚乳胶(50%)	BUTADIENE STYRENE COPOLYMER EMULSION(50%)	25
丙二醇	PROPYLENE GLYCOL	2
防腐剂	PRESERVATIVES	适量
香精	AROMA	适量
水	AQUA	余量

表 5-31 眼线液配方实例（薄膜型）二

中文名称	INCI 名称	质量分数/%
羧甲基纤维素	CARBOXYMETHYL CELLULOSE	1.5
丙二醇	PROPYLENE GLYCOL	5
氧化铁色素	IRON OXIDE PIGMENT	4
蒙脱土镁胶	MONTMORILLONITE MAGNESIUM GLUE	0.5
三乙醇胺-虫胶	TRIETHANOLAMINE SHELLAC	8
防腐剂	PRESERVATIVES	适量
香精	AROMA	适量
水	AQUA	余量

表 5-32　眼线液配方实例（乳剂型）

中文名称	INCI 名称	质量分数/%
硬脂酸	STEARIC ACID	2.4
甘油硬脂酸酯	GLYCERYL STEARATE	0.6
羊毛脂	LANOLIN	2
肉豆蔻酸异丙酯	ISOPROPYL MYRISTATE	2
三乙醇胺	TRIETHANOLAMINE	5
聚乙烯吡咯烷酮	PVP	2
丙二醇	PROPYLENE GLYCOL	6
炭黑	CARBON BLACK	7
防腐剂	PRESERVATIVES	适量
水	AQUA	余量

三、睫毛用化妆品

睫毛用化妆品是用于眼睫毛上的美容类化妆品。这类化妆品能使睫毛增加光彩，进而美化眼睛，可使睫毛变黑、变粗、变长，增加眼睫毛的表现力度。色调主要是黑色、棕色。睫毛用化妆品常用的剂型有睫毛膏、睫毛液。

睫毛膏分为蜡基型和乳化型，前者是蜡基和颜料分散于挥发性碳氢溶剂中的体系；后者是以油脂、蜡、水等乳化形成的体系，这类配方耐水性好，感觉柔软，易卸妆，对眼睛刺激性小。不同类型睫毛膏配方实例见表 5-33、表 5-34。

睫毛液是将颜料、油脂、蜡、乳化剂、悬浮剂等成分混合后用胶体磨研磨，使颜料分散悬浮于液体中。配方实例见表 5-35。

表 5-33　睫毛膏配方实例（蜡基型）

中文名称	INCI 名称	质量分数/%
地蜡	OZOKERITE	13
合成小烛树蜡	SYNTHETIC CANDELILLA WAX	7
微晶蜡	CERA MICROCRISTALLINA	6
失水山梨醇油酸酯	SORBITAN OLEATE	1
貂油	MINK OIL	10
矿油	MINERAL OIL	25
环甲基硅氧烷和二甲基硅氧烷共聚醇	METHYL SILOXANE AND DIMETHYL SILOXANE COPOLYMER ALCOHOL	15
颜料	PIGMENT	22
防腐剂	PRESERVATIVES	适量

表 5-34　睫毛膏配方实例（乳化型）

中文名称	INCI 名称	质量分数/%
硬脂酸	STEARIC ACID	11.2
甘油硬脂酸酯	GLYCERYL STEARATE	1.5
肉豆蔻酸异丙酯	ISOPROPYL MYRISTATE	7.3
三乙醇胺	TRIETHANOLAMINE	3.6
丙二醇	PROPYLENE GLYCOL	9.1
颜料	PIGMENT	9
防腐剂	PRESERVATIVES	适量
水	AQUA	余量

表 5-35　睫毛液配方实例

中文名称	INCI 名称	质量分数/%
透明质酸钠	SODIUM HYALURONATE	0.05
聚乙二醇-100	PEG-100	5
吗啉	MORPHOLINE	0.5
蜂蜡	BEESWAX	6.5
矿油	MINERAL OIL	3.5
硬脂酸	STEARIC ACID	1
合成巴西棕榈蜡	SYNTHETIC CARNAUBA	5
膨润土	BENTONITE	2
颜料	PIGMENT	14
防腐剂	PRESERVATIVES	适量
水	AQUA	余量

四、眉笔

　　眉笔是用来描眉的，使眉毛显得深而亮，画出与脸型、肤色、眼睛，甚至与气质协调一致的动人的眉毛。目前眉笔流行两种形式：一种和铅笔类似，是将圆条笔芯粘合在木杆中，用刀片把笔尖削尖使用；另一种是推管式的，推管式眉笔是将笔芯装在细长的金属或塑料管内，使用时将笔尖推出即可。

　　铅笔式眉笔的笔芯是将全部油脂、蜡放在一起溶化后，加颜料，搅拌均匀后冷却，凝固后切片，再经三辊机研磨，放入压条机内压制成笔芯。配方实例见表 5-36。

　　推管式眉笔的笔芯是将颜料和部分油脂、蜡混合，在三辊机里研磨成均匀的颜料浆，再将其余全部油脂、蜡放入锅内加热熔化，再加入颜料浆搅拌均匀后，在热的情况下浇入模子里制成笔芯。配方实例见表 5-37。

热熔法制笔芯和用压条机制笔芯，软硬度有所不同，因为热熔法是脂、蜡的自然结晶，而压条机则是将自然结晶的笔芯粉碎后再压制成型的。

表 5-36　眉笔配方实例（铅笔式）

中文名称	INCI 名称	质量分数/%
聚乙烯醇(1000)	POLYVINYL ALCOHOL(1000)	0.5
甘油三异辛酸酯	THREE OCTYLIC ACID ESTER OF GLYCEROL	5
胆甾醇异硬脂酸酯	CHOLESTERYL ISOSTEARATE	0.5
合成日本蜡	SYNTHETIC JAPAN WAX	11
氢化牛油	HYDROGENATED TALLOW	10.5
蜂蜡	BEESWAX	5
硬脂酸	STEARIC ACID	15
羊毛脂	LANOLIN	2.5
颜料	PIGMENT	50

表 5-37　眉笔配方实例（推管式）

中文名称	INCI 名称	质量分数/%
石蜡(熔点 60℃)	PARAFFIN(MELTING POINT 60℃)	33
矿脂	PETROLEUM	10
羊毛脂	LANOLIN	10
蜂蜡	BEESWAX	18
矿油	MINERAL OIL	3
川蜡	SICHUAN WAX	12
颜料	PIGMENT	14

第四节　指甲用化妆品

指甲用化妆品是指用于美化、保护指甲的化妆品，包括指甲油、指甲白、指甲抛光剂、指甲油去除剂和指甲保养剂等。其中使用最多的是指甲油、指甲油去除剂。

一、指甲油

指甲油是涂于指甲上用来修饰和增加指甲美观的化妆品。指甲油涂于指甲表面能形成一层坚韧耐磨的薄膜，起到保护和美化指甲的作用。

1. 指甲油的主要成分和作用

指甲油的主要成分是成膜剂、树脂、增塑剂、溶剂、色素等。

（1）成膜剂　成膜剂主要有硝酸纤维素、乙酸纤维素、乙酸丁酸纤维素、乙基纤维素、聚乙烯以及丙烯酸甲酯聚合物等，其中最常用的是硝酸纤维素，它在硬度、附着力、耐磨性等方面均极优良。

（2）树脂　树脂能增加硝酸纤维素薄膜的亮度和附着力，常用的树脂有醇酸树脂、氨基树脂、丙烯酸树脂、聚乙酸乙烯酯树脂和对甲苯磺酰胺甲醛树脂等。其中对甲苯磺酰胺甲醛树脂对膜的厚度、光亮度、流动性、附着力和抗水性等均有较好的效果。

（3）增塑剂　增塑剂可以降低硝化纤维素膜的脆性，使涂膜柔软、持久，减少膜层的收缩和开裂现象，增塑剂有两类：一类是溶剂型增塑剂，如磷酸三甲苯酯、苯甲酸苄酯、磷酸三丁酯、柠檬酸三乙酯、邻苯二甲酸二辛酯等，这类增塑剂既是硝化纤维素的溶剂，也是增塑剂，常用的是邻苯二甲酸酯类；另一类是非溶剂型增塑剂，如樟脑和蓖麻油等，一般与溶剂型增塑剂一起使用。

（4）溶剂　溶剂主要是溶解成膜剂、树脂、增塑剂等，调节指甲油的黏度，并具有适宜的挥发速度。挥发太快，影响指甲油的流动性、产生气孔、残留痕迹，影响涂层外观；挥发太慢会使流动性太大，成膜太薄，干燥时间太长。能够满足这些要求的单一溶剂是不存在的，一般使用混合溶剂，包括低沸点溶剂（如丙酮、乙酸乙酯、丁酮）、中沸点溶剂（如乙酸丁酯、二甘醇单甲醚等）、高沸点溶剂（如溶纤剂、乙基溶纤剂、丁基溶纤剂）三类。低沸点溶剂挥发速度快，涂膜干燥后容易起霜。中沸点溶剂流展性好，能抑制起霜。高沸点溶剂配制的硝化纤维素溶液黏度高，不易干，但涂膜光泽性好。使用时一般将三类溶剂复配使用，另外加入乙醇、丁醇可提高溶解性，加入甲苯和二甲苯等能调整产品黏度，降低产品的成本。

（5）色素　色素一般采用不溶性的颜料和色淀，以产生不透明的美丽颜色。另外，常还添加钛白粉以增加乳白感，添加珠光颜料（如鸟嘌呤、氯氧化铋、二氧化钛-云母）增强光泽。

另外，根据需要可添加悬浮剂、防晒剂、抗氧化剂、油脂等。

2. 指甲油配方实例

配方实例及其分析分别见表5-38、表5-39。

表 5-38　指甲油配方实例

中文名称	INCI 名称	质量分数/%
乙酸乙酯	ETHYL ACETATE	20
乙酸丁酯	BUTYL ACETATE	12

续表

中文名称	INCI 名称	质量分数/%
邻苯二甲酸二甲酯	DIMETHYL PHTHALATE	4
甲苯	TOLUENE	24
醇酸树脂	ALKYD RESIN	12
硝化纤维素	NITROCELLULOSE	15
乙醇	ALCOHOL	12.5
颜料	PIGMENT	适量

表 5-39　指甲油配方实例分析

配方相	组成	原料类型	用途
A方	乙酸乙酯	溶剂	溶解成膜剂、树脂、增塑剂等
	乙酸丁酯	溶剂	溶解成膜剂、树脂、增塑剂等
	邻苯二甲酸二甲酯	增塑剂	降低硝化纤维素膜的脆性，使涂膜柔软
	甲苯	溶剂	调整黏度，降低成本
	醇酸树脂	树脂	增加薄膜亮度、附着力
	硝化纤维素	成膜剂	形成薄膜
B方	乙醇	溶剂	提高溶解性
	颜料	颜料	调色

配制工艺：

① 将 A 方混合搅拌均匀。

② 将 B 方混合搅拌均匀。

③ 将 A 方、B 方混合，搅拌至均匀。

二、指甲油去除剂

指甲油去除剂是去除指甲上的指甲油涂膜的专用产品，即指甲油的卸妆品，是指甲油的姊妹产品。指甲油去除剂以主要成分是溶解硝酸纤维素和树脂的混合溶剂，如丙酮、乙酸乙酯、丁酮、二甘醇单甲醚、乙基溶纤剂、丁基溶纤剂等，由于溶剂有脱水和脱脂作用，指甲油去除剂配方中添加少量的油脂、蜡及保湿成分，可以降低对指甲造成脱水脱脂引起的损坏。配方实例见表 5-40。

表 5-40　指甲油去除剂配方实例

中文名称	INCI 名称	质量分数/%
乙酸乙酯	ETHYL ACETATE	20

续表

中文名称	INCI 名称	质量分数/%
丙酮	ACETONE	40
乙醇	ALCOHOL	15
甘油	GLYCERIN	10
水	AQUA	15

第五节　香水类化妆品

香水类化妆品是具有芬芳气味、令人心情舒畅和有美化环境作用的化妆品。最常见的是乙醇溶液香水，另外还有乳化香水和固体香水形态。

一、乙醇溶液香水

乙醇溶液香水包括香水、古龙水和花露水，均是以乙醇溶液为基质的透明液体。其主要原料有香料或香精、乙醇和水等。它们的区别在于香精（或香料）的香型和用量、乙醇浓度的不同。

1. 香水

香水一般为女士所用，常喷洒于衣襟、手帕及身体某些部位，散发出芳香浓郁、持久幽雅的香气。

香水的香型从来都是美容化妆品香型的指针，它对化妆品香气的发展趋势产生很大的影响，故香水一直是调香师研究的主要课题。香水的香型一般来说是以花香型为主，年代香水香型有喜欢浓郁香气的倾向，故香水的香型多为浓香型或复合花香型等。近年来，人们开始追求自然美，希望享受大自然的乐趣，在这种趋势下，以清香型、果香型和香脂型为主调的香水日益增多。

香精是香水的主要成分，质量分数一般为15%～25%。所用的香精与香水品级高低有关，高级香水中的香精多为天然植物净油，如茉莉净油、玫瑰净油等，以及天然动物性香料如麝香、灵猫香、龙涎香等配制而成。品级低的香水则大多是用合成香料调配成的香精。

香水中乙醇的质量分数一般为90%～95%，对乙醇的质量要求很高，必须经过预先处理精制。香水内香精含量较高，酒精的浓度就需要高一些，否则香精不易溶解，溶液就会产生混浊现象，通常酒精的浓度为95%。酒精质量的好坏对产品质量的影响很大，用于香水类制品的酒精应不含低沸点的乙醛、丙醛及较高沸点的戊醇、杂醇油等杂质。酒精的质量与生产酒精的原料有关，用葡萄为原料经发酵制得的酒精，质量最好，无杂味，但成本高，适合于制造高档香水；采用甜菜和谷物等经发酵制得的酒精，适合于制造中高档香水；而用山芋、土豆等经发酵制得的酒精中含有一定量的杂醇油，气味不及前两种酒精，不能直接使用，必须经过加工精制，才能使用。

香水用酒精的处理方法是：在酒精中加入 1‰ 的氢氧化钠，煮沸回流数小时后，再经过一次或多次分馏，收集其气味较纯正的部分，用于配制中低档香水。如要配制高级香水，除按上述对酒精进行处理外，往往还在酒精内预先加入少量香料，经过较长时间（一般应放在地下室里陈化一个月左右）的陈化后再进行配制效果更好。所用香料有秘鲁香脂、吐鲁香脂和安息香树脂等，加入量为 0.1% 左右。橡苔浸膏、鸢尾草净油、防风根油等加入量为 0.05% 左右。最高级的香水是采用加入天然动物性香料，经陈化处理而得的酒精来配制。

配制香水、古龙水和花露水的水质，要求采用新鲜蒸馏水或经灭菌处理的去离子水，不允许其中有微生物存在，也不允许铁、铜及其他金属离子存在。加入柠檬酸钠或 EDTA 等螯合剂，加入二叔丁基对甲酚等抗氧化剂，可以稳定产品的色泽和香气。香水配方实例及其分析分别见表 5-41、表 5-42。

表 5-41　玫瑰香水配方实例

中文名称	INCI 名称	质量分数/%
合成玫瑰香精	SYNTHESIS OF ROSE ESSENCE	2
白玫瑰香精	WHITE ROSE ESSENCE	5
红玫瑰香精	RED ROSE ESSENCE	7
玫瑰油	ROSE OIL	0.2
玫瑰净油	ROSE NET OIL	0.5
茉莉净油	JASMINE NET OIL	0.5
灵猫香净油	CIVET NET OIL	0.1
麝香酊剂(3%)	MUSK TINCTURE(3%)	5
乙醇	ALCOHOL	79.7

表 5-42　玫瑰香水配方实例分析

组成	原料类型	用途
合成玫瑰香精	香精	调香
白玫瑰香精	香精	调香
红玫瑰香精	香精	调香
玫瑰油	香料	调香
玫瑰净油	香料	调香
茉莉净油	香料	调香

续表

组成	原料类型	用途
灵猫香净油	香料	调香
麝香酊剂（3%）	香料	调香
乙醇	溶剂	溶解、载体

配制工艺：

① 分别将各种香料、香精加入到乙醇中，混合搅拌至均匀。

② 低温陈化三个月以上，沉淀出不溶性物质。

③ 加入硅藻土等助滤剂，用压滤机过滤。

2. 古龙水

古龙水是乙醇溶液香水，香气清爽、淡雅，是男士喜欢使用的香水用品。香型以柑橘和辛香型为主体。

古龙水中香精的质量分数一般为3%～8%，其香精多含有香柠檬油、柠檬油、橙花油、甜橙油、迷迭香油和薰衣草油等香料成分，具有辛香和木香气味的素心兰香型古龙水很受消费者喜爱。

古龙水内酒精的浓度较香水低一些，古龙水的酒精浓度在75%～90%之间。用于古龙水的酒精需要精制处理，但比香水用酒精的处理方法简单，常用的方法有：①酒精中加入0.01%～0.05%的高锰酸钾，充分搅拌，同时通入空气，待有棕色二氧化锰沉淀，静置一夜，然后过滤得无色澄清液；②每升酒精中加1～2滴30%浓度的过氧化氢，在25～30℃储存几天；③在酒精中加入1%活性炭，经常搅拌，一周后过滤即可。配方实例见表5-43。

表 5-43 古龙水配方实例

中文名称	INCI 名称	质量分数/%
柠檬油	LEMON OIL	1.4
迷迭香油	ROSEMARY OIL	0.6
橙花油	NEROLI	0.8
香柠檬油	BERGAMOT OIL	0.8
乙醇	ALCOHOL	80.4
水	AQUA	16

3. 花露水

花露水用途较多，沐浴后喷洒于身体皮肤，起到消毒、杀菌、祛汗、止痒、除痱之功效，使用后有清香、凉爽感觉，形式上与香水相似，亦称花露香水。常用作夏令卫生用品。

花露水的香精的香气要求易散发，并具有一定的留香能力，其香型多以薰衣草型为主体，若采用麝香玫瑰型香精，则具有较强的留香能力。

花露水是香水类化妆品中香精和乙醇含量最低的一种，香精质量分数仅为2%～5%，乙醇质量分数一般为70%～75%。香精以薰衣草油为主。花露水中70%～75%的酒精浓度，最易渗入细菌的细胞膜，使细菌蛋白质凝固变性，达到杀菌目的。酒精的精制处理方法与古龙水中酒精的处理方法相同。配方实例见表5-44。

表5-44　花露水配方实例

中文名称	INCI 名称	质量分数/%
柠檬油	LEMON OIL	0.6
玫瑰香叶油	ROSE GERANIUM OIL	0.2
橙花油	NEROLI	4
香柠檬油	BERGAMOT OIL	1.2
安息香酸	BENZOIC ACID	0.4
乙醇(75%)	ALCOHOL(75%)	余量

二、乳化香水

乳化香水是将香精添加于乳化体中制得的具有浓香的乳浊液或膏状的香水化妆品。乳化香水的优点是组分中含油脂类物质有定香作用，所以香气比较持久，而且对皮肤有滋润作用，相对酒精产品来说刺激性小。

乳化香水的主要成分有香精、乳化剂、保湿剂、油脂和水等。液态乳化香水配方实例及其分析分别见表5-45、表5-46。膏状乳化香水配方实例见表5-47。

表5-45　乳化香水配方实例（液态）

中文名称	INCI 名称	质量分数/%
硬脂酸	STEARIC ACID	2.5
鲸蜡醇	CETYL ALCOHOL	0.3
甘油硬脂酸酯	GLYCERIN STEARATE	1.5
三乙醇胺	TRIETHANOLAMINE	1.2
丙二醇	PROPYLENE GLYCOL	5
羧甲基纤维素	CARBOXYMETHYL CELLULOSE	0.2
防腐剂	PRESERVATIVES	适量
香精	AROMA	7
水	AQUA	余量

表 5-46　乳化香水配方实例（液态）分析

配方相	组成	原料类型	用途
A 方（油相）	硬脂酸	油脂	与三乙醇胺中和形成表面活性剂、赋形
	鲸蜡醇	油脂	赋形
	甘油硬脂酸酯	表面活性剂	乳化、分散
B 方（水相）	三乙醇胺	碱剂	中和硬脂酸
	丙二醇	保湿剂	滋润、保湿
	羧甲基纤维素	增稠剂	增加黏度
	水	溶剂	溶解、载体
C 方（其他）	防腐剂	防腐剂	杀菌防腐
	香精	香精	赋香

配制工艺：

① 分别将 A 方、B 方加热到 85℃、90℃。

② 在搅拌状态下，将 B 方加入到 A 方中，均质、搅拌。

③ 继续搅拌，降温至 50℃时，加入 C 方的防腐剂、香精。

④ 继续搅拌至均匀，降温至室温，检测出料。

表 5-47　乳化香水配方实例（膏状）

中文名称	INCI 名称	质量分数/%
蜂蜡	BEESWAX	2
鲸蜡醇	CETYL ALCOHOL	8
脂蜡醇	FATTY WAX ALCOHOLS	4.5
月桂醇硫酸酯钠	SODIUM LAURYL SULFATE	1.2
丙二醇	PROPYLENE GLYCOL	6
香精	AROMA	7
色素	PIGMENT	适量
防腐剂	PRESERVATIVES	适量
水	AQUA	余量

三、固体香水

固体香水是将香精溶解在固化剂中，制成棒状并固定在密封较好的管形容器中，携带和使用方便。

1. 固体香水主要成分及作用

固体香水由香精、固化剂、溶剂（或增塑剂）和水构成。

固化剂是制作固体香水的关键，通常采用硬脂酸钠作固化剂。调节硬脂酸钠的含量，冷却速度慢一些，可以制得较透明的香水棒。其他固化剂还有蜂蜡、小烛树蜡、松脂皂、乙基纤维素等。

溶剂和增塑剂可以改善固体香水的塑性，防止固体香水棒脆裂，如甘油、丙二醇、山梨醇、乙氧基二甘醇醚和聚乙二醇等多元醇类作为增塑剂，同时还是固化剂的良好溶剂，脂肪酸酯如异丙醇的棕榈酸和肉豆蔻酸酯也是很好的增塑剂。

在固体香水中水的用量较少，在10％以下，常用量在5％以下。其主要作用是在生产过程中用来溶解氢氧化钠，以利于和硬脂酸中和生成硬脂酸钠。用量过多，会产生硬脂酸钠和硬脂酸微小结晶，形成白色斑点，影响外观。

香精的选择受到一定限制，因为硬脂酸钠作固化剂，呈碱性，所以尽可能选用在碱性条件下稳定的香精。

2. 固体香水配方实例

配方实例及其分析分别见表 5-48、表 5-49。

表 5-48　香水配方实例（固体香水）

中文名称	INCI 名称	质量分数/％
硬脂酸	STEARIC ACID	5.6
氢氧化钠	SODIUM HYDROXIDE	0.9
甘油	GLYCERIN	6.5
乙醇	ALCOHOL	80
色素	PIGMENT	适量
香精	AROMA	3
水	AQUA	4

表 5-49　香水配方实例（固体香水）分析

配方相	组成	原料类型	用途
A方（预混）	硬脂酸	油脂	固化
	甘油	油脂	增塑、保湿、滋润
	乙醇	溶剂	溶解、载体
B方（预混）	氢氧化钠	碱剂	中和
	水	溶剂	溶解氢氧化钠
C方（其他）	色素	颜料	调色
	香精	香精	赋香

配制工艺：

① 将 A 方中的酒精、硬脂酸、甘油等成分混合加热至 70℃。

② 在快速搅拌条件下，将 B 方中溶解在水中的氢氧化钠缓慢加入 A 方。

③ 加入香精和色素，混合均匀。

④ 在 65℃时灌模，冷却后即可。

第六节　典型产品的配制与 DIY

一、典型产品配制（唇膏的制作）

1. 配制原理

唇膏是由色素、脂蜡基、滋润性物质和香精等构成。

溴酸红染料是最常用的溶解性染料，溴酸红能染红嘴唇并使色泽持久牢附。溴酸红染料不溶于水，能溶解于油、脂、蜡等基质中，但溶解性很差，一般须借助于一些溶剂，通常采用的染料溶剂有：蓖麻油、$C_{12} \sim C_{18}$ 脂肪醇、酯类、乙二醇等，因为它们含有羟基，对溴酸红有较好的溶解性。

不溶性颜料主要是色淀，包括有机颜料、有机色淀颜料和无机颜料。颜料是极细的固体粉粒，不溶解，经搅拌和研磨后混入油、脂、蜡基体中，制成的唇膏敷在嘴唇上能留下一层靓丽的色彩，且有较好的遮盖力，但附着力不好，所以必须与溴酸红染料同时并用。

唇膏的基质是由油、脂、蜡类原料组成的。常用的几种油脂有：精制蓖麻油、可可脂、羊毛脂及其衍生物、鲸蜡、鲸蜡醇、单硬脂酸甘油酯、肉豆蔻酸异丙酯、地蜡、巴西棕榈蜡、小烛树蜡、蜂蜡、凡士林等。

唇膏用香精一般应选用食品级香精，以芳香甜美适口为主。

唇膏的制作是将上述组成成分按照一定要求混合、加热、熔化、注模、冷却凝固，然后脱模、过火抛光。

2. 配方实例、配方分析及配制步骤

参见本章唇部用化妆品一节中列举的唇膏配方实例、配方分析及讲述的配制步骤。

二、典型产品 DIY（润唇膏的家庭制作）

1. 配制方法

蜂蜡 10mL、橄榄油 35mL、蜂蜜 5mL、2 粒维生素 E 胶囊。

利用蜂蜡作蜡基，橄榄油作滋润油脂，同时作溶剂，添加蜂蜜、维生素 E 作为护理营养成分，通过加热凝固的方法制作（见图 5-1）。

2. 配制配方

配方实例见表 5-50。

表 5-50　润唇膏配方实例

配方相	中文名称	INCI 名称	质量分数/%
A 方（预混）	蜂蜡	BEESWAX	20
	橄榄油	OLIVE OIL	65
B 方	维生素 E	VITAMIN(E)	5
C 方	蜂蜜	HONEY	10

3. 使用器材

玻璃杯，筷子（用于搅拌），锅，剪刀，唇膏空管，冰箱。

4. 配制步骤

① 将预混好的 A 方加到玻璃杯中。

② 把玻璃杯放到已经烧开的锅里，隔水加热至蜂蜡完全融化。

③ 将 B 方的维生素 E 胶囊用剪刀剪开，挤进融化好的 A 中。

④ 添加 C 方，速度要快，必要的话，要放进锅里继续加热然后搅拌，否则蜂蜜融不进橄榄油里面，会结块。

⑤ 把做好的熔融液倒进唇膏管，盖好盖子，放到冰箱的冷冻室冷冻 10min。

5. 注意事项

① 所有原料加入后，处在熔融状态，搅拌均匀，然后才可以浇模。

② 一定要隔水加热，不可以直接明火加热。

③ 从冰箱里取出成品时，如果唇膏不易挤出，可用温水隔水稍许热一下，方便脱模。

(1)蜂蜡　　　　　　　(2)橄榄油　　　　　　(3)维生素E胶囊

(4)蜂蜜　　　　　　　(5)隔水加热　　　　　(6)润唇膏制成

图 5-1　润唇膏家庭制作

天然植物成分润唇膏

某著名品牌润唇膏，1991年进入中国，推广护唇理念，顺应消费者需求，发展到现在已有不同系列50多款产品，满足广大消费者多元化的润唇甚至彩妆的需求。该品牌在2008年推出国内第一支食品级配方的润唇膏——天然植物润唇膏，以全新的天然护唇概念，带给唇部天然呵护。该品牌天然植物润唇膏成分如下：澳洲坚果籽油、霍霍巴籽油、牛油果树果脂、蜂蜡、小烛树蜡、巴西棕榈树蜡、微晶蜡、椰子油、芦荟叶提取物、甜扁桃油、葡萄籽油、生育酚乙酸酯、叔丁基氢醌、香精。

其中，澳洲坚果籽油、霍霍巴籽油、牛油果树果脂、蜂蜡、小烛树蜡、巴西棕榈树蜡、微晶蜡、椰子油、芦荟叶提取物、甜扁桃油、葡萄籽油，这些天然的油、脂、蜡构成了唇膏的基质，使得润唇膏软硬适度，能轻易涂于唇部并形成均匀的保护薄膜，滋润而有光泽，且无油腻感。其中的澳洲坚果籽油、霍霍巴籽油、椰子油、芦荟叶提取物、甜扁桃油、葡萄籽油对唇部皮肤还有营养保湿作用。生育酚乙酸酯，是天然维生素E经过化学改性后的产物，使维生素E的成分更稳定，有营养滋润作用，还有抗油脂氧化的作用。叔丁基氢醌为抗氧化剂，香精无刺激性、无毒性，抗氧化剂和香精均为食品级。

另外一国际著名品牌推出了一款100%取自天然植物蔬果的全蔬果润唇膏。产品中蕴含椰油、大豆维他命E、核桃油等多重天然蔬果萃取物，不仅能够带给双唇健康滋养，令双唇持久透润，还能够抵抗氧化，预防唇部老化、淡化唇纹。此外，该品牌全蔬果润唇膏突破性地采用米糠构成膏状，取代了传统的化学蜡。产品中无化学物质、无防腐剂、无香精，真正做到可以吃的润唇膏。经皮肤专家测试，适合各类皮肤，包括敏感皮肤使用。其另有青柠、薄荷、橙皮、西柚四种天然果油，满足不同口味。

本章小结

本章主要介绍了各种美容类化妆品，包括面部用化妆品（粉底、香粉、粉饼、胭脂等）、眼部用化妆品（眼影、眼线、睫毛膏、眉笔等）、唇部用化妆品（唇膏、唇线笔等）、指甲用化妆品（指甲油、指甲油去除剂等），另外还介绍了香水类化妆品。对各种美容类化妆品组成成分的种类及其在配方中所起的作用做了全面的阐述，同时对各种美容类化妆品的存在形态做了一些介绍，并给出了相应的一些配方实例，简述了相应的制作方法。

思考题

1. 美容类化妆品中的粉料成分主要有哪些，各起什么作用？

2. 粉饼与香粉在配方上有什么不同？常用的黏合剂有哪些？

3. 变色唇膏变色的原理是什么？

4. 根据原色唇膏配方，说明唇膏的构成及其各成分所起的作用。

5. 眼部用化妆品都有哪些产品，各起什么美容作用。

6. 简述指甲油的组成成分及其作用。

7. 香水对于酒精有怎样的要求，常用的处理酒精的方法有哪些？

8. 试用本章所学知识设计一原色唇膏配方。

第六章　特殊功能化妆品的配方与实施

知识目标

1. 理解各种特殊化妆品的作用机理。
2. 掌握各种特殊化妆品中常用的功效成分及其作用。
3. 了解一些产品的配方及其制作方法。
4. 了解各种特殊化妆品的常见形态。

能力目标

1. 能够结合本章所学知识设计出防晒、祛痘、祛斑、染发、烫发等产品配方。
2. 通过防晒霜制作的实训，掌握防晒化妆品的制作方法，初步训练打样能力。

　　我国《化妆品卫生监督条例》中规定，特殊用途化妆品指用于育发、染发、烫发、脱毛、美乳、健美、除臭、祛斑、防晒的化妆品。这九类化妆品必须经国务院卫生部门批准，取得批准文号后，方可生产上市。通常，它们具有药效活性并具有一定的治疗作用，可以说，它们在一些性质上介于化妆品和药品之间，是内含药效成分的化妆品。条例中也规定在标签、小包装或者说明书上不得注有适应证，不得宣传疗效，不得使用医学术语。但对可能出现不良反应的，应在说明书上注明使用方法、注意事项等。

　　特殊用途化妆品包括特殊目的的毛发用和皮肤用两大类。这些化妆品都有各自不同的效用，本章将分别介绍此类化妆品。祛痘化妆品不属于特殊用途化妆品，但考虑到祛痘化妆品也是具有一定疗效的化妆品，因此在本章一起加以介绍。

第一节　育发化妆品

育发化妆品也称为生发用化妆品，主要有生发水或育发水，是指有助于毛发生长，减少脱发和断发的化妆品。它是在乙醇溶液中添加各种生发、养发成分及各种杀菌消毒剂而制得的液体制品。涂擦在头发或者头皮上，可以刺激头皮和发根，滋养发根，促进头皮的血液循环，提高头皮的生理功能，有助于头发生长，减少脱发和断发，同时，还有去屑、止痒、杀菌、消毒等作用。另外，目前市场还推出许多生发洗发水，长期使用也具有一定的功效。

一、脱发的主要原因

健康人头发的生长与脱落保持着一定平衡，若每天头发脱落多于 50 根就要引起重视。头发脱落的原因主要有以下几个方面。

1. 遗传性脱发

由遗传引起的脱发占整个脱发的 20％左右，尤其以男性更为明显。对男性来讲，脱发呈显性遗传，对女性呈隐性遗传，遗传性脱发是由雄性激素循环的遗传因素的活化作用引起的。

2. 脂溢性脱发

脂溢性脱发是由于皮脂分泌过多和雄性激素分泌过度所致，也以男性为多。头发的生长与下垂体激素作用有关，雄性激素分泌旺盛，皮脂分泌过度，使毛囊口角质化过度，阻塞毛囊口，输送营养困难，导致毛囊萎缩而引起脱发。另外，由于头屑的过剩会堵塞头发在表皮的毛孔，对生发的毛根的机能产生不良影响；头屑大量堆积被细菌等分解，分解产物刺激头皮，发生瘙痒和炎症，引发头皮秕糠症，使弥散性的脱发转变为秕糠性脱发症。毛囊上部的皮脂腺引起的皮脂分泌过剩，也会在头皮上造成细菌污染，其分解物对头皮的过度刺激，可引起脂溢性脱发症。头皮的柔软性下降、头皮收缩会引起头皮下组织末梢血管血流量减少，引起局部血流障碍，供血不足，从而影响头发的生长以至脱发。

3. 病理性脱发

病理性脱发包括疾病和药物引起的脱发，如营养不良、糖尿病、肝硬化、癌症等疾病和避孕药、抗癌药等。头发脱落与营养因素有很大关系，人体所必需的氨基酸、维生素、微量元素的缺乏等都会引起脱发，人体内铁的储存量下降，也会导致脱发。过量服用滋补强壮药品也会引起脱发。

4. 损伤性脱发

损伤性脱发是由于化学损伤所致，如染发剂、烫发剂与品质低劣的洗发、护发用品都会引起脱发。

二、生发水（育发水）的主要组成及作用

生发水的主要原料组成有生发药物（毛发再生剂）、刺激剂、杀菌剂、滋润剂和溶剂等。它能深入毛根，扩张血管，促进血液循环，刺激毛乳头，促进头发生长，并具有去屑止痒功能。

① 生发药物具有深入发根、扩张血管、促进循环、刺激头皮、供给营养的作用。生发药物有合成药和中草药两种：合成药常见的为嘧啶类化合物、奎宁及其盐类、尿囊素、重氮苯酚、氮酮、维生素和氨基酸等。近年来开发出的多种新型毛发再生剂，其活性成分大多是嘧啶类化合物，这类物质配制于生发剂中，可起到良好的生发效果，且无副作用。若在生发剂中加配与嘧啶类有协同作用的重氮氧化物则效果更佳。中草药有首乌、白芨、当归提取物、胎盘提取物、人参和黄芪等，这些药物的乙醇水溶液都具有良好的生发作用。

② 刺激剂常用的有金鸡钠酊、辣椒酊剂、间苯二酚和水杨酸、斑蝥素、生姜酊、樟脑、海葱、大黄提取物、大蒜酊、蚁酸酊等。这些物质的稀溶液，大部分敷用后会使皮肤发红、发热，促进局部皮肤的血液循环。而较浓的溶液对皮肤有强烈的刺激性。有些人对某些物质有过敏反应，因此应选择适宜的加入量，并须做过敏性试验，以确保制品的安全性。

③ 杀菌剂中除上述的金鸡钠酊、盐酸奎宁、水杨酸、酒精等具有杀菌作用外，还有苯酚衍生物如对氯间甲酚、对氯间二甲酚、邻苯基酚、邻氯邻苯基酚、对戊基苯酚、氯麝香草酚、间苯二酚和 β-萘酚等，除间苯二酚（用量<5％）外，这些杀菌剂在生发水类化妆品中的用量均小于1％。另外甘草酸、乳酸、季铵盐等也是常用的杀菌剂。季铵盐除具有杀菌作用外，还能吸附于毛发表面，起到柔软、抗静电等作用。

④ 滋润剂为油脂性物质，如蓖麻油、羊毛脂及其衍生物、胆固醇等。多元醇如甘油、丙二醇、吡咯烷酮羧酸钠、山梨醇等可起到保湿剂和滋润剂作用。

⑤ 溶剂以乙醇为主，其水溶液为育发化妆品的主要成分，酒精具有杀菌、消毒、溶解其他组分作用。浓度太低，会导致制品浑浊、沉淀析出而影响制品的外观、使用性能和使用效果。太浓的酒精有脱水作用，会吸收头发和头皮的水分，使头发干燥发脆、易断。如将酒精以水冲淡，则脱水作用就会随着加水量的增加而下降。因此适度的含水酒精是较为理想的。

另外激素类如卵胞激素、肾上腺激素等，能抑制表皮的生长从而减少皮脂腺分泌，防止脱发，促进生发。维生素如维生素 E、维生素 B_2、维生素 B_6、维生

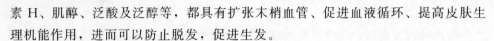
素 H、肌醇、泛酸及泛醇等,都具有扩张末梢血管、促进血液循环、提高皮肤生理机能作用,进而可以防止脱发,促进生发。

现代育发类化妆品,大多由多种成分复配而成,有利于发挥协同效应,提高其药理效果。

三、育发化妆品的配方与分析

不同配方及分析见表 6-1~表 6-4。

表 6-1 育发化妆品配方实例一

中文名称	INCI 名称	质量分数/%
油橄榄果油	OLEA EUROPAEA(OLIVE)FRUIT OIL	5
肉豆蔻酸异丙酯	ISOPROPYL MYRISTATE	2
间苯二酚	RESORCINOL	0.5
尿囊素	ALLANTOIN	0.1
异丙基甲基酚	ISOPROPYL METHYL PHENOL	0.05
泛醇	PANTHENOL	适量
乙醇	ALCOHOL	60
壬基酚聚氧乙烯醚	NONYLPHENOL POLYOXYETHYLENE ETHER	0.5
甘油	GLYCERIN	5
香精	AROMA	适量
水	AQUA	余量

表 6-2 育发化妆品配方实例一分析

配方相	组成	原料类型	用途
A 方(油相)	油橄榄(OLEA EUROPAEA)果油	油脂	滋润、保湿、舒缓刺激
	肉豆蔻酸异丙酯	油脂	滋润、保湿、助溶
	间苯二酚	刺激剂	刺激皮肤发红、发热,促进局部血液循环
	尿囊素	毛发再生剂	扩张血管、促进循环、刺激头皮、供给营养等
	异丙基甲基酚	杀菌剂	杀菌抑菌
	泛醇	营养剂	扩张末梢血管、促进血液循环、提高皮肤生理机能
	乙醇	溶剂	溶解、载体
B 方(水相)	壬基酚聚氧乙烯醚	表面活性剂	增溶、分散、乳化
	甘油	保湿剂	保湿、助溶
	水	溶剂	溶解、载体
C 方	香精	香精	赋香

配制工艺：

① 室温下，将乙醇加入溶解锅中，在搅拌条件下，将 A 方其他物料依次加入到溶解锅中，搅拌均匀为 A 方。

② 将 B 方物料按配方顺序依次加入到水中，搅拌均匀为 B 方。

③ 将 B 方缓慢加入到 A 方中，搅拌均匀。

④ 将 C 方物料加入到物料③中，搅拌均匀，静置，滤除沉淀物。

⑤ 冷却至 0～5℃，再过滤一次。

表 6-3 育发化妆品配方实例二

中文名称	INCI 名称	质量分数/%
羊毛脂	LANOLIN	0.5
辣椒酊	CAPSICUM TINCTURE	1
薄荷醇	MENTHOL	0.3
盐酸奎宁	QUININE HYDROCHLORIDE	0.1
烟酸苄酯	NICOTINIC ACID BENZYL ESTER	0.1
水杨酸	SALICYLIC ACID	0.2
甘草提取液	LICORICE EXTRACT	0.1
丙二醇	PROPYLENE GLYCOL	1.7
乙醇	ALCOHOL	80
色素	PIGMENT	适量
香精	AROMA	适量
水	AQUA	余量

表 6-4 育发洗发水配方实例

中文名称	INCI 名称	质量分数/%
月桂基硫酸三乙醇胺(40%)	LAURYL SULFATE TRIETHANOLAMINE(40%)	34
醇醚磺基琥珀酸单酯二钠盐(30%)	ALCOHOL ETHER SULFO SUCCINATE MONOESTER DISODIUM SALT(30%)	5
十二烷基甜菜碱(30%)	DODECYL BETAINE(30%)	10
瓜尔胶羟丙基三甲基氯化铵	GUAR HYDROXYPROPYLT RIMONIUM CHLORIDE	0.4
芦荟提取液	ALOE YOHJYU MATSU EKISU	20
何首乌提取液	POLYGONUM MULTIFLORUM EXTRACT	5
乳化硅油	EMULSIFIED SILICONE OIL	1

中文名称	INCI 名称	质量分数/%
柠檬酸	CITRIC ACID	适量
香精	AROMA	适量
色素	PIGMENT	适量
水	AQUA	余量

育发洗发水通过在洗发水中添加一些生发育发的有效成分，使得洗发水具有一定的生发功效，而且使用方便。此类产品尚未归入特殊类化妆品，目前其作用主要以养发为目的。

第二节　染发、烫发化妆品

一、染发化妆品

随着生活水平的不断提高，人们追求新、奇、美成为一种时尚，头发也变得多姿多彩，头发不仅能染成黑色，还能染成红褐色、棕色、金色等时髦颜色。

按染色的牢固程度染发可分为暂时性、半永久性和永久性三类，而按产品的形式，又可分为液状、乳状、膏状、粉状、香波型等品种。

暂时性染发：染发牢固程度很差，不耐洗涤，一般只是暂时黏附在头发表面作为临时性修饰，经一次洗涤就可全部除去，常用于染发后修补鬓发或供演员化妆用。色泽只能维持7～10天。这种染发剂常采用能有效地沉积在头发表面且不会渗入到头发内部的染料，可以用碱性染料、酸性染料、分散性染料或金属染料，例如偶氮类、蒽醌、三苯甲烷等。

半永久性染发：半永久性染发一般可保持色泽3～4周，这类染发剂的染料中间体能透入到毛发皮质中直接染发，不需要用氧化剂，可以将毛发染成各种色泽。半永久性染发剂一般使用对毛发角质具有亲和性的低分子量染料中间体，主要有硝基苯二胺、硝基氨基苯酚、氨基蒽醌以及它们的衍生物。

永久性染发：永久性（氧化型）染发剂是染发制品中最重要最常用的一类，其染料不仅遮盖头发表面，还能深入至发质内部（发髓）。通过对配方的调制，可以染出各种不同的颜色，染发后能保持1～3个月，不易褪色变色，而且耐晒。

1. 永久性染发

永久性染发的染料分为氧化型、天然植物和金属盐类三种，其中氧化型染料用得最多，另外两种类型目前很少使用。氧化型染料又称为染料中间体，有对苯二胺类、氨基酚类等物质，它们不能发色，必须与过氧化氢、过硼酸钠等氧化剂

混合使用，将混合物涂到头发后，会渗入发髓，在头发内发生氧化缩合反应，生成大分子的有色物，并被锁闭在头发内，不易被洗脱。

永久性染发剂主要由染料中间体、氧化剂组成。产品采用两剂型包装：一剂是染料基质，另一剂是氧化基质。使用时，将两剂等量混合，涂敷于头发上，过30～40min后，用水冲洗干净，便可染上各种悦目时尚的颜色。如对苯二胺可将头发染成棕至黑色，邻苯二胺、邻氨基酚可将头发染成金黄色，对甲苯二胺可将头发染成红棕色等。市售的两剂型氧化染发剂有粉状、液状、霜膏状等剂型，其中霜膏剂型为最常见最实用剂型。膏状染发剂是在基质中添加一些增稠剂、表面活性剂等添加物，两剂混合后呈黏稠状，容易黏附在头发表面，有利于染料分子渗透到发质内部，并且不易沾污皮肤和衣服，染发后具有色泽真实、自然的特征。

染发剂中的染料中间体有一些是有一定毒性的，操作人员要特别引起重视，在生产时应注意防护，皮肤有破损者应尽量避免接触染料中间体的粉末和蒸气，平时生产操作时应注意避免从呼吸道吸入染料中间体。

氧化染发剂对某些过敏性的皮肤不安全，初次使用氧化染发剂的人，使用之前应做皮肤接触试验，其方法是：按照调配染发剂的方法调配好少量染发剂溶液，在耳后的皮肤上涂上一小块染发剂，经过24h后，仔细观察，如发现被涂部位有红肿、水泡、疹块等症状，表明此人对这种染发剂过敏。另外头皮有破损或有皮炎者，不可使用此类氧化染发剂。

烫发者，则应先烫发再染发，因为烫发剂的碱性能使氧化染料变成红棕色而影响染发的效果。

2. 永久性染发剂组成成分及其作用

氧化型染发剂通常配制成两剂型，由染料中间体与基质组成染料基质（第一剂），氧化显色剂与其他成分组成氧化基质（第二剂）。

（1）染料基质（第一剂）　氧化染发剂的染料基质由染料中间体、表面活性剂、增稠剂、溶剂和保湿剂、均染剂、抗氧化剂、氧化减缓剂、螯合剂、调理剂、助渗剂、pH值调节剂等组成。

① 染料中间体。常用的染料中间体有苯二胺、甲苯二胺及其衍生物，另外还有氨基酚、苯二酚及其衍生物作染料剂的辅助染料。

② 基质原料主要有以下几类。

a. 表面活性剂　用作渗透、分散、偶合和发泡，可选用阴离子、非离子、两性离子表面活性剂，常用的表面活性剂有高级脂肪醇硫酸酯、壬基酚聚氧乙烯醚、脂肪酸聚氧乙烯酯等。油酸、棕榈酸、硬脂酸、月桂酸、椰子油脂肪酸制成的铵皂，也是染料中间体的一个较好的分散剂。

b. 增稠剂　增调剂在染发剂中起增稠、增溶、稳定泡沫等作用。常用的增稠剂有油醇、十六醇、烷醇酰胺及羧甲基纤维素等。

　　c. 溶剂和保湿剂　溶剂在染发剂中用作染料中间体的载体，并对水不溶性物质起增溶作用。常用低碳醇、多元醇，如乙醇、丙二醇、甘油、山梨醇等。甘油、乙二醇、丙二醇也是保湿剂，可避免染发时，因水分蒸发过快而使染料变干，影响染色的效果。

　　d. 均染剂　其作用是使染料均匀分散于头发上，并被均匀吸收。常用丙二醇。

　　e. 抗氧化剂　氧化染发剂所用染料中间体在空气中易发生氧化反应，为防止氧化反应发生，除在制造及储存过程中尽量减少与空气接触的机会（如制造和灌装时填充氮气等惰性气体，灌装制品时应尽量装满容器等）外，通常是在染发基质中加入一些抗氧化剂。广泛使用的抗氧化剂是碱金属亚硫酸盐类、BHT和BHA。

　　f. 氧化减缓剂　如果氧化作用太快，染料中间体还未充分渗入到发髓内，就被氧化成大分子色素，会造成染色不均匀而降低染色效果。为了有足够的时间使染料小分子渗透到头发内部，再发生氧化反应形成锁闭在头发内的大分子化合物而显色，在染发剂的配方中，通常加入氧化减缓剂，以减慢氧化速度。譬如可加入1-苯基-3-甲基-5-吡唑啉酮及其类似物。另外上述的抗氧化剂也有一定的减缓氧化的作用。

　　g. 螯合剂　微量重金属的存在，可以加速染料中间体的自动氧化，促使显色剂中的过氧化氢分解，影响染发的效果。通常是加入金属离子螯合剂来控制上述影响，常用乙二胺四乙酸钠盐。

　　h. 调理剂　其作用是减少染发过程对头发的伤害，对头发起到护理作用。常用羊毛脂和羊毛脂衍生物等油性物质。脂肪酸、某些表面活性剂、多元醇等对头发也有一定的调理作用。

　　i. 助渗剂　帮助和促进染料等成分渗透的物质。常用氮酮等。

　　j. pH值调节剂　大多数氧化型染发剂的pH值偏碱性，染发剂需要较高碱性的主要原因有两个方面：首先是染料中间体氧化反应必须在较强的碱性条件下进行，其次是在碱性条件下，特别是使用氨水，会使头发溶胀软化，这有利于染料中间体向头发内部的扩散，可在较短时间内得到较深色调的颜色。最常用的碱化剂是氨水，主要优点是效果好、价格便宜；其缺点是对皮肤有刺激作用，有较浓的氨的气味。烷基醇胺类可用来代替氨水，或与其复配使用。

　　（2）氧化基质（第二剂）　氧化基质的作用是使染料中间体发生氧化形成大分子色素，锁闭在发质内部而使头发染色。氧化基质组成如下。

　　① 氧化剂：起氧化作用。常用过氧化氢、过硫酸钾、过硼酸钠、重铬酸盐等。

② 赋形剂：使得制品能够形成一定的外观形态。如十六醇、十六十八醇等。

③ 乳化剂：乳化分散制品中的各种成分。如醇醚-25 等。

④ 稳定剂：避免氧化成分分解，使得制品稳定。譬如加入 8-羟基喹啉硫酸盐。

⑤ 酸度调节剂：调节制品 pH 值，常用磷酸。

⑥ 螯合剂：螯合金属离子，常用 EDTA 钠盐。

⑦ 去离子水：溶剂。

3. 染发类化妆品的配方与分析

不同染料基质、氧化基质配方及其分析分别见表 6-5～表 6-10。

表 6-5　染发剂染料基质（第一剂）配方一

中文名称	INCI 名称	质量分数/%
p-苯二胺	p-PHENYLENEDIAMINE	0.1
间苯二酚	RESORCINOL	1.2
o-氨基苯酚	o-AMINOPHENOL	0.1
p-氨基苯酚	p-AMINOPHENOL	0.2
油酸	OLEIC ACID	20
氮酮	AZONE	1
聚山梨醇酯-80	POLYSORBATE-80	10
甘油	GLYCERIN	8
鲸蜡醇	CETYL ALCOHOL	2
异丙醇	ISOPROPYL ALCOHOL	10
水溶性硅油	WATER SOLUBLE SILICONE OIL	3.5
氨	AMMONIA	10
亚硫酸钠	SODIUM SULFITE	适量
EDTA 二钠	DISODIUM EDTA	适量
水	AQUA	余量

表 6-6　染发剂氧化基质（第二剂）配方一

中文名称	INCI 名称	质量分数/%
过氧化氢(28%)	HYDROGEN PEROXIDE(28%)	16
鲸蜡醇	CETYL ALCOHOL	10
丙二醇	PROPYLENE GLYCOL	0.3
聚氧乙烯硬脂酸酯	POLYOXYETHYLENE STEARATE	2.5

续表

中文名称	INCI 名称	质量分数/%
磷酸	PHOSPHORIC ACID	适量
水	AQUA	余量

表 6-7 染发剂染料基质（第一剂）配方一分析

配方相	组成	原料类型	用途
A 方	p-苯二胺	染料中间体	染色
	间苯二酚	染料中间体	染色与助染
	o-氨基苯酚	染料中间体	染色与助染
	p-氨基苯酚	染料中间体	染色与助染
B 方	甘油	保湿剂	保湿助溶
	异丙醇	均染剂	使染料均匀分散，并被均匀吸收
C 方	聚山梨醇酯-80	表面活性剂	渗透、分散、偶合、发泡
	油酸	增稠剂	增稠、增溶、稳泡
	鲸蜡醇	增稠剂	增稠、增溶、稳泡
	氮酮	助渗剂	促进染料等成分渗透
D 方	水溶性硅油	调理剂	减少染发过程对头发的伤害，对头发起到护理作用
	氨	pH 调节剂	调 pH 值偏碱性
	亚硫酸钠	抗氧化剂	防止染料中间体过早发生氧化
	EDTA 二钠	螯合剂	螯合微量金属离子
	水	溶剂	溶解、载体

表 6-8 染发剂氧化基质（第二剂）配方一分析

配方相	组成	原料类型	用途
A 方	过氧化氢(28%)	氧化剂	氧化作用
B 方	鲸蜡醇	赋形剂	增稠定型
	聚氧乙烯硬脂酸酯	表面活性剂	乳化分散
C 方	丙二醇	保湿剂	保湿
	水	溶剂	溶解、载体
D 方	磷酸	pH 调节剂	调 pH 值偏酸性

配制工艺：

（1）第一剂

① 将 B 方中甘油、异丙醇混合均匀。

② 将 A 方中染料中间体依序溶解于 B 方的混合溶液中。

③ 将 D 方中亚硫酸钠、水溶性硅油、EDTA 钠盐溶于氨水（部分）与水的混合液中。

④ 将 C 方中的油酸、聚山梨醇酯-80、鲸蜡醇与氮酮加热混溶。

⑤ 将③和④获得的混合物两部分混合均匀，再将②获得的混合物加入，搅拌均匀，用少量氨水调 pH 值至 9～11。

（2）第二剂

① 将 B 方中的鲸蜡醇、聚氧乙烯硬脂酸酯混合加热至 70℃，获得油相。

② 将 C 方中丙二醇加入水中，加热至 75℃，获得水相。

③ 将水相缓慢加入到油相中，搅拌乳化，之后，冷却降温至室温，加入 A 方中的过氧化氢，搅拌混合，然后用 D 方中的磷酸调 pH 值至 3.5～4.0。

表 6-9 染发剂染料基质（第一剂）配方二

中文名称	INCI 名称	质量分数/%
p-苯二胺	p-PHENYLENEDIAMIN	4
2,4-二氨基苯甲醚	2,4-DIAMINO BENZENE METHYL ETHER	1.25
1,5-二羟基萘	1,5-DIHYDROXY NAPHTHALENE	0.1
对氨基二苯基胺	p-AMINO DIPHENYL AMINE	0.07
4-硝基邻苯二胺	4-NITRO o-PHENYLENDIAMINE	0.1
油酸	OLEIC ACID	20
油醇	OLEYL ALCOHOL	15
聚氧乙烯(5)羊毛醇醚	POLYOXYETHYLEN E(5)WOOL ALCOHOL ETHER	3
丙二醇	PROPYLENE GLYCOL	12
异丙醇	ISOPROPYL ALCOHOL	10
乙二胺四乙酸	EDTA	0.5
亚硫酸钠	SODIUM SULFITE	0.5
氨(28%)	AMMONIA(28%)	适量
水	AQUA	余量

表 6-10 染发剂氧化基质（第二剂）配方二

中文名称	INCI 名称	质量分数/%
十六十八醇醚-7	$C_{16\sim18}$ ALCOHOL ETHER-7	6.5
8-羟基喹啉硫酸盐	8-HYDROXYQUINO LINE SULPHATE	0.1
过氧化氢(35%)	HYDROGEN PEROXIDE(35%)	17
硅油	SILICONE OIL	1.5

中文名称	INCI 名称	质量分数/%
甘油	GLYCERIN	1
水	AQUA	余量

二、烫发化妆品

烫发用化妆品是指用来卷曲、美化头发的一类化妆品。较早的烫发技术主要是利用物理加热方式，如蒸汽、火剪、电加热等方法来使头发的结构发生变化从而达到相对持久的卷曲状态，故称烫发。后来发展到化学烫发，化学烫发是用化学烫发剂使头发结构发生变化从而达到卷发目的的。化学烫发剂又分为热烫发剂和冷烫发剂。热烫是以电作为供热源，所以也称电烫。热烫发剂多是采用亚硫酸钠、碳酸钠、硫代硫酸钠及氨水等碱性较强的物质，因其对头发的损伤较大，而且加热等操作不方便，所以现在已基本不被采用。冷烫发剂又称化学烫发，所用的卷发剂俗称冷烫剂。其主要成分是巯基乙酸盐、双氧水等，而且成本低，卷发效果好，容易清洗，所以现在被广泛使用。

1. 烫发原理

头发的主要成分是角蛋白，约占 95%，角蛋白由氨基酸组成，其中胱氨酸占 14%，这些氨基酸在头发中按长轴方向以酰胺键结合，形成肽链，而肽链彼此之间又通过胱氨酸中的二硫键、离子键和氢键形成键桥固定，使头发呈一定的形状。

烫发就是打开键桥，使头发中的氢键、离子键、二硫键部分发生断裂，尤其是巯基乙酸盐还原断开键桥中起主要作用的二硫键，使头发变得柔软易于弯曲，此时可用卷发器将头发卷曲成各种需要的形状。这些键如不修复，发型就难以固定下来，同时由于键的断裂，头发的强度降低，易断。因此在卷曲成型后，还必须修复被破坏的键，使卷曲后的发型固定下来，形成持久的卷发。在卷发的全过程中，干燥可使氢键复原，调整 pH4~7 可使离子键复原，二硫键的修复（在卷棒上）是通过涂加双氧水等发生氧化反应来完成的，构成新的键桥，使头发形成新的卷曲波纹，形成持久的卷发。直发的冷烫原理也是如此。

2. 烫发剂的配方组成

从以上烫发机理可以看到，烫发剂主要是由两类化合物构成：一类是具有还原作用的，能切断双硫键的化合物；另一类是具有氧化中和作用的固定剂。第一类化合物为卷曲剂（还原剂），第二类为定型剂（氧化剂）。

① 卷曲剂以切断毛发中胱氨酸交联二硫键的还原剂为主成分，为使其效果更佳还要加入碱剂、润湿剂、油分等。

应用比较广泛的还原剂是巯基乙酸及其盐类，硫代硫酸钠是近年来使用比较多的还原剂，还原作用与巯基乙酸及其盐类相当，比巯基乙酸及其盐类稳定得多，而且有价格优势，很受化妆品企业的欢迎，有取代巯基乙酸类还原剂的趋势。半胱氨酸也是可在常温下使用的还原剂，但稳定性较差，可加入少量（0.3%）巯基乙酸作为稳定剂。

由于头发在碱性条件下可以获得更好的软化效果，所以必须加入碱性物质，通常用氨水调节 pH 值在 8.5～9.5 之间。氨水的作用温和，易于渗透，卷发效果好，而且更重要的是氨水的挥发性。在烫发时，由于氨的挥发而降低溶液的 pH 值，相对减少了碱性对头发的过度损伤，因而在冷烫液中得以广泛应用。但也具有刺激性臭气等缺点。乙醇胺没有氨水那样的刺激性臭气，而且卷发能力较强，对头发、皮肤的渗透性良好，且不挥发，但有时洗后不能从头发上完全除去。碳酸氢铵、磷酸氢二铵等与前两者相比，臭味及对皮肤的刺激性较小，pH 值呈中性，为 7.0～7.5 左右。对头发的膨润度较低，不易作出强度大的波纹。实际可采用两种或两种以上的碱混合，以克服各自的缺点，产生更好的卷发效果。

为了使卷曲剂更好地渗入头发，还需要加入润湿剂，即加入具有良好润湿性能的表面活性剂。可采用的表面活性剂有阴离子型、阳离子型和非离子型，它们可单独使用，也可复配使用。

为防止或减轻头发由于化学处理所引起的损伤，可添加油性成分、保湿剂等，如甘油、脂肪醇、羊毛脂、矿物油、水解胶原等。

此外，溶液中少量金属离子与还原剂反应会影响卷发效果，因此需加入金属离子的络合剂，如 EDTA 等。

② 定型剂是氧化物的水溶液，氧化物常用双氧水、溴酸钠、过硼酸钠、过碳酸钠、过硫酸钾（或钠）等。为了提高定型液向头发内渗透的能力，需要加入润湿剂，使定型剂充分润湿头发，常用脂肪醇醚、吐温系列等，为了保护头发免受损伤，还应加入调理剂，调理剂也可出现在卷曲剂中。常用水解蛋白、脂肪醇和各种保湿剂。调节产品的 pH 值，使保持酸性，常用柠檬酸、乙酸和乳酸等。为防止过氧化氢分解，常用六偏磷酸钠、锡酸钠等作为稳定剂使用。螯合金属离子，增加稳定性，常用 EDTA 盐类。

3. 烫发类化妆品的配方与分析

不同配方及其分析见表 6-11～表 6-16。

表 6-11 烫发剂中卷曲剂配方一

中文名称	INCI 名称	质量分数/%
巯基乙酸（75%）	THIOGLYCOLIC ACID(75%)	7.5
碳酸铵	AMMONIUM CARBONATE	1

续表

中文名称	INCI 名称	质量分数/%
氨(28%)	AMMONIA(28%)	9
尿素	UREA	1.5
油醇醚-30	OLEYL ALCOHOL ETHER-30	0.1
壬基酚聚氧乙烯醚	NONYLPHENOL POLYOXYETHYLENE ETHER	3
十六烷基三甲基氯化铵	CETYL TRIMETHYL AMMONIUM CHLORIDE	3
乙二胺四乙酸	EDTA	0.1
香精	AROMA	适量
水	AQUA	余量

表 6-12　烫发剂中卷曲剂配方一分析

配方相	组成	原料类型	用途
A 方	巯基乙酸(75%)	卷曲剂	切断毛发中胱氨酸交联二硫键
B 方	碳酸铵	pH 调节剂	调节 pH 值
	氨(28%)	pH 调节剂	调节 pH 值
C 方	尿素	助剂	使头发膨胀易于渗透
	油醇醚-30	表面活性剂	润湿、渗透、铺展
	壬基酚聚氧乙烯醚	表面活性剂	润湿、渗透、铺展
	十六烷基三甲基氯化铵	表面活性剂	润湿、渗透、铺展、柔软、抗静电等
	乙二胺四乙酸	螯合剂	螯合金属离子
	香精	香精	赋香
	水	溶剂	溶解载体

配制工艺：

① 将 A 方中的巯基乙酸先以 B 方中适当的碱中和，然后用适量的水冲淡。

② 将 C 方和 B 方中的碳酸铵和部分氨水混合搅拌，使其溶解均匀。

③ 将①获得的物料加入到②获得的物料中，搅拌均匀。

④ 加氨水调整混合物的 pH 值，达到需要的值。

表 6-13　烫发剂中定型剂配方一

中文名称	INCI 名称	质量分数/%
过氧化氢(35%)	HYDROGEN PEROXIDE(35%)	6
锡酸钠	SODIUM STANNATE	0.005
瓜尔胶羟丙基三甲基氯化铵	GUAR HYDROXYPROPYLTRIMONIUM CHLORIDE	0.2

续表

中文名称	INCI 名称	质量分数/%
柠檬酸	CITRIC ACID	0.05
甘油	GLYCERIN	6
防腐剂	PRESERVATIVES	适量
水	AQUA	余量
聚山梨醇酯-60	POLYSORBATE-60	1
香精	AROMA	适量

表 6-14 烫发剂中定型剂配方一分析

配方相	组成	原料类型	用途
A 方	过氧化氢(35%)	氧化剂	将切断的二硫键重新接起来
	锡酸钠	稳定剂	防止过氧化氢分解
	瓜尔胶羟丙基三甲基氯化铵	调理剂	调理保湿
	柠檬酸	pH 调节剂	调节 pH 值偏酸性
	甘油	保湿剂	保湿助溶
	防腐剂	防腐剂	杀菌防腐
	水	溶剂	溶解、载体
B 方	聚山梨醇酯-60	表面活性剂	润湿、分散、铺展
	香精	香精	赋香

配制工艺：

① 将 A 方中物料依序加入到水中，混合搅拌均匀。

② 将 B 方中物料混合均匀，然后加入到上一步得到的混合物中，搅拌均匀即可。

表 6-15 烫发剂中卷曲剂配方二

中文名称	INCI 名称	质量分数/%
巯基乙醇酸铵(50%)	MERCAPTOETHANO L ACID AMMONIUM(50%)	10
油醇聚氧乙烯(30)醚	OLEYL ALCOHOL POLYOXYETHYLEN E ETHER(30)	2
氨(28%)	AMMONIA(28%)	1.5
丙二醇	PROPYLENE GLYCOL	5
矿油	MINERAL OIL	1
乙二胺四乙酸	EDTA	适量
水	AQUA	余量

表 6-16　烫发剂中定型剂配方二

中文名称	INCI 名称	质量分数/%
溴酸钠	SODIUM BROMATE	6
椰油酰胺丙基甜菜碱	COCAMIDOPROPYL BETAINE	2
香精	AROMA	适量
防腐剂	PRESERVATIVES	适量
水	AQUA	余量

第三节　防晒化妆品

防晒化妆品是指能够吸收和散射紫外线，避免或减轻皮肤晒伤晒黑的化妆品。防晒化妆品在性能上要求：安全性高，对皮肤无毒性、无刺激性、无过敏性及无光敏性；稳定性好，不易分解；配伍性佳；防晒性好。

防晒化妆品主要成分为防晒剂，在第二章中已经有详细介绍。防晒剂有物理阻挡剂和化学吸收剂，目前大多数防晒化妆品采用以上两者复合的防晒配方。

根据产品形态，防晒化妆品可分为防晒油、防晒霜、防晒乳液（露、蜜）、防晒凝胶、防晒水、防晒棒、防晒气雾剂等。

一、防晒油

防晒油是最早的防晒产品形式，其优点是制备工艺简单，产品防水性较好，易涂展；缺点是油膜较薄且不连续，难以达到较高的防晒效果，而且会使皮肤有油腻感，易粘灰，涂抹处感觉不透气。配方实例见表 6-17。

表 6-17　防晒油配方实例

中文名称	INCI 名称	质量分数/%
对二甲基氨基苯甲酸辛酯	p-DIMETHYL AMINOBENZOIC	3
环聚二甲基硅氧烷	ACID OCTYL ESTER CYCLOMETHICONE	16
肉豆蔻酸异丙酯	ISOPROPYL MYRISTATE	13
香精	AROMA	适量
矿油	MINERAL OIL	68

二、防晒霜、防晒乳液和防晒气雾剂

目前使用最多的防晒品是乳化类型的膏霜或乳液，其优点是各种类型的防晒剂均可配入产品，加入量受限制较少，因此可得到更高 SPF 值的产品。其中防晒霜、防晒乳液易于涂展，大多数较油腻，涂抹 SPF 值高的产品后易感觉闷，大部分产品采用 W/O 型体系，有一定的抗水性，可在皮肤表面形成均匀的、有一定厚度的防晒薄膜。在防晒乳液配方的基础上加入推进剂就可制得气雾型防晒剂（防晒气雾剂），如防晒摩丝，涂抹面积大，容易涂抹，无油腻感。使用摩丝时，抛射剂挥发所带来的凉爽感，更适合人们在炎热的夏天使用，这类防晒气雾剂化妆品具有良好的发展前景。

防晒产品应该根据个人皮肤特点、光线强度及户外停留时间长短来选择，并在涂抹一定时间后应补涂。防晒霜的配方实例及分析分别见表 6-18、表 6-19，防晒乳液、防晒摩丝的配方实例分别见表 6-20、表 6-21。

表 6-18 防晒霜配方实例

中文名称	INCI 名称	质量分数/%
二氧化钛	TITANIUM DIOXIDE	2.5
对氨基苯甲酸	PABA	2.5
甘油硬脂酸酯	GLYCERIN STEARATE	5
硬脂酸	STEARIC ACID	10
矿油	MINERAL OIL	15
甘油	GLYCERIN	10
矿脂	PETROLEUM	5
三乙醇胺	TRIETHANOLAMINE	0.2
月桂醇硫酸酯钠	SODIUM LAURYL SULFATE	0.2
防腐剂	PRESERVATIVES	适量
香精	AROMA	适量
水	AQUA	余量

表 6-19 防晒霜配方实例分析

配方相	组成	原料类型	用途
A 方	硬脂酸	油脂	与三乙醇胺中和形成表面活性剂、赋形
	对氨基苯甲酸	化学防晒剂	吸收紫外线
	甘油硬脂酸酯	表面活性剂	乳化、分散
	矿脂	油脂	滋润、赋形、调节膏体外观
	矿油	油脂	滋润、调节膏体外观
B 方	甘油	保湿剂	滋润、保湿
	二氧化钛	物理防晒剂	散射紫外线
	三乙醇胺	碱剂	中和硬脂酸
	月桂醇硫酸酯钠	表面活性剂	乳化、分散
	水	溶剂	溶解、载体

续表

配方相	组成	原料类型	用途
C方	防腐剂	防腐剂	杀菌防腐
	香精	香精	赋香

配制工艺：

① 将 B 方中的二氧化钛先用甘油混合，然后分散在水相里，加热到 85℃。

② 将 A 方中的物料混合加热到 90℃。

③ 在搅拌的情况下，将 B 方加入到 A 方里，均质乳化，搅拌，降温。

④ 降温至 45～50℃时，加 C 方的防腐剂、香精，缓慢搅拌至均匀。

表 6-20　防晒乳液配方实例

中文名称	INCI 名称	质量分数/%
硬脂酸	STEARIC ACID	3
鲸蜡醇	CETYL ALCOHOL	0.5
肉豆蔻酸异丙酯	ISOPROPYL MYRISTATE	10
辛酸和己酸丙二醇酯混合物	CAPRYLIC ACID AND CAPROIC ACID PROPYLENE GLYCOL ESTER MIXTURE	10
乙基对甲氨基苯甲酸酯	ETHYL OF AMINO ACID ESTER	2
丙二醇	PROPYLENE GLYCOL	2
三乙醇胺	TRIETHANOLAMINE	1.5
月桂基硫酸三乙醇胺盐(40%)	TRIETHANOLAMINE LAURYL SULFATE(40%)	0.05
防腐剂	PRESERVATIVES	适量
香精	AROMA	适量
水	AQUA	余量

表 6-21　防晒摩丝配方实例

中文名称	INCI 名称	质量分数/%
$C_{12\sim15}$ 烷基苯甲酸酯	$C_{12\sim15}$ ALKYL BENZOATE	5
聚氧乙烯对氨基苯甲酸酯	p-AMINO BENZOIC ACID POLYOXYETHYLENE ESTER	7
二苯酮-3	BENZOPHENONE-3	3
鲸蜡醇	CETYL ALCOHOL	2
羊毛油	WOOL OIL	2.5
硅油	SILICONE OIL	1
聚氧乙烯(5)鲸蜡醇酯	POLYOXYETHYLENE(5)CETYL ALCOHOL ESTER	0.5

续表

中文名称	INCI 名称	质量分数/%
乙二醇马来酸酐交联共聚物	ETHYLENE GLYCOL MALEIC ANHYDRIDE CROSSLINKED COPOLYMERS	0.2
聚氧乙烯(10)鲸蜡醇醚磷脂	POLYOXYETHYLENE(10)CETYL ALCOHOL ETHER PHOSPHATIDE	1.5
丙二醇	PROPYLENE GLYCOL	2.0
防腐剂	PRESERVATIVES	适量
香精	AROMA	适量
抛射剂	AEROSOL PROPELLANT	5
水	AQUA	余量

三、防晒凝胶

防晒凝胶多为水溶性凝胶，产品外观透明，形态时尚。使用时肤感清爽、不油腻，但配方中必须使用水溶性防晒剂，油性防晒剂较难加到配方中，需大量表面活性剂增溶，使防晒剂受到一定限制，防晒效果相对防晒霜和防晒乳液来讲不明显。另外，这种剂型防水和耐汗性较差，又由于配方中表面活性剂含量较高，有一定的刺激性。配方实例见表 6-22。

表 6-22 防晒凝胶配方实例

中文名称	INCI 名称	质量分数/%
卡波姆	CARBOMER	0.75
三乙醇胺(99%)	TRIETHANOLAMINE(99%)	0.75
乙基二羟丙基对氨基苯甲酸酯	ETHYL 2 HYDROXYPROPYL OF p-AMINOBENZOIC ACID ESTER	4
乙醇	ALCOHOL	15
丙二醇	PROPYLENE GLYCOL	22
聚山梨醇酯-20	POLYSORBATE-20	0.5
防腐剂	PRESERVATIVES	适量
香精	AROMA	适量
水	AQUA	余量

四、防晒棒

防晒棒是一种较新的剂型，其主要成分是油和蜡，配方中也可加入一些无机防晒剂，该产品携带方便，耐水、耐汗，防晒效果优于防晒油，但不适于大面积涂用。配方实例见表 6-23。

表 6-23 防晒棒配方实例

中文名称	INCI 名称	质量分数/%
硬脂酸	STEARIC ACID	8
丙二醇	PROPYLENE GLYCOL	7.5
聚乙二醇-4	PEG-4	7.5
乙醇	ALCOHOL	7.5
聚丙二醇(10)鲸蜡醚	POLY PROPYLENE GLYCOL(10) SPERMACETI ETHER	10
支链醇(20)	BRANCHED CHAIN ALCOHOLS(20)	15.5
环聚二甲基硅氧烷	CYCLOMETHICONE	38
对二甲基氨基苯甲酸辛酯	p-DIMETHYL AMINOBENZOIC ACID OCTYL ESTER	4
分散在烷基苯甲酸酯中的 TiO_2	TiO_2 SCATTERED IN THE ALKYL BENZOATE	2

五、防晒水

为了避免防晒油在皮肤上的油腻感觉，可以用酒精溶解防晒剂制成防晒水。通过添加甘油、山梨醇等成分，帮助防晒剂黏附于皮肤上。防晒水搽在身上感觉舒爽，但在水中易被冲洗掉。配方实例见表 6-24。

表 6-24 防晒水配方实例

中文名称	INCI 名称	质量分数/%
乙醇	ALCOHOL	60
乙二醇水杨酸酯	GLYCOL SALICYLATE	6
山梨(糖)醇	SORBITOL	5
邻氨基苯甲酸薄荷酯	ANTHRANILIC ACID MINT ESTER	2
防腐剂	PRESERVATIVES	适量
香精	AROMA	适量
水	AQUA	余量

第四节　美白祛斑化妆品

光滑健康、白皙透红的皮肤一直是东方女性追求的时尚，美白、祛斑类化妆品很受欢迎，这类产品已经成为护肤化妆品中的主流品种之一。

由于遗传因素、内分泌功能发生变化、紫外线照射、年龄增加导致体内自由基增加等因素，人体皮肤暗沉和患有各种色斑症状人群增多，常见的有雀斑、黄褐斑、老年斑及皮肤继发性色素沉着症等，色斑的产生或出现随性别、年龄有所不同。美白、祛斑类化妆品主要是达到美白、减缓或淡化面部皮肤表皮色素沉着的化妆品，可以通过加入美白、祛斑原料达到效果，相应的机理与原料见第二章。

目前使用的美白祛斑产品主要是乳化类型的膏霜或乳液。美白祛斑原料容易加入该类产品，而且产品稳定性好、易涂搽、方便使用。祛斑霜配方实例及分析分别见表 6-25、表 6-26，祛斑乳液配方实例见表 6-27。

表 6-25　祛斑霜配方实例

中文名称	INCI 名称	质量分数/%
硬脂酸	STEARIC ACID	10
月桂醇硫酸酯钠	SODIUM LAURYL SULFATE	1
甘油硬脂酸酯	GLYCERIN STEARATE	7
曲酸二棕榈酸酯	KOJIC DIPALMITATE	0.5
矿油	MINERAL OIL	8.5
甘油	GLYCERIN	10
矿脂	PETROLEUM	8.5
羊毛脂	LANOLIN	1
熊果苷	ARBUTIN	3
防腐剂	PRESERVATIVES	适量
香精	AROMA	适量
水	AQUA	余量

表 6-26　祛斑霜配方实例分析

配方相	组成	原料类型	用途
A 方（预混）	硬脂酸	油脂	赋形、滋润
	羊毛脂	油脂	滋润、调理
	甘油硬脂酸酯	表面活性剂	乳化、分散
	曲酸二棕榈酸酯	祛斑剂	抑制酪氨酸转变为多巴
	矿油	油脂	滋润、保湿、调节膏体外观
	矿脂	油脂	滋润、调节膏体外观
B 方（预混）	甘油	保湿剂	滋润、保湿
	月桂醇硫酸酯钠	表面活性剂	乳化、分散

续表

配方相	组成	原料类型	用途
B方(预混)	熊果苷	美白剂	抑制黑色素的形成
	水	溶剂	溶解、载体
C方	防腐剂	防腐剂	杀菌防腐
	香精	香精	赋香

配制工艺：

① 将 A 方、B 方分别加热到 85℃、90℃以上。

② 在搅拌的情况下，将 B 方加入到 A 方里，均质搅拌，降温。

③ 继续搅拌，降温至 45～50℃时，加 C 方的防腐剂、香精，缓慢搅拌至均匀。

表 6-27　祛斑乳液配方实例

中文名称	INCI 名称	质量分数/%
鲸蜡硬脂醇	CETEARYL ALCOHOL	2
抗坏血酸磷酸酯镁	MAGNESIUM ASCORBYL PHOSPHATE	1
甘油硬脂酸酯	GLYCERIN STEARATE	2
曲酸二棕榈酸酯	KOJIC DIPALMITATE	1
矿油	MINERAL OIL	6
甘油	GLYCERIN	5
胎盘提取液	PLACENTA EXTRACT	2
羊毛脂	LANOLIN	3
月桂醇硫酸酯钠	SODIUM LAURYL SULFATE	3
防腐剂	PRESERVATIVES	适量
香精	AROMA	适量
水	AQUA	余量

除去前面介绍的一些美白祛斑添加剂外，目前国内的祛斑类化妆品中也常使用一些白芷、白术、白茯苓、当归、柴胡、防风、芦荟等对色素沉着有一定作用的中草药提取物及胎盘萃取液、珍珠水解液、木瓜提取物等天然动植物提取成分，经实践证明都具有良好的美白作用。

第五节　祛痘化妆品

青春痘又称为粉刺、痤疮，是青年男女最常见的一种皮肤病，是一种毛囊皮

脂腺的慢性炎症。青春痘多见于油性皮肤，男性多于女性。对于青春痘，重要的是预防，注意皮肤的保健卫生，用温水、清洁用品每天至少两次清洁面部；避免用手触摸或挤压患处；不宜使用油性较多的化妆品；注意饮食，少食用高脂肪、高糖类和辛辣刺激性食物；生活有规律，保证足够睡眠等。

祛痘化妆品对长有青春痘的人是一种较为理想的用品，常见的产品形态主要有霜剂和水剂两种：霜剂配方是在膏霜的基础上添加祛痘原料而制成的，即祛痘霜；水剂则以水为基质，添加酒精、甘油和祛痘原料等配制而成，因不含或少含油分，所以对油性皮肤较为适宜。祛痘霜配方实例及其分析分别见表 6-28、表 6-29，粉刺露、祛痘液配方实例分别见表 6-30、表 6-31。

表 6-28 祛痘霜配方实例

中文名称	INCI 名称	质量分数/%
鲸蜡硬脂醇	CETEARYL ALCOHOL	5
硬脂酸	STEARIC ACID	3
甘油硬脂酸酯	GLYCERIN STEARATE	1.5
油醇醚-20	OLEYL ALCOHOL ETHER-20	3
矿油	MINERAL OIL	10
甘油	GLYCERIN	5
维生素 A 酸	VITAMIN A ACID	0.1
甘草提取物	LICORICE EXTRACT	2
丁香提取物	CLOVE EXTRACT	1
防腐剂	PRESERVATIVES	适量
香精	AROMA	适量
水	AQUA	余量

表 6-29 祛痘霜配方实例分析

配方相	组成	原料类型	用途
A 方（预混）	硬脂酸	油脂	赋形、滋润
	鲸蜡硬脂醇	油脂	滋润、赋形、调理
	单脂肪酸甘油酯	表面活性剂	乳化、分散
	矿油	油脂	滋润、保湿、调节膏体外观
B 方（预混）	油醇醚-20	表面活性剂	乳化、分散
	甘油	保湿剂	滋润、保湿
	维生素 A 酸	药剂	增强细胞的活力，加速表皮细胞分裂，促使青春痘排出
	水	溶剂	溶解、载体

续表

配方相	组成	原料类型	用途
C方	丁香提取物	中草药剂	消炎、止痛、排脓
	甘草提取物	中草药剂	消炎、止痛、排脓
	防腐剂	防腐剂	杀菌防腐
	香精	香精	赋香

配制工艺：

① 将 A 方、B 方分别加热到 85℃、90℃以上。

② 在搅拌的情况下，将 B 方加入到 A 方里，均质搅拌，之后降温。

③ 继续搅拌，降温至 45～50℃时，分别加 C 方中的丁香提取物、甘草提取物、香精、防腐剂，缓慢搅拌至均匀。

表 6-30　粉刺露配方实例

中文名称	INCI 名称	质量分数/%
胶体状硫黄	COLLOID SULPHUR	0.3
甘草酸二钾	DIPOTASSIUM GLYCYRRHIZATE	0.2
卡波姆	CARBOMER	0.2
三乙醇胺	TRIETHANOLAMINE	0.2
乙醇	ALCOHOL	10
防腐剂	PRESERVATIVES	适量
香精	AROMA	适量
水	AQUA	余量

表 6-31　祛痘液配方实例

中文名称	INCI 名称	质量分数/%
水杨酸	SALICYLIC ACID	1.5
维生素 A 酸	VITAMIN A ACID	0.1
乙醇	ALCOHOL	45
防腐剂	PRESERVATIVES	适量
香精	AROMA	适量
水	AQUA	余量

国内祛痘化妆品中也常应用中草药提取物添加剂，具有消炎、止痛、排脓等作用，对治疗青春痘有良好效果，且无副作用。如丹参、黄芪、丁香的提取物具有很强的抗菌作用；薏苡仁提取物、甘草提取物等成分对于医治青春痘、改善皮

肤粗糙有良好的效果。

第六节 健美化妆品

健美化妆品又称为减肥产品，是指具有减肥作用、使体形健美的化妆品。健美化妆品是通过涂抹或按摩，令皮肤吸收有效成分促进皮下微循环功能，增强细胞内淋巴等系统的代谢作用，分解多余脂肪并排出，抑制脂肪的合成，促进细胞结缔组织的再生从而达到健美目的。

健美化妆品的剂型可分为液态、凝胶态和膏霜型。减肥霜配方实例及其分析分别见表 6-32、表 6-33，减肥凝胶、减肥油配方实例分别见表 6-34、表 6-35。

表 6-32 减肥霜配方实例

中文名称	INCI 名称	质量分数/%
氢化羊毛脂	HYDROGENATED LANOLIN	5
聚异戊烯	POLYISOPRENE	5
鲸油	WHALE OIL	5
二甲基硅油	DIMETHYL SILICONE OIL	0.5
羧乙烯基聚合物	CARBOXY VINYL POLYMER	1.2
月桂酰肌氨酸钠	SODIUM LAURYL SARCOSINE	0.5
聚山梨醇酯-80	POLUSORBATE-80	3
10%氢氧化钠	10%SODIUM HYDROXIDE	2
水	AQUA	75
丹参提取物	SALVIA MILTIORRHIZA EXTRACT	0.2
苦瓜提取物	BITTER MELON EXTRACT	0.2
大豆磷脂	SOYBEAN PHOSPHOLIPIDS	2
防腐剂	PRESERVATIVES	适量
香精	AROMA	适量

表 6-33 减肥霜配方实例分析

配方相	组成	原料类型	用途
A 方（预混）	氢化羊毛脂	油脂	滋润、保湿
	聚异戊烯	聚合物	赋形
	鲸油	油脂	滋润、保湿
	二甲基硅油	油脂	滋润、保湿

续表

配方相	组成	原料类型	用途
B方(预混)	羧乙烯基聚合物	聚合物	赋形
	月桂酰肌氨酸钠	表面活性剂	乳化、分散
	聚山梨醇酯-80	表面活性剂	乳化、分散
	10%氢氧化钠	碱剂	中和作用
	水	溶剂	溶解、载体
C方	丹参提取物	中草药	促进皮肤微循环、收敛、提供营养
	苦瓜提取物	活性物	促进皮肤微循环、收敛、提供营养
	大豆磷脂	油脂	滋润、保湿、营养
	防腐剂	防腐剂	杀菌防腐
	香精	香精	赋香

配制工艺：

① 将A方、B方分别加热至85～90℃以上。

② 在搅拌状态下，将B方加入到A方中，混合乳化，搅拌降温。

③ 冷却至45～50℃时，依序加入C方的物料，缓慢搅拌至室温。

表6-34　减肥凝胶配方实例

中文名称	INCI名称	质量分数/%
烟酸正己酯	NICOTINIC ACIDN-HEXYL ESTER	0.5
聚氧乙烯壬基酚醚-12	NONYLPHENOLPOLYOXYETHYLENE ETHER-12	5
卡波姆	CARBOMER	1
乙醇	ALCOHOL	30
三乙醇胺	TRIETHANOLAMINE	0.3
甘油	GLYCERIN	3
防腐剂	PRESERVATIVES	适量
香精	AROMA	适量
水	AQUA	余量

表6-35　减肥油配方实例

中文名称	INCI名称	质量分数/%
柠檬油	LEMON OIL	0.8
薰衣草油	LAVANDULA ANGUSTIFOLIA(LAVENDER)OIL	0.8
油橄榄果油	OLEA EUROPAEA(OLIVE)FRUIT OIL	0.8

续表

中文名称	INCI 名称	质量分数/%
迷迭香油	ROSEMARY OIL	0.8
刺柏油	THORN TAR OIL	0.8
桉树油	EUCALYPTUS OIL	0.3
薄荷叶油	MENTHA ARVENSIS LEAF OIL	0.3
樟脑	CAMPHOR	2.5
氯化钠	SODIUM CHLORIDE	7
氯化钾	POTASSIUM CHLORIDE	4
乙醇	ALCOHOL	余量

健美化妆品中也常用具有减肥功效的中草药成分，主要有天然植物提取物、海洋藻类生物提取物，包括：海藻、金缕梅、常春藤、田七、人参、丹参、月见草、绞股蓝、银杏、海葵、茶叶、木贼、甘草、辣椒素、芦荟、红花、麦芽油、薄荷油、柠檬油、迷迭香油、薰衣草油、桉叶油等。这些中草药可改善皮肤末梢的微循环，使不易透滤的排泄物排出，并能提供收敛、营养和局部加固的作用。

第七节　美乳化妆品

美乳化妆品是指有助于乳房健美的化妆品。胸部丰满是女性美的重要标志，几乎所有的女性都期待自己拥有一对丰满、结实、充满魅力的乳房。丰满而健美的乳房亦是人体发育良好的重要标志。

一、美乳化妆品主要成分及作用

乳房的发育与脑垂体和性腺有关，脑垂体分泌促性腺激素控制卵巢的内分泌活动，卵巢分泌雌激素和孕激素，两者一起作用促使乳房发育。若脑垂体与卵巢两种内分泌系统失调或患病，雌性激素水平降低，乳房发育就会不正常。

美乳化妆品是一种能治疗女性乳房发育不良的特殊用途化妆品，具有增加营养、诱发和催动腺体内分泌作用，从而达到美乳目的。

美乳化妆品的主要成分有营养剂、美乳药物和基质。美乳药物可以渗入肌肤底层，改善乳房组织的微血管循环，增强细胞活力，滋润并丰满乳房。

营养剂为乳房发育提供各种营养物质，增加乳房中的脂肪，主要有蛋白质、氨基酸、动物油、维生素、微量元素等，如胎盘提取液、花粉、丹参、貂油、深海鲸油、霍霍巴油等。

美乳药物包括化学药物、天然药物和生化药物。

化学药物有雌激素己烯雌酚、孕酮、维生素 E 衍生物、果酸等。虽然雌性激素有利于乳房发育，但长期使用，会使卵巢功能紊乱、乳腺增生，导致月经不调、色素沉着等不良影响，在不少国家已被禁用，取而代之的是天然药物和生化药物。

天然药物多为天然植物提取物，如蛇麻、马尾币、积雪草、水芹、常春藤、金缕梅、当归、甘草、益母草、女贞子、芦荟、油梨、山金车、紫河车、啤酒花、红花、酸枣、百合、迷迭香、茶叶精华素等。

生化药品有胶原蛋白、弹性蛋白、骨胶、胎盘素、胸腺素等，因美乳效果好、无不良反应而被广泛使用。

天然药物和生化药物能够增加胸部血液循环、刺激胸部成纤维细胞，产生胶原蛋白和弹性硬蛋白，活化和重组结缔组织，增强组织纤维韧性，滋润乳房，使乳房丰满、坚挺。

二、美乳化妆品配方与分析

美乳化妆品有膏霜、油、凝胶等剂型，其中以霜剂产品最佳，其涂布性好、附着力和吸收性较好。美乳霜配方实例及其分析分别见表 6-36、表 6-37，美乳凝胶配方实例见表 6-38。

表 6-36　美乳霜配方实例

中文名称	INCI 名称	质量分数/%
矿油	MINERAL OIL	18
矿脂	PETROLEUM	10
棕榈酸异丙酯	ISOPROPYL PALMITATE	8
石蜡	PARAFFIN	5
聚山梨醇酯-60	POLUSORBATE-60	5
羊毛脂	LANOLIN	2
生育酚乙酸酯	TOCOPHERYL ACETATE	适量
防腐剂	PRESERVATIVES	适量
聚乙二醇-8	PEG-8	6
三乙醇胺	TRIETHANOLAMINE	0.4
聚乙二醇/羟乙烯基聚合物	POLYETHYLENE GLYCOL(PEG)/HYDROXYL VINYL POLYMER	0.4
人参浸膏	GINSENG EXTRACT	0.2
胎盘提取液	PLACENTA EXTRACT	1
水	AQUA	余量

表 6-37　美乳霜配方实例分析

配方相	组成	原料类型	用途
A 方（预混）	矿油	油脂	滋润、保湿、调节膏体外观
	矿脂	油脂	滋润、赋形、调理
	棕榈酸异丙酯	油脂	滋润、保湿、调节膏体外观
	石蜡	油脂	滋润、赋形、调理
	羊毛脂	油脂	滋润、赋形、调理、补充养分
B 方（预混）	聚乙二醇-8	聚合物	赋形
	聚山梨醇酯-60	表面活性剂	乳化、分散
	三乙醇胺	碱剂	调整 pH 值
	聚乙二醇/羟乙烯基聚合物	聚合物	赋形
	水	溶剂	溶解、载体
C 方	人参浸膏	生化药剂	利于乳房发育、提供营养
	胎盘提取液	生化药剂	利于乳房发育、提供营养
	生育酚乙酸酯	药剂	利于乳房发育、提供营养
	防腐剂	防腐剂	杀菌防腐

配制工艺：

① 将 A 方、B 方分别加热至 75℃、85℃以上。

② 在搅拌情况下，将 B 方加入到 A 方中，混合乳化，搅拌降温。

③ 降温至 45～50℃时，将 C 方的物料分别加入，缓慢搅拌，降温至室温。

表 6-38　美乳凝胶配方实例

中文名称	INCI 名称	质量分数/%
丙二醇	PROPYLENE GLYCOL	5
卡波姆	CARBOMER	1.2
胸腺素	THYMOSIN	1
胶原	COLLAGEN	0.5
三乙醇胺	TRIETHANOLAMINE	2
防腐剂	PRESERVATIVES	适量
香精	AROMA	适量
水	AQUA	余量

第八节　脱毛化妆品

　　脱毛化妆品是用来减少、脱除体毛的化妆品。体毛过多影响人的整体美，尤

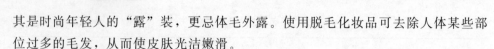

其是时尚年轻人的"露"装，更忌体毛外露。使用脱毛化妆品可去除人体某些部位过多的毛发，从而使皮肤光洁嫩滑。

一、常用的脱毛剂

目前的脱毛化妆品常采用巯基乙酸盐类化学脱毛剂，方便有效，不再使用传统的硫化物等具有令人不快的臭味且不稳定的无机脱毛剂了。除此之外，一些物理机械脱毛的方法在国外也比较常用，譬如拔毛、剃毛、黏性脱毛、激光脱毛等。

在烫发化妆品一节中介绍过，毛发结构的稳定性主要是由肽链间的二硫键来保证的，二硫键的数目越大，毛发纤维的刚性越强，如果毛发肽链间的二硫键被破坏，那么毛发的机械强度将变低，容易被折断。脱毛剂就是使毛发角质蛋白胱氨酸中的二硫键受到破坏，从而切断毛发纤维，使毛发脱除。这种脱毛方法可以将毛孔中的毛发一起脱除，使得后续毛发生长缓慢，脱毛后的皮肤光滑，为此广为普及。

脱毛剂产品要求：涂敷 $5 \sim 10 min$ 左右即可使毛发完全柔软脱除；对皮肤无刺激性，无毒性，无致敏性；敷用方便，不会沾污皮肤和衣服，有舒适的气息，质量稳定。

巯基乙酸盐类是目前使用最多的脱毛剂，其具有高效切断二硫键、脱毛速度快、对皮肤刺激性小等优点。如巯基乙酸钙、巯基乙酸镁、巯基乙酸钠、巯基乙酸锶等，另外二甲胺或其他氨基化合物的脱毛效果也较好。为了加强脱毛效果，常添加尿素、碳酸胍之类有机氨作为增效辅助剂。其作用机制是使毛发角质蛋白膨胀变软，从而使二硫键与脱毛剂充分接触，促进二硫键的切断，使得毛发更容易脱除。近几年来，一些天然脱毛化妆品出现，天然脱毛成分主要有生姜粉、姜油酮、腊菊和金盏花类提取物等。

二、脱毛化妆品的配方与分析

脱毛膏配方实例及其分析分别见表 6-39、表 6-40，脱毛液配方实例见表 6-41。

表 6-39　脱毛膏配方实例

中文名称	INCI 名称	质量分数/%
巯基乙酸钙	CALCIUM THIOGLYCOLATE	5
矿油	MINERAL OIL	10
棕榈酸异丙酯	ISOPROPYL PALMITATE	1
鲸蜡硬脂醇	CETEARYL ALCOHOL	6
矿脂	PETROLEUM	14

续表

中文名称	INCI 名称	质量分数/%
聚氧乙烯(15)油醇醚	OLEYL POLYOXYETHYLENE(15)ALCOHOL ETHER	4
尿素	UREA	1.5
月桂醇硫酸酯钠	SODIUM LAURYL SULFATE	0.6
甘油	GLYCERIN	4
二氧化钛	TITANIUM DIOXIDE	1
氨水	AMMONIA	适量
防腐剂	PRESERVATIVES	适量
香精	AROMA	适量
水	AQUA	余量

表 6-40 脱毛膏配方实例分析

配方相	组成	原料类型	用途
A 方(预混)	矿油	油脂	滋润、保湿、调节膏体外观
	棕榈酸异丙酯	油脂	滋润、保湿、调节膏体外观
	鲸蜡硬脂醇	油脂	滋润、赋形、调理
	矿脂	油脂	滋润、赋形、调理
B 方(预混)	尿素	助剂	使头发膨胀易于渗透
	月桂醇硫酸酯钠	表面活性剂	乳化、分散
	聚氧乙烯(15)油醇醚	表面活性剂	乳化、分散
	巯基乙酸钙	脱毛剂	切断毛发中的二硫键
	水	溶剂	溶解、载体
C 方(预混)	二氧化钛粉	美白剂	美白、调理膏体外观
	甘油	保湿剂	保湿、助溶
D 方	防腐剂	防腐剂	杀菌防腐
	香精	香精	赋香
	氨水	pH 调节剂	调节 pH 值偏碱性

配制工艺:

① 将 C 方中的钛白粉、甘油混合研磨成糊状。

② 将 A 方中的物料混合加热至 80℃以上。

③ 将 B 方中的物料混合加热至 90℃以上。

④ 将 B 方慢慢加入到 A 方中,乳化、搅拌、降温。

⑤ 降温至 75℃左右,加入混合好的 C 方,继续搅拌至 50℃时,加入 D 方中

的香精、防腐剂，再缓慢搅拌，冷却至室温，用氨水调节 pH 值为 12。

表 6-41　脱毛液配方实例

中文名称	INCI 名称	质量分数/%
巯基乙酸钙	THIOGLYCOLIC ACID CALCIUM	7
甘油	GLYCERIN	12
乙醇	ALCOHOL	8
防腐剂	PRESERVATIVES	适量
香精	AROMA	适量
水	AQUA	余量

第九节　抑汗、祛臭化妆品

出汗是汗腺分泌作用的结果，有的人汗腺比较发达，数量多、分布密，分泌和排泄作用十分旺盛，其分泌物比较浓稠，散发出刺鼻难闻的臭味。尤其是夏季，气温高、汗腺分泌旺盛时，臭味尤为难闻。一般汗液本身并无臭味，但皮肤在分泌汗液的同时还分泌一些可产生臭味的脂肪、蛋白质等物质，这些物质被局部产生的细菌分解，从而产生了有臭味的物质。

抑汗、祛臭化妆品是用来去除或减轻人体汗液分泌物的臭味，或者用来防止这种臭味产生的化妆品。

一、抑汗、祛臭化妆品的主要成分及作用

1. 抑汗剂

用于抑制汗液的过多分泌，及吸收分泌的汗液，具有较强的收敛作用，具有收敛作用的物质有两类：一类是金属盐类（铝盐和锌盐），如对羟基苯酚磺酸锌、硫酸锌、硫酸铝、氯化锌、氯化铝、碱式氯化铝、明矾、氯羟基尿囊素铝、二羟基尿囊素铝、甘氨酸铝锆等；另一类是有机酸类，如单宁酸、柠檬酸、乳酸、酒石酸、琥珀酸等。

2. 杀菌剂

用于抑制或杀灭使汗液变臭的细菌。有硼酸、六氯酚、季铵盐类表面活性剂和氯己定等。这些杀菌剂在卫生标准中都有用量限制。常用的有二硫化四甲基秋兰姆、六氯二羟基二苯甲烷、3-三氟甲基-4，4-二氯-N-碳酰苯胺、十二烷基二甲基苄基氯化铵、十六烷基三甲基溴化铵、十二烷基三甲基溴化铵等。

3. 祛臭剂

祛臭剂用于分解、吸附汗臭物质，以达到除臭目的。常用的祛臭物质有甘氨

酸锌、氢氧化锌、氧化锌、硫酸铝钾、碳酸氢钠、2-萘酚酸二丁酰胺、异壬酰基-2-甲基-γ-氨基丁酸酐、交换树脂、分子筛等。中草药如丁香、广木香、藿香和荆芥等具有香气的物质也有很好的祛臭作用。另外利用香精掩盖体臭，也可以达到改善气味的目的。

二、抑汗、祛臭化妆品的配方与分析

抑汗、祛臭化妆品可分为抑汗化妆品和祛臭化妆品两大类：抑汗化妆品就是利用收敛剂的作用，抑制汗液的过多分泌、吸收分泌的汗液，间接地防止汗臭；祛臭化妆品是利用杀菌剂的作用，抑制细菌的繁殖，直接防止汗液的分解变臭。

目前常采用抑汗、祛臭合一的化妆品，其产品形态有粉状、液状、膏霜和气雾型多种类型。不同配方实例及分析见表 6-42～表 6-46。

表 6-42　抑汗祛臭霜配方实例

中文名称	INCI 名称	质量分数/%
六氯二羟基二苯甲烷	SIX 2 HYDROXY DIPHENYL METHANE CHLORIDE	0.5
硬脂酸	STEARIC ACID	5
甘油硬脂酸酯	GLYCERYL STEARATE	10
肉豆蔻酸异丙酯	ISOPROPYL MYRISTATE	2.5
鲸蜡醇	CETYL ALCOHOL	1.5
氢氧化钾	POTASSIUM HYDROXIDE	1
甘油	GLYCERIN	8
苯酚磺酸铝	ALUMINUM PHENOLSULFONATE	5
防腐剂	PRESERVATIVES	适量
香精	AROMA	适量
水	AQUA	余量

表 6-43　抑汗祛臭霜配方实例分析

配方相	组成	原料类型	用途
A 方（预混）	六氯二羟基二苯甲烷	杀菌剂	抑菌杀菌
	硬脂酸	油脂	与碱剂中和形成表面活性剂、赋形
	甘油硬脂酸酯	表面活性剂	乳化、分散
	肉豆蔻酸异丙酯	油脂	滋润、保湿、调节膏体外观
	鲸蜡醇	油脂	滋润、保湿、调节膏体外观

续表

配方相	组成	原料类型	用途
B方（预混）	氢氧化钾	碱剂	中和硬脂酸
	苯酚磺酸铝	抑汗祛臭剂	分解、吸附汗臭物质
	甘油	保湿剂	滋润、保湿
	水	溶剂	溶解、载体
C方	防腐剂	防腐剂	杀菌防腐
	香精	香精	赋香、掩盖臭味

配制工艺：

① 将 A 方物料混合，加热至 75℃。

② 将 B 方物料混合，加热至 85℃。

③ 在搅拌情况下，将 B 方加入到 A 方中，均质乳化，搅拌降温。

④ 待温度降至 45~50℃时，在搅拌的情况下，缓缓加入 C 方中的防腐剂、香精，缓慢搅匀，冷却至室温。

表 6-44　抑汗祛臭粉配方实例

中文名称	INCI 名称	质量分数/%
薄荷叶油	MENTHA ARVENSIS LEAF OIL	1
氧化镁	MAGNESIUM OXIDE	9
氧化锌	ZINC OXIDE	20
二氧化钛	TITANIUM DIOXIDE	40
碳酸氢钠	SODIUM BICARBONATE	30
甜橙油	CITRUS AURANTIUM DULCIS(ORANGE)OIL	适量

表 6-45　抑汗祛臭液配方实例

中文名称	INCI 名称	质量分数/%
十二烷基二甲基苄基溴化铵	DODECYL DIMETHYL BENZYL AMMONIUM BROMIDE	1
十六烷基三甲基溴化铵	CETYL TRIMETHYL AMMONIUM BROMIDE	2
苯酚磺酸锌	ZINC PHENOLSULFONATE	5
甘油	GLYCERIN	9
丙二醇	PROPYLENE GLYCOL	10
乙醇	ALCOHOL	60
防腐剂	PRESERVATIVES	适量
香精	AROMA	适量
水	AQUA	余量

表 6-46　抑汗祛臭气雾剂配方实例

中文名称	INCI 名称	质量分数/%
羟基氯化铝（微细粉体）	HYDROXY ALUMINIUM CHLORIDE(FINE POWDER)	0.2
二氧化钛	TITANIUM DIOXIDE	5
聚二甲基硅氧烷	DIMETHICONE	0.6
肉豆蔻酸异丙酯	ISOPROPYL MYRISTATE	4
二氯苯氧氯酚	TWO CHLOROBENZENE OXYGEN CHLOROPHENOL	0.1
失水山梨醇倍半油酸酯	HALF AS MANY SORBITAN OLEATE	0.2
香精	AROMA	适量
LPG 推进剂	LPG PROPELLANT	余量

第十节　典型产品的配制与 DIY

一、典型产品配制（防晒霜的制备）

1. 配制原理

防晒化妆品通过防晒成分吸收和散射紫外线，避免或减轻皮肤晒伤、晒黑。防晒霜的制作过程与乳化膏体相似，在膏霜的制作过程中，按一定要求将防晒成分加入即可。

2. 配方实例、配方分析及配制步骤

参见表 6-18 防晒霜配方实例、表 6-19 防晒霜配方实例分析及配制工艺。

二、典型产品 DIY（猕猴桃美白面膜家庭制作）

1. 配制方法

材料：猕猴桃、苹果、薄荷叶、柠檬、珍珠粉。

猕猴桃美白面膜的制作是将这些原料粉碎打汁，调成糊状面膜膏（见图 6-1）。

利用猕猴桃、柠檬、苹果等天然水果和薄荷叶里的有效活性成分制成面膜，定期敷用，具有抑制色素沉着，达到美白祛斑的效果。水果酸能够去除死皮，美白淡斑。

珍珠粉除了具有杀菌消毒作用以外，水解后产生的氨基酸对皮肤具有补充营养作用。

2. 配制配方

配方实例见表 6-47。

表 6-47　猕猴桃美白面膜配方实例

配方相	中文组成	INCI 名称	质量分数/%
A 方	猕猴桃	KIWI FRUIT	35
	苹果	APPLE	35
	薄荷叶	PEPPERMINT	5
B 方	柠檬	LEMON	15
C 方	珍珠粉	PEARL POWDER	10

3. 使用器材

果汁机一台，水果刀一把，碗、盆、勺子数个。

4. 配制步骤

① 材料洗净，猕猴桃削皮、切成四块，苹果不必削皮、去核切块。

② 将 A 方中的薄荷叶放入果汁机打碎，再加入猕猴桃、苹果一起打成浆。

③ 将 B 方中的柠檬汁挤出加入，搅拌均匀。

④ 加入 C 方，调成糊状。

5. 注意事项

① 用本产品敷脸，时间最好控制在 10min 以内。因为猕猴桃、柠檬、苹果含大量的水果酸，偏酸性。

② 使用之前最好在局部皮肤上小试一下，观察是否刺激性太大。

③ 因为产品里没有添加防腐剂，所以最好一次性用完。

④ 如果想要产品具有一些滋润效果，可以适当加入橄榄油或者蜂蜜，同时也可以降低酸性的刺激。

(1)猕猴桃

(2)苹果

(6)珍珠粉

(3)柠檬

(4)薄荷叶

(5)混合打汁

(7)面膜膏制成品

图 6-1　猕猴桃美白面膜家庭制作

几种常见植物提取成分的功效

近年来随着化妆品行业崇尚绿色、回归自然的发展趋势，开发含有独特功效的植活性物质添加到化妆品中，研制天然化妆品已成为化妆品产业发展最活跃的主题之一。下面介绍几种天然植物成分在化妆品方面的应用。

1. 芦荟

芦荟是一种汁液丰富的四季生百合科植物，新鲜芦荟所含超氧化物歧化酶（SOD）和多聚糖能提高人体生理机能，促进人体健康，提高免疫力。芦荟多糖和维生素对人体的皮肤有良好的营养、滋润、增白作用，尤其是青春少女最烦恼的粉刺，芦荟对消除粉刺有很好的效果。芦荟大黄素等属于蒽醌苷物质，这类物质能使头发柔软而有光泽，且具有去头屑的作用。芦荟中的黏液，就是蛋白质，是防止细胞老化和治疗慢性过敏的重要成分。芦荟中的天然蒽醌苷或蒽的衍生物，能吸收紫外线，防止皮肤红、褐斑产生。

2. 木瓜

木瓜中含有木瓜蛋白酶、番木瓜碱、木瓜凝乳酶、B族维生素、维生素C、维生素E、多糖、蛋白质、脂肪、胡萝卜素和多种氨基酸等活性成分，其提取物对黑色素细胞的抑制较好。将木瓜蛋白酶加入到美容护肤类化妆品和沐浴类化妆品中，具有独特的美女嫩肤、美颜保健、祛斑除垢、促进血液循环和改善肌肤等功效。木瓜蛋白酶中的主要活性成分是木瓜巯基酶，能有效地清除机体内超氧化自由基、羟基自由基等，降低皮肤中过氧化脂质的含量，进而防止肌体细胞的衰老，延缓肌肤老化。

3. 薰衣草

薰衣草又名香水植物，其功效很多，能促进细胞再生，加速伤口愈合，改善粉刺、脓肿、湿疹，平衡皮脂分泌，对烧烫灼晒伤有疗效，可抑制细菌、减少疤痕、舒缓压力、松弛神经、帮助入眠等。薰衣草精油可以清热解毒、清洁皮肤、控制油分、祛斑美白、祛皱嫩肤、祛除眼袋黑眼圈等，还可促进受损组织再生恢复，还能够有效地清除启动链反应生成的羟基自由基及链反应之后产生的延伸自由基，减轻和延缓由羟基自由基引发的DNA氧化损伤。

4. 马齿苋

马齿苋中含有丰富的具有生物活性的氨基酸，对血管平滑肌有收缩作用，可以舒缓皮肤和抑制因干燥引起的皮肤瘙痒；还具有防止皮肤干燥、老化，增加皮肤的舒适度以及清除自由基等性能。马齿苋提取物在化妆品中具有抗过敏、抗菌消炎和抗外界对皮肤的各种刺激作用，还有祛痘功能。

5. 金缕梅

鞣质是金缕梅科植物的主要活性成分，又称丹宁或鞣酸，是植物中一类分子量较大的复杂多酚类化合物，鞣质具有收敛性，能凝固微生物的原生质，有一定的抗菌作用，可用于过敏性皮炎、皮肤病的防治，可添加到使皮肤收敛的化妆品中，美国食品药品管理局称之为"安全有效的收敛剂"。

6. 葡萄籽提取物

葡萄籽提取物是一种生物类黄酮络合物，具有超强的抗氧化能力，其抗氧化效力是维生素 C 的 20 倍、维生素 E 的 50 倍，可以清除自由基，提高机体整体对外界刺激的耐受性。葡萄籽提取物是纯天然提取物，不存在任何抗过敏药物的副作用。

防晒白润露成分分析

某国际知名化妆品品牌，1994 年在上海成立公司，引进德国总部系列产品，每件产品都融合了其公司百年护肤经验和技术。而且，为保证质量，基本采用进口原料。下面介绍其品牌中的一款 SPF 值为 30 的防晒白润露，其配方组成如下：胡莫柳酯、甲氧基肉桂酸乙基己酯、水杨酸乙基己酯、二苯酮-3、双淀粉磷酸酯、丁基甲氧基二苯甲酰基甲烷、聚二甲基硅氧烷、苯基苯并咪唑磺酸、鲸蜡硬脂醇、甘油、鲸蜡醇、甘油硬脂酸酯、生育酚乙酸酯、光果甘草根提取物、氢化椰油甘油酯类、鲸蜡硬脂醇硫酸酯钠、黄原胶、卡波姆、氢氧化钠、PEG-40 蓖麻油、EDTA-二钠、乙基己基甘油、苯氧乙醇、羟苯甲酯、羟苯乙酯、丁羟甲苯、香精。

成分分析如下。

胡莫柳酯，又称水杨酸三甲环己酯，可吸收 UVB 295～351nm 波段的紫外线，是一种油溶性 UVB 防晒剂，适合抗水配方。

甲氧基肉桂酸乙基己酯，能有效防止 280～310nm 的紫外线，且吸收率高。对皮肤无刺激，安全性好，是一种理想的防晒剂。

水杨酸乙基己酯，具有良好的防晒功效和优秀的复配效果，常与甲氧基肉桂酸乙基己酯复配。

苯基苯并咪唑磺酸，是一种紫外线 UVB 防晒剂，也能吸收很小部分的 UVA 波段，属于水溶性化学防晒剂。

二苯酮-3，属于化学防晒剂，可吸收 UVB 及部分 UVA 波段。

丁基甲氧基二苯甲酰基甲烷，是一种紫外线 UVA 防晒剂，可以吸收 UVA 320～400nm 波段，常与二苯酮-3 混合使用，效果更佳。

生育酚乙酸酯又称维生素 E 乙酯，有较强的还原性，可作为抗氧化剂，消除自由基，减少紫外线对人体的伤害。

光果甘草根提取物，能深入皮肤内部并保持高活性，有效抑制黑色素生成过程中多种酶（如酪氨酸酶）的活性，是一种快速、高效、安全、绿色的防晒、美白、祛斑化妆品添加剂。同时光果甘草提取物还具有防止皮肤粗糙及抗菌消炎的功效。在全球化妆品界，光果甘草根提取物被誉为"美白黄金"。

聚二甲基硅氧烷，又称硅酮或硅油，具有润滑保湿、抗紫外线的作用，透气性好，具有明显的防尘功能。聚二甲基硅氧烷对皮肤的渗透性非常好，涂抹在皮肤上具有顺滑清爽感受，原料本身对于增加皮肤的柔软性也有不错的效果。

鲸蜡醇、鲸蜡硬脂醇，作为基质，特别适合于膏霜及乳液。

甘油硬脂酸酯，具有很强的乳化性能，不仅可配制成油包水（W/O）型，也可配制成水包油（O/W）型，具有去污、乳化、分散、洗涤、湿润、渗透、扩散、起泡、黏度调节、抗静电、防止晶析等多种功能，对人体安全无毒。甘油硬脂酸酯自乳化性能好，既能单独使用也能和其他乳化剂复配使用。

氢化椰油甘油酯类、鲸蜡硬脂醇硫酸酯钠，均为优良的乳化剂。

乙基己基甘油，是一种涂抹性能适中的润肤剂、保湿剂及润湿剂，能够在提高配方滋润效果的同时又具有柔滑的肤感，能解决膏霜吸收慢、发黏及涂白等肤感上的缺点；具有除臭效果，人体汗液中的皮脂和脱落的表皮细胞等在革兰阳性菌的作用下产生的物质具有不愉快的气味，乙基己基甘油能有效抑制引起异味的细菌的生长繁殖，同时不影响对人体有益的皮肤菌群，从而起到气味抑制的作用；增效传统防腐剂，消费者已经开始注意防腐剂在化妆品中的应用及安全问题，乙基己基甘油能增效传统的防腐剂如苯氧乙醇、甲基异噻唑啉酮或尼泊金甲酯（羟苯甲酯）等，从而减少化妆品中这些物质的用量，让消费者在使用化妆品时更加安全、安心；稳定性好，乙基己基甘油不受水解、温度和 pH 值影响，与所有的常用化妆品原料相容。

黄原胶、卡波姆（与氢氧化钠中和）、PEG-40 蓖麻油、双淀粉磷酸酯，具有增稠作用。

苯氧乙醇、羟苯甲酯、羟苯乙酯、丁羟甲苯，均为防腐剂，复合使用具有广谱抑菌作用。

综合上述成分分析，可以看到这是一款防晒效果优良（SPF30，PA++）、具有美白润肤功效的防晒产品，可有效隔离 UVB 及 UVA，防水防汗，透气性好，温和亲肤，还具有祛斑抗氧化作用。

 本章小结

　　本章对特殊用途化妆品，包括育发、染发、烫发、脱毛、美乳、健美、抑汗除臭、祛斑、防晒化妆品做了详细的介绍，尤其是在每种功效化妆品组成成分的种类、作用机理方面都做了比较全面的阐述。同时对各种特殊化妆品存在的形态也做了一些介绍，并给出了相应的一些配方实例，简述了相应的制作方法。祛痘化妆品不属于特殊用途化妆品，但考虑到祛痘化妆品也是具有一定疗效的化妆品，因此在本章也做了介绍。

思考题

　　1. 脱发的主要原因有哪些？育发化妆品是从怎样的成分配置来发挥防脱发作用的？

　　2. 试阐述持久性染发化妆品的原理、配方的主要成分和作用。

　　3. 简述冷烫发的原理，为什么配方分为两剂，各起什么作用？以配方实例说明各种物质的作用。

　　4. 化学脱毛作用原理是怎样的？哪些物质可用作化学脱毛剂？

　　5. 常用的防晒剂有哪些？在性能上有哪些要求？防晒产品都有哪些形式？

　　6. 常用的祛斑成分有哪些？根据祛斑产品配方实例说明各组成成分在配方中的作用。

　　7. 粉刺形成与哪些因素有关？哪些物质可用在防治粉刺的化妆品中？

　　8. 减肥化妆品是通过怎样的作用过程达到减肥效果的？

　　9. 试结合所学知识，设计一款防晒霜或者祛斑霜的配方，并说明配方中各成分所起到的作用，写出其制作方法。

参 考 文 献

[1] 杨洋等.我国化妆品检验技术现状及发展趋势[J].日用化学工业,2013,(1).

[2] 段利.我国化妆品民族品牌的复兴和推广[J].经营与管理,2013,(2).

[3] 刘晓英.分子生物学新技术在化妆品行业的应用[J].香料香精化妆品,2013,(1).

[4] 吴佩慧等.化妆品原料安全监管模式探讨[J].首都医药,2012,(5).

[5] 刘臻.计算机应用新领域-数据挖掘前景及应用探究[J].计算机光盘软件与应用,2012,(12).

[6] 牛晓娜.表面活性剂在化妆品中的应用与安全研究进展[J].中国洗涤用品工业,2012,(12).

[7] 张婉萍.化妆品领域的市场、安全性和新技术发展趋势[J].香料香精化妆品,2012,(6).

[8] 钟娜.有机化妆品的市场及发展前景[J].中国高新技术企业,2011,(2).

[9] T.Joseph Lin,韩亚红.现代彩色化妆品的演变与国际趋势[J].中国化妆品,2011,(6).

[10] 尹家振.我国植物性化妆品研究现状及发展趋势[J].日用化学品科学,2011,(9).

[11] 王硕,董银卯,何聪芬.化妆品感官评价与流变学研究进展.第八届中国化妆品学术研讨会论文集,2010,(6).

[12] 瞿迪中.化妆品科技发展的回顾与展望[J].第八届中国化妆品学术研讨会论文集,2010,(6).

[13] 赖维.高新技术在化妆品研发中的应用[J].中华医学会第十五次全国皮肤性病学术会议论文集,2009,(6).

[14] 刘华.化妆品科技的发展趋势[J].科技资讯,2004,(4).

[15] 贺孟泉,梁虹.皮肤美容方法学研究[J].中国美容医学,2001,(2).

[16] 吴海大.化妆品及其原料的安全性[J].日用化学品科学,2002,(1).

[17] 符移才.生命科学与化妆品研发趋势[J].化工文摘,2002,(1).

[18] 肖子英,萧明.中国化妆品工业[J].日用化学品科学,2002,(2).

[19] 阎世翔.化妆品的研发程序与配方设计[J].日用化学品科学,2001,(2).

[20] 尹贝立.21世纪化妆品开发热点[J].日用化学品科学,2001,(6).

[21] 肖子英.中国化妆品的定义与分类研究[J].日用化学品科学,2001,(6).

[22] 胡玄.化妆·美容的起源和发展[J].艺术设计研究,1995,(1):10-12.

[23] 张炬,李争.中国传统化妆品发展状况[J].中医药信息,1988,(6).

[24] 袁铁彪.我国的化妆品工业[J].日用化学工业,1986,(6).

[25] 王培义.化妆品——原理、配方、生产工艺[M].北京:化学工业出版社,1999.

[26] 王培义.化妆品——原理、配方、生产工艺[M].第2版.北京:化学工业出版社,2006.

[27] 裘炳毅.化妆品化学与工艺技术大全[M].北京:中国轻工业出版社,1997.

[28] 龚盛昭等.化妆品与洗涤用品生产技术[M].广州:华南理工大学出版社,2002.

[29] 阎世翔等.化妆品科学(上、下册)[M].北京:科学技术文献出版社,1995.

[30] 徐宝财.日用化学品——性能、制备、配方[M].第2版.北京:化学工业出版社,2008.

[31] 白景瑞,滕长关.新型化妆品实用配方与质量监控[M].北京:中国石化出版社,2010.

[32] 毛培坤.实用护肤化妆品配方集[M].北京:化学工业出版社,2007.

[33] 秦钰慧,童敏.化妆品安全性及管理法规[M].北京:化学工业出版社,2013.

[34] 冈本亨.化妆品开发和制造的乳化及溶解技术[J].化妆品＆个人护理品,2012,(10).

[35] 邝楠等.天然抗敏植物功效成分在化妆品中的应用[J].北京日化,2009.4:9.

[36] 李彦华.用于洗浴盐中的常见草本植物中草药及其功效[J].中国盐业,2012,9:40.

[37] 董银卯.化妆品配方工艺手册[M].北京:化学工业出版社,2005.

［38］　李东光．实用化妆品配方手册［M］．北京：化学工业出版社，2000．

［39］　吕少仿．美容与化妆品学［M］．武汉：华中科技大学出版社，2008．

［40］　赵丽．美容化妆品学［M］．沈阳：东北大学出版社，2005．

［41］　黄玉媛等．化妆品配方［M］．北京：中国纺织出版社，2008．

［42］　白景瑞．化妆品配方设计及应用实例［M］．北京：中国石化出版社，2001．